U0142244

半導體雷射技術

Semiconductor Laser Technology

盧廷昌 王興宗 著

五南圖書出版公司 印行

序

　　半導體雷射廣泛存在於今日高度科技文明的生活中，成為許多光電系統中最重要的光電主動元件之一，例如在光纖通信、高密度光碟機、雷射條碼、雷射印表機、雷射電視、雷射滑鼠、雷射筆、雷射舞台秀甚至雷射美容與醫療、軍事等不勝枚舉之應用都用到了半導體雷射。半導體雷射的實現可以說是半導體科技與光電科技的智慧結晶，同時也對人類社會帶來無與倫比的便利與影響，因此，能夠瞭解半導體雷射的基本操作原理與設計概念，同時學習到半導體雷射的構造與光電特性，並認識半導體雷射的製程與信賴度，是非常值得相關領域的大(專)理工科學生、實際從事相關半導體雷射的科技人員以及光電元件或系統的研發專業人員深入瞭解。

　　本書基本上是作者前一本「半導體雷射導論」的延續，儘管在內容份量上與深度上都較為進階，但是本書「半導體雷射技術」的編排手法仍是以作為講授半導體雷射教科書為原則，當然也可當成一本半導體雷射的參考教材，本書可和前本結合以適用於大(專)學三、四年級以及研究所一年級以上相關科系，相當於一學年的完整半導體雷射的教材；本書亦適用於想要了解半導體雷射各種技術的專業研發人員單獨研讀參考。前本「半導體雷射導論」著重於半導體的基本特性、異質結構、發光與增益特性以及基本雷射原理；建議在研讀本書「半導體雷射技術」前可以先對這些內容有所了解，因為本書直接從半導體雷射元件的角度切入以探討半導體雷射的各種有趣的特性，此外建議本書的讀者需要具備在工程數學、近代物理與電磁學方面的基礎知識，也最好熟悉簡單的電腦輔助數學軟體，這些會幫助讀者更容易體會與瞭解本書所介紹的半導體雷射的各種行為。

　　本書共有八章。前三章為半導體雷射的原理、波導結構與動態特性的探討，屬於基本學理的介紹；第四到第六章為三種不同共振腔型式的半導體雷射的介紹，屬於進階的內容；而最後兩章關於製程與信賴度的討論則是屬於工程的範疇。學校教師可依據教學屬性與學生程度及特質，擇其內容教授。

　　第一章為半導體雷射操作的簡介，一開始簡單介紹半導體異質結構與主動層增益的由來，然而若想要更深入了解這部分的讀者，強烈建議研讀前本「半導體雷射導論」；接著，使用描述載子濃度與光子密度的雷射速率方程式來推導半導體雷射的閾值條件與輸出特性，同時介紹雷射縱模的概念以及多縱模操作的雷射，最後再使用雷射速率方程式來討論非輻射放射復合、輻射放射復合與受激放射速率之間隨著注入載子濃度的消長。第二章將介紹半導體雷射的波導結構對雷射特性的影響，我們從一維波導開始，引導出波導模態與等效折射率的概念，然後推導出光學侷限因子的意義，以及其和雷射閾值條件的關係；進一步將一維的波導概念推廣到二維波導的橫面結構，二維橫面結構對常見的邊射型雷射而言，是非常重要的設計參數，本書將介紹等效折射率法與有限差分法來解二維橫面結構的波導模態，在第二章的最後將介紹這些波導結構對半導體雷射的遠場圖型，也就是遠場發散角的影響。第三章介紹半導體雷射的動態特性，我們將半導體雷射隨時間變化的參數，分成小信號與大信號響應兩個範疇來討論，在小信號近似中，先推導出小信號的雷射速率方程式，進而求出雷射調制的頻率響應，並介紹弛豫頻率與截止頻率的概念，接著引入非線性增益飽和效應，討論其對調制頻率的影響，並介紹高速雷射調制的設計原則，接著說明如何計算時域上小信號的暫態解；而在大信號響應中，我們將介紹導通延遲時間，以及使用數值方法獲得大信號在時域上的暫態解；接著，我們將介紹半導體雷射中的特有參數：線寬增強因子，對頻率啁啾與雷射發光線寬的影響，最後將介紹半導體雷射的雜訊來源及其影響。

第四章為垂直共振腔面射型雷射的介紹，首先是這種短共振腔面射型雷射的歷史發展，再介紹布拉格反射鏡的結構，並使用傳遞矩陣法推導布拉格反射鏡的特性以及穿透深度的概念；接著，將介紹垂直共振腔面射型雷射的閾值條件與溫度特性，並介紹垂直共振腔面射型雷射的微共振腔效應，以及各種垂直共振腔面射型雷射的侷限構造；接下來，我們再分別介紹長波長垂直共振腔面射型雷射與藍紫光垂直共振腔面射型雷射的進展。第五章介紹 DFB 與 DBR 雷射，這兩種雷射皆是應用了週期性光柵結構而達到單縱模操作的雷射型態，為了要說明光柵結構的作用，將介紹微擾理論與耦合模態理論，並應用耦合理論推導 DFB 雷射的閾值條件，以及介紹不同種類的 DFB 雷射結構；接著應用傳遞矩陣的方法推導 DBR 雷射的閾值條件，最後說明波長可調式雷射的結構與工作原理。第六章是光子晶體雷射的介紹，首先是簡單介紹光子晶體的概念與應用，接下來介紹兩種不同工作原理的光子晶體雷射，一是光子晶體缺陷型雷射，一是光子晶體能帶邊緣型雷射，我們將簡單介紹這兩種雷射的原理、歷史發展、元件特性與未來展望。

第七章為半導體雷射的製作介紹，主要分為磊晶與製程兩部分；在磊晶部分，將介紹磊晶技術的發展，以及目前兩種最常見的磊晶系統：分子束磊晶與金屬有機化學氣相沉積；接著再介紹數種半導體雷射常用的化合物半導體材料系統，其中發光的波長涵蓋了從紅外光到紫外光的波段；在製程部分，將介紹半導體雷射的製作流程以及分別介紹這些流程所需的技術，包括蝕刻、沉積、離子佈植與金屬製程等。第八章則是介紹半導體雷射信賴度測試與劣化機制，首先是介紹各種半導體雷射特性測試的方法，接著討論信賴度測試方法、信賴度模型與分析方式；最後，分別介紹半導體雷射的劣化機制與半導體雷射失效分析的方法。

為了使讀者學習到的概念更加實際與明確，本書在章節中編排了許多範例，這些範例不僅可幫助讀者熟悉半導體雷射的設計概念與元件特性，更可讓讀者迅速明瞭在書中所討論到的一些雷射物理參數的數值大小。在每章結束後，還伴隨有許多習題，這些涵蓋了數值或分析的問題可供讀者在學習完該章節後能有解決問題、推導公式與發展相關電腦數值模型的機會。由於近年來電腦輔助數學軟體的功能相當強大，本書在許多章節中特別介紹需要使用到數值方法的內容，希望讀者可以依此建立電腦模型來模擬雷射的特性，更能幫助讀者了解半導體雷射的行為。此外，本書還包含許多前瞻的雷射元件，例如光子晶體雷射就屬於相當新穎的半導體雷射結構，許多元件結構與理論都還在蓬勃發展中，特別把光子晶體雷射的內容放在本書中，一方面是希望整理出我們實驗室近幾年在這個領域上的成果，另一方面也想拋磚引玉藉此激發出年輕學子的創意，在半導體雷射的領域中持續創新；儘管如此，還有許多半導體雷射的技術因為本書篇幅的限制，無法收錄在書中，但是我們相信經由本書的引導可提供深入了解半導體雷射一系列進階技術完整的基礎。

本書的內容實源自這幾年在國立交通大學光電所開設的課程「半導體雷射」後半部的進階教材，在 2008 年出版了「半導體雷射導論」後，一直礙於忙碌的行程遲遲無法一氣呵成地完成半導體雷射下半部的內容；然而在最近持續授課的過程中，一方面一直有學生希望我們出版續集，一方面也有感於授課內容的需要，最後能夠在雷射發明 50 周年以及新竹交大光電所創立 30 周年的年度裡，完成並出版本書，我們心中有無限感恩！我們想感謝新竹交通大學和光電系提供良好的授課與研究環境，特別是田家炳光電大樓的完成，讓作者得以在嶄新優雅的空間中埋首寫作！本書的完成經歷了許多人的參與協助，我們要感謝博士班的學生俊榮、士偉、柏孝與輝閔分別在面射型雷射、光子晶體雷射、雷射製程、雷射測試與信賴度分析等內容的提供，碩士班的學生鵬翔、永吉與詳淇使用電腦軟體繪出許多精彩的圖表，感謝當時在我們實驗室擔任博士後但現在任職於高雄大學的馮瑞陽教授提供的近、遠場模擬圖，此外我們非常感謝新竹交通大學光電系的陳瓊華教授與光電系統研究所的林建中教授對本書仔細的校稿，我們同時想感謝那些曾經指導教誨過我們的師長，曾經與我們共同奮鬥互相討論的同事，曾經給過我們無私評論的研究同行，得以持續激發我們完成此書。

　　最後，作者要深深感謝在這三年寫書過程中不斷給我們鼓勵和支持的妻子詠梅與竹美。

盧廷昌　王興宗
2010 于新竹交大

第二版 序

　　很慶幸半導體雷射能有持續新的發展和演進，更高興看到半導體
雷射應用到人類生活中的許多層面，尤其是近年來的 5G、6G 通訊以及
3D 感測與自動駕駛對半導體雷射的需求越來越大，也因此促成作者於
2019 年另外完成由五南出版社出版的一本《VCSEL 技術原理與應用》。
非常感謝五南出版社對此書的再版，在此版本中更正了十二年來所發
現而累積到目前的錯誤，希望此版本能提供學生、研究學者、老師與
業界人員一本深入介紹半導體雷射各方面技術的書籍，也希望讀者能
不吝回饋與指教本書仍可能存在的謬誤。

盧廷昌

2022 于新竹陽明交大

第八章 半導體雷射信賴度測試與劣化機制 381

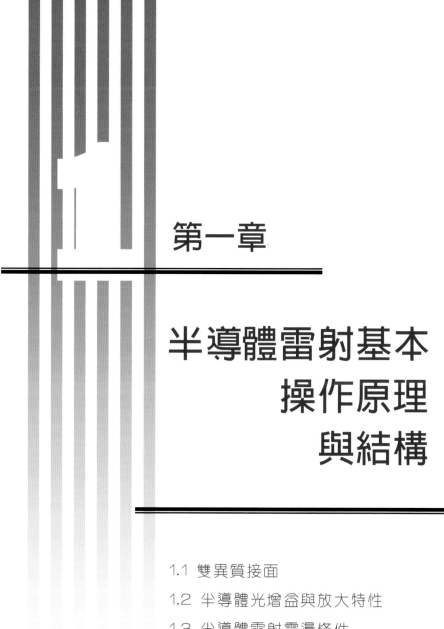

第一章

半導體雷射基本
操作原理
與結構

雷射發明至今已有超過半世紀的歷史，在眾多種類的雷射中，半導體雷射一直在雷射的應用與產值中佔有最重要的角色之一，因為半導體雷射有許多特點，諸如：具有極小的體積與極輕的重量、低操作電壓、高效率和低耗能、可直接調制的特性、波長可調整的範圍大、可供應的雷射波長多、信賴度高、操作壽命長、具有可量產的特性並可相容於其他半導體元件整合成光電積體迴路 (optoelectronic integrated circuit, OEIC)。這些優異特性，使得半導體雷射得以迅速的發展並應用在許多不同的領域上，舉凡光纖通信，光儲存，高速雷射列印，雷射條碼識別，分子光譜與生醫應用，軍事用途，娛樂用途、測距與指示以及近期的雷射滑鼠、微型雷射投影等應用深入生活各個層面。

在本章中我們會簡要說明半導體雷射的基本操作原理，一開始我們會先介紹 $p\text{-}n$ 雙異質接面的操作特性；接著再介紹半導體雷射主動層中電光轉換的部份，也就是增益介質將光放大的特性，之後則討論雷射振盪的條件以及介紹半導體雷射的速率方程式，引入載子生命期、光子生命期、自發性輻射因子等參數，列出載子密度與光子密度的速率方程式來推導半導體雷射的閾值條件與輸出特性。

1.1　雙異質接面

一個基本的半導體雷射如**圖 1-1** 所示，包含了兩個平行劈裂鏡面組成的共振腔，稱為 **Fabry-Perot(FP)共振腔**，雷射光在共振腔中來回振盪，再從兩邊鏡面發出雷射光，這種雷射又被稱作為**邊射型雷射** (edge emitting laser, EEL)。而夾在 $n\text{--type}$ 與 $p\text{-type}$ 區域中的主動增益層為發光區域、透過適當的結構設計與激發過程可以將雷射光放大，其中採用雙異質接面的 $n\text{--type}$ 與 $p\text{-type}$ 的批覆層可分別作為電子與電洞的注入層，又可作為雷射光的光學侷限層，這種雙異質結構同時可達到載子與光場的良好侷限。

　　一般的半導體材料因為摻雜種類不同，可分為 i 型(本質半導體)、p 型、n 型半導體。本質半導體無雜質摻雜，而 n 型或 p 型半導體利用摻雜不同的**施體**(donor)或**受體**(acceptor)，使費米能階的能量在能帶中上移或下降。n 型半導體的多數載子為電子，p 型則是電洞。p-n 接面可以說是半導體雷射的核心，可分為**同質接面**(homojunction)與**異質接面**(heterojunction)，同質接面是指同種材料所構成的接面，而異質接面則是兩種不同材料，能隙大小不同，晶格常數相近，所形成的接面。早期半導體雷射多採用同質接面製作，但因同質接面的載子復合效率較差且沒有光學侷限能力，操作電流相當高，而異質接面則可以克服這些缺點，因此目前大部分的半導體雷射皆採用**雙異質接面**(double heterostructure)結構。

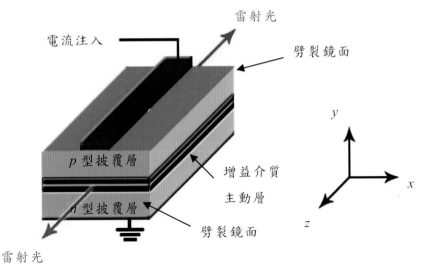

圖 1-1　雙異質結構半導體雷射示意圖

　　圖 **1-2** 為雙異質接面雷射結構順向偏壓下的能帶圖與折射率分佈和光場分佈示意圖。在順向偏壓下，可發現 $N\text{-}p$ 接面只允許電子的注入，使得 N 型材料成為電子注入層；而 $p\text{-}P$ 接面只允許電洞的注入，使得 P 型材料成為電洞注入層。位於中央的主動層材料同時匯集了電子和電洞，而電子和電洞因為受到了 $p\text{-}P$ 和 $N\text{-}p$ 接面的阻擋而被侷限，將注入載子侷限在主動層中，因此電子和電洞產生輻射復合，最後達到**居量反轉**(population inversion)以及**閾值條件**(threshold condition)而發出雷射光，而主動層能隙的大小換算成波長約等於雷射光的波長。此外，由於能隙較小的材料通常具有較大的折射率，因此雙異質結構其折射率分佈如**圖 1-2** 所示具有波導功能，可以讓垂直於接面的光場侷限在主動層中，關於雙異質結構的波導模態將於下一節中詳細討論。綜合上述的討論，雙異質結構擁有良好的載子與光場的侷限，可以大幅降低閾值電流，使得此結構製成的半導體雷射具有優異的性能而成為最早被發展出可以在室溫連續操作的元件！

　　圖 **1-3** 為 $N\text{-}Al_{0.3}Ga_{0.7}As/p\text{-}GaAs/P\text{-}Al_{0.3}Ga_{0.7}As$ DH structure 的能帶圖。在**圖 1-3(a)**中，兩材料還未形成接面時，能隙較小的 p 型材料其能隙為 E_{g2}，其費米能階和 E_v 之間的差異為 δ_2，其電子親和力(即真空能隙和 E_c 間的能量差)為 χ_2，而功函數(真空能隙和 E_f 間的能量差)為 Φ_1；而能隙較大的 N 型材料其參數皆以下標 1 作為區分。此時，E_{c1} 和 E_{c2} 間的差異即為**導電帶偏移**(conduction band offset) ΔE_c；而 E_{v2} 和 E_{v1} 間的差異為**價電帶偏移**(valence band offset) ΔE_v。

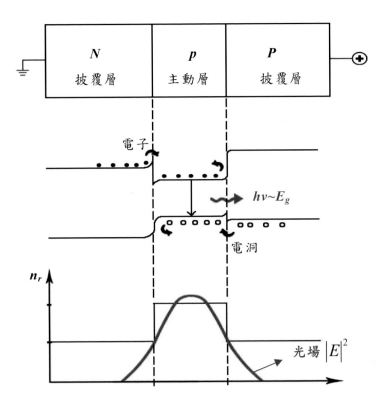

圖 1-2　雙異質接面結構順向偏壓下的能帶圖、折射率與光場分佈

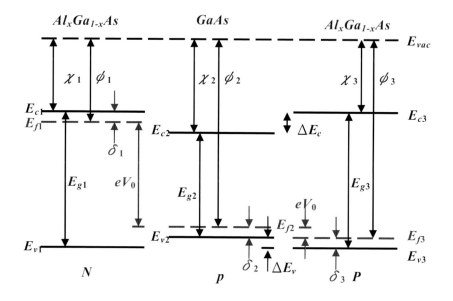

圖 1-3(a)　N-$Al_{0.3}Ga_{0.7}As$/p-$GaAs$/P-$Al_{0.3}Ga_{0.7}As$ 未接觸前之能帶圖

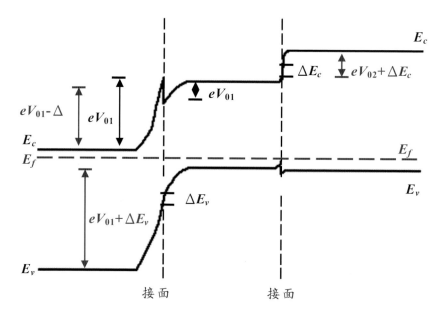

圖 1-3(b)　達到熱平衡時之能帶圖

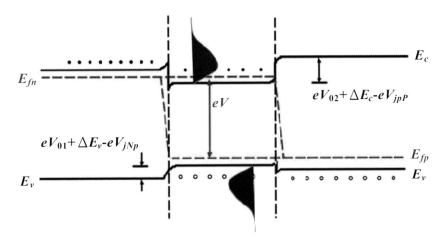

圖 1-3(c)　順向偏壓時之能帶圖

　　半導體中的載子濃度，在低濃度條件下可利用 Boltzmann 近似來計算 Fermi-Dirac 積分式，得到簡化解析解算出載子濃度為：

$$n_1 = N_{c_1} e^{-(E_{c_1} - E_{f_1})/k_B T} \tag{1-1}$$

$$p_2 = N_{v_2} e^{-(E_{f_2} - E_{v_2})/k_B T} \tag{1-2}$$

$$p_3 = N_{v_3} e^{-(E_{f_3} - E_{v_3})/k_B T} \tag{1-3}$$

其中等效能態密度為

$$N_{c_i, v_j} \equiv 2 \times \left(\frac{2\pi m_{c_i, v_j}^* k_B T}{h^2}\right)^{3/2} \tag{1-4}$$

　　接著，當接面接觸時，利用費米能階相對於導電帶或價電帶的相對位置，計算出 δ_1、δ_2，δ_3，最後得到 N-p 接面的接觸電位 V_{01} 以及 p-P 接面的接觸電位 V_{02}。

$$V_{juntion_{N-p}} = (E_{g_2} - \delta_2) + (\Delta E_c - \delta_1)$$

$$= (E_{g_2} + \Delta E_c) - (\delta_1 + \delta_2) \tag{1-5}$$

$$V_{juntion_{p-P}} = \Delta E_v + (\delta_2 - \delta_3) \tag{1-6}$$

而在順向偏壓時，*p-N* 大部分電流由電子所貢獻，因此我們可以定義在 *p-N* 接面上電子比電洞的載子注入比率(injection ratio) γ 為：

$$\gamma = \frac{J_n}{J_p} \propto e^{\Delta E_g / k_B T} \tag{1-7}$$

除了注入比率之外，我們可以定義電子的注入效率(injection efficiency)為 η_e：

$$\eta_e \equiv \frac{J_n}{J_n + J_p} = \frac{1}{1 + (\frac{J_p}{J_n})} = \frac{1}{1 + (1/\gamma)} \tag{1-8}$$

範例 1-1

試比較同質 *p-n* 接面，單異質接面與雙異質接面中在相同注入電流下電子濃度的差異。

解：

由於電子濃度和注入電流以及電子復合時間有關，也就是電子濃度隨時間的變化可表示成：

$$\frac{dn}{dt} = \frac{J}{ed} - \frac{n}{\tau_n} \tag{1-9}$$

其中等號右邊第一項代表載子流入項，J 為注入之電流密度，d 為厚度；而第二項代表載子損耗項，n 為載子濃度，而 τ_n 為載子生命期。在穩定注入的條件下，載子濃度不應隨時間而變化，因此 $dn/dt = 0$，由(1-9)式可得：

$$n = \frac{J\tau_n}{ed} \tag{1-10}$$

對同質接面而言，d 為擴散長度 L_n，而 J 僅有 J_n 的貢獻，則同質接面的載子濃度為：

$$n_H = \frac{J_n\tau_n}{eL_n} = \frac{\tau_n}{eL_n}\eta_e J \cong \frac{\tau_n}{2eL_n}J \tag{1-11}$$

對單異質接面而言，d 仍為擴散長度，但 η_e 趨近於 1，其載子濃度為：

$$n_{SH} = \frac{J_n\tau_n}{eL_n} = \frac{\tau_n}{eL_n}\eta_e J = \frac{\tau_n}{eL_n}J \tag{1-12}$$

對雙異質接面而言，d 為主動層厚度，約在 $0.1\sim0.3$ μm 之間，而 η_e 也趨近於 1，因此其載子濃度為：

$$n_{DH} = \frac{\tau_n}{ed}J \tag{1-13}$$

一般而言 L_n 約為 3 到 10 μm，我們可以取 $L_n = 3$ μm，$d = 0.1$ μm，則此三種結構的載子濃度比率為

$$n_H : n_{SH} : n_{DH} = \frac{1}{2L_n} : \frac{1}{L_n} : \frac{1}{d}$$
$$= 1 : 2 : 60$$

由此可知，雙異質結構具有最高的載子濃度以及最好的載子侷限能力！

1.2　半導體光增益與放大特性

在半導體中,光子的放射是由電子和電洞藉由垂直躍遷所達成的,我們可以把具有相同 k 值的的電子-電洞看成一種新的激發粒子,一旦電子電洞復合放出光子後,此激發粒子便回到低能態的基態中,此種新激發粒子的能量動量關係,可由其能量動量關係曲線中得出激發粒子的有效質量,稱之為**縮減有效質量**(reduced effective mass),及激發粒子的能態密度,稱之為**聯合能態密度**(joint density of state),**圖 1-4** 中**導電帶**(conduction band)和**價電帶**(valence band)中的有效質量分別為 m_c^* 與 m_v^*。其中縮減等效質量和 m_c^* 與 m_v^* 的關係為：

$$\frac{1}{m_r^*} = \frac{1}{m_c^*} + \frac{1}{m_v^*} \tag{1-14}$$

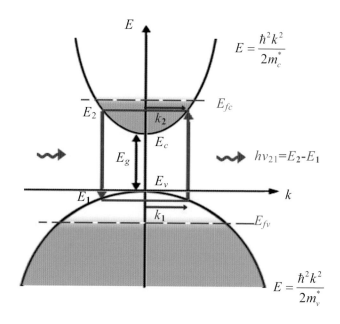

圖 1-4　電子和電洞垂直躍遷示意圖

　　而**圖 1-4** 中準費米能階為 E_{fc} 和 E_{fv}，其之間的能量差異是由注入的電子與電洞的多寡所決定，當主動層中的載子濃度越高，準費米能階之間的能量差異越大，反之則會減少。

　　雷射主要是架構在光放大器的基礎上，而"增益"是指把光放大的程度，在半導體雷射中，利用主動層中載子濃度變化來改變材料光學特性，當高載子注入時，電子與電洞注入主動層，產生雷射增益，達到居量反轉，最後放出雷射光。增益係數 γ 定義為：

$$\gamma = \frac{1}{I} \times \frac{dI}{dz} \tag{1-15}$$

$$= \frac{淨放出之光功率/單位體積}{輸入光功率/單位面積} \quad (單位: cm^{-1}) \tag{1-16}$$

　　我們可借用原子二能階系統以 Einstein 模型來描述在半導體中具有相同 k 值的的電子-電洞與光的交互作用，可得到另一種半導體塊材增益係數頻譜表示式：

$$\gamma = A_{21}(\frac{\lambda_0^2}{8\pi n_r^2})hN_r(E)[f_2 - f_1] \quad (cm^{-1}) \tag{1-17}$$

　　上式中 $f_c(E)$ 和 $f_v(E)$ 為準費米能階 E_{fc} 和 E_{fv} 的 Fermi-Dirac 機率分布。定義如下：

$$f_2 = f_c(E_2) = \frac{1}{1 + e^{(E_2 - E_{fc})/k_B T}} \tag{1-18}$$

$$f_1 = f_v(E_1) = \frac{1}{1 + e^{(E_1 - E_{fv})/k_B T}} \tag{1-19}$$

　　準費米能階 E_{fc} 和 E_{fv} 的位置非常重要，可決定半導體是否具有增益的能力，E_{fc} 和 E_{fv} 又是注入載子濃度的函數，所以半導體的增益大小為注入載子濃度的函數，其增益頻譜會隨著注入載子濃度的增加而逐漸變大，在載子濃度很低的時候，能隙以上的能量都呈現吸收的情況，此時淨受激放射 $R_{st}<0$，$f_2 - f_1 < 0$，即

$$(E_2 - E_1) > (E_{fc} - E_{fv}) \tag{1-20}$$

而當增益開始大於零時，淨受激放射 $R_{st} = 0$，光不會被放大，也不會被吸收，此時 $hv = E_2 - E_1 = E_{fc} - E_{fv}$，$f_2 - f_1 = 0$，我們稱為**透明條件** (transparency condition)，此時的載子濃度被稱為**透明載子濃度** (transparency carrier density) n_{tr}。當注入的載子濃度大於 n_{tr} 以上時，半導體增益值愈來愈高與增益頻寬愈來愈大，但只有那些能量介於 E_g 和 $(E_{fc} - E_{fv})$ 之間的光子通過此半導體時，才會有被放大的現象，此時 $R_{st} > 0$，表現出增益現象，$f_2 - f_1 > 0$ 化簡可得

$$E_g < (E_2 - E_1) = hv < (E_{fc} - E_{fv}) \tag{1-21}$$

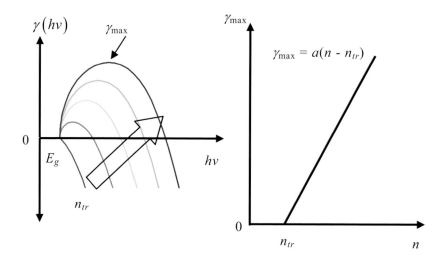

圖 1-5　塊材半導體隨不同載子濃度的增益頻譜以及最大增益對載子濃度呈現線性近似的關係

　　增益頻譜中另一重要的資訊是最大增益值。**圖 1-5** 為塊材半導體的最大增益值對載子濃度圖，將最大增益值對載子濃度作圖可以得到**圖 1-5** 右邊近似線性的圖形，為最大增益 $\gamma_{\max}$ 和載子濃度 n 的線性近似：

$$\gamma_{\max} = a(n - n_{tr}) \tag{1-22}$$

其中 a 為 $\partial \gamma_{\max} / \partial n$，定義為**微分增益**(differential gain)，微分增益對於半導體雷射動態操作的速度影響非常大，我們將會在之後的章節作詳細的討論。

範例 1-2

室溫下，一光放大器主動層為 InGaAs，其透明載子濃度 $n_{tr} = 1.05 \times 10^{18}$ cm^{-3}，而微分增益 $a = 3 \times 10^{-16}$ cm^2，當注入載子濃度 $n = 1.5n_{tr} = 1.575 \times 10^{18}$ cm^{-3}，試求增益係數。

解：

$$\gamma = a(n - n_{tr}) = 3 \times 10^{-16} \times 0.5 \times 1.05 \times 10^{18} = 157.5 \, \text{cm}^{-1}$$

若此放大器的長度是 1 cm，假設不考慮飽和效應，則光放大的倍數為：

$$\frac{I_0}{I_i} = e^{\gamma L} = e^{157.5} = 2.5 \times 10^{68}$$

上面的數字實為非常驚人的放大倍率，這個例子告訴我們半導體的增益係數是相當大的！

　　半導體雷射的操作，往往是由增益頻譜中最大的增益值所決定的，雷射閾值(threshold)條件之一在於增益的最大值等於共振腔中的**損耗**

(loss)之際，一旦**最大增益**(peak gain)到達損耗值（或臨界值）時，雷射開始啟動發出同調的雷射光，此時的載子濃度即為**閾值載子濃度**(threshold carrier density)n_{th}。

(1-22)式增益係數的線性近似為最簡便使用的一種近似，然而增益係數的變化常會隨著載子濃度高低而不同，例如在量子井結構中最大增益係數隨著載子濃度的增加開始有飽和的趨勢時，我們改用對數近似的方式來擬合增益係數對載子濃度的變化：

$$\gamma = \gamma_0 \ln(\frac{n}{n_{tr}}) \tag{1-23}$$

上式為二參數對數近似，當 n/n_{tr} 趨近於 1 時，(1-23)式可近似為：

$$\gamma = \gamma_0 (\frac{n}{n_{tr}} - 1) \tag{1-24}$$

上式和(1-22)式相等，其中微分增益 $\gamma_0 / n_{tr} = a$。我們也可以將(1-23)式對 n 微分，計算微分增益：

$$\frac{\partial \gamma}{\partial n} = \frac{\gamma_0}{n} \tag{1-25}$$

當 $n \cong n_{tr}$ 時，微分增益即為 γ_0 / n_{tr}。

若為了更精準擬合增益係數，可以在(1-23)式中再加一個參數，成為三參數對數近似：

$$\gamma = \gamma_0 \ln(\frac{n + n_s}{n_{tr} + n_s}) \tag{1-26}$$

其中 n_s 為擬合參數，若 $n_s \to 0$，上式變回(1-23)式。

1.3 半導體雷射震盪條件

共振腔中雷射光來回(round trip 振盪後保持光學自再現 (self-consistency)的邊界條件,讓我們可以求得雷射要穩定存在於共振腔必須符合兩條件,第一部分為振幅條件,第二則為相位條件。振幅條件說明了「閾值條件為增益與損耗相等」,接著就可以由閾值條件求得半導體雷射的**閾值載子濃度**(threshold carrier density)與**閾值電流** (threshold current)。接下來我們就可以推導在閾值條件以上時雷射光輸出的功率和注入電流的關係,進而討論半導體雷射的操作效率。下一節,我們再引入半導體雷射的**速率方程式**(rate equation)來推導閾值條件與輸出特性。

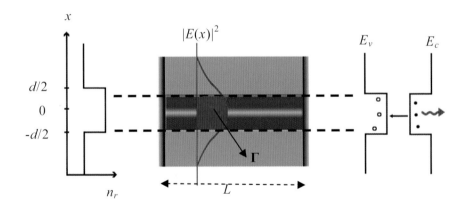

圖 1-6   光場強度在主動層附近的分佈

1.3.1 振幅條件

圖 1-6 中,主動層為提供增益的區域,而主動層中的折射率和披覆層的折射率因存在差異而形成波導結構。我們先來看雷射振盪的第

一個條件--振幅條件：

$$\Gamma\gamma_{th} = \alpha_i + \frac{1}{2L}\ln\frac{1}{R_1R_2} \equiv \alpha_i + \alpha_m \tag{1-27}$$

在(1-27)式中，左側為半導體主動層的增益，Γ 為光學侷限因子 (optical confinement factor)，代表光強度在主動層中佔所有光強的比率，相關的推導會在下一章中詳細介紹，α_i 與 α_m 分別為**內部損耗**(internal loss)與**鏡面損耗**(mirror loss)。增益係數隨著注入載子濃度增加而變大，當增益等於(1-27)式右側固定內部損耗時及鏡面損耗，會達到穩定條件而發出雷射光，此時的增益值即稱**閾值增益**(threshold gain)。

範例 1-3

若一雙異質結構的 GaAs 半導體雷射，共振腔長度 $L = 500$ μm，$\alpha_i = 10$ cm^{-1}，$n_r = 3.6$，$\Gamma = 0.8$，試求 γ_{th}。

解：

由於此半導體雷射二端為劈裂鏡面，因此反射率為

$$R_1 = R_2 = R = (\frac{n_r - 1}{n_r + 1})^2 = (\frac{3.6 - 1}{3.6 + 1})^2 = 0.32$$

而由(1-27)式的閾值條件為：

$$\Gamma\gamma_{th} = \alpha_i + \frac{1}{2L}\ln(\frac{1}{R^2}) = \alpha_i + \frac{1}{L}\ln(\frac{1}{R})$$

所以

$$\gamma_{th} = \frac{1}{\Gamma}(\alpha_i + \frac{1}{L}\ln\frac{1}{R}) = \frac{1}{0.8}(10 + \frac{1}{500 \times 10^{-4}}\ln\frac{1}{0.32}) = 41 \text{ cm}^{-1}$$

　　在得到了雷射操作閾值條件與閾值增益後，我們使用線性近似的增益係數，可得到閾值電流密度為：

$$J_{th} = \frac{d}{b\eta_i \Gamma}\left[\alpha_i + \frac{1}{2L}\ln(\frac{1}{R_1 R_2})\right] + \frac{dJ_o}{\eta_i} \tag{1-28}$$

　　其中內部量子效率 η_i(internal quantum efficiency)定義為留在主動層中的載子和注入載子之間的比率，而其他參數定義如下：

$$b \equiv \frac{a\tau_n}{d}$$
$$J_0 \equiv \frac{J_{tr}}{d} \tag{1-29}$$
$$J_{tr} \equiv \frac{e \cdot d \cdot n_{tr}}{\tau_n}$$

　　由上式可知影響閾值電流密度的因素很多，有主動層厚度 d、內部量子效率 η_i、透明電流密度 J_0、微分增益 a(differential gain)及載子生命期 τ_n(carrier lifetime)等。

1.3.2　相位條件

　　而雷射操作的第二個條件--相位條件部分，相位的變化要等於 2π 的整數倍，即：

$$2kL = q \cdot 2\pi \tag{1-30}$$

其中 q 為正整數，因為 $k = 2n_r\pi / \lambda$，上式可整理得：

$$q(\frac{\lambda}{2n_r}) = L \tag{1-31}$$

上式符合駐波條件，也就是雷射共振腔的長度為雷射半波長的整數倍。這種模態我們稱為雷射縱模(longitudinal mode)，如圖 **1-7** 所示。

　　由於在雷射共振腔中，不同的 q 值對應到不同的雷射縱橫，q 值愈大，雷射光波長愈短；相反的，q 值愈小，雷射光波長愈長。當雷射共振腔中的折射率有**色散**(dispersion)特性，也就是 n_r 會隨著 λ 的變化而變化時，我們若將雷射共振腔的縱模從 q 變化到 $q-1$，對應的波長則由 λ 變成 $\lambda+\Delta\lambda$，則：

$$(q-1) = \frac{2n_r(\lambda+\Delta\lambda)}{\lambda+\Delta\lambda} \cdot L \tag{1-32}$$

因為 $n_r(\lambda)$ 可以近似成：

$$n_r(\lambda+\Delta\lambda) = n_r(\lambda) + \frac{\partial n_r(\lambda)}{\partial\lambda} \cdot \Delta\lambda \tag{1-33}$$

代入(1-32)式，可得：

$$q-1 = \frac{2n_r(\lambda)L}{\lambda} - 1 = \frac{2\left[n_r(\lambda) + \frac{\partial n_r(\lambda)}{\partial\lambda}\Delta\lambda\right]}{\lambda+\Delta\lambda} \cdot L \tag{1-34}$$

整理可得：

$$\Delta\lambda = \frac{\lambda^2}{2L\left[n_r(\lambda) - \lambda\frac{\partial n_r(\lambda)}{\partial\lambda} - \frac{\lambda}{2L}\right]} \tag{1-35}$$

對一般邊射型半導體雷射來說，$\lambda \ll 2L$，因此上式可簡化為：

$$\Delta\lambda = \frac{\lambda^2}{2n_r L[1-(\frac{\lambda}{n_r})\frac{\partial n_r(\lambda)}{\partial\lambda}]} = \frac{\lambda^2}{2n_{eff}L} \tag{1-36}$$

其中

$$n_{eff} \equiv n_r\left[1-(\frac{\lambda}{n_r})\frac{\partial n_r}{\partial\lambda}\right] \tag{1-37}$$

通常 n_r 會隨著 λ 的增加而變小，因此 n_{eff} 會比原本的 n_r 還大。若我們以 Δv 來表示縱模的頻率差異，因為 $\Delta v/v = \Delta\lambda/\lambda$，則：

$$\Delta v = \Delta \lambda \cdot \frac{v}{\lambda} = \frac{\Delta \lambda \cdot c}{\lambda^2} = \frac{c}{2n_{efff}L} \tag{1-38}$$

若 n_r 的色散效應很小，使得 $(\frac{\lambda}{n_r})\frac{\partial n_r}{\partial \lambda} << 1$，則(1-36)和(1-38)式又可簡化為：

$$\Delta \lambda = \frac{\lambda^2}{2n_r L} \tag{1-39}$$

$$\Delta v = \frac{c}{2n_r L} \tag{1-40}$$

不管是 $\Delta \lambda$ 或 Δv 都是指雷射縱模之間的**模距**(mode spacing)，其中(1-40)式較常被使用，因為模距僅和 n_r 及 L 有關，一旦雷射共振腔長決定了，模距也就會固定下來。而這些模態表示在雷射共振腔中可容許的頻率，如**圖 1-7** 所示，只有在這些頻率上才可以發出雷射光，**圖圖 1-7** 中顯示了此雷射的增益頻譜在不同的電流密度注入下的曲線，隨著電流密度愈高，增益頻譜就愈大且頻寬愈廣，若 γ_{th} 為閾值增益，在注入 J_1 時的增益尚未超過 γ_{th}，因此仍不能發光雷射光，**圖 1-7** 下半部顯示由雷射共振腔的一端所測得的發光頻譜，在 $J_1 < J_{th}$ 時，因為發光頻譜和準費米能階的位置有關，其發光頻譜的半高寬很大；當注入電流密度為 J_2 時的增益頻譜其最高點和 γ_{th} 相等,符合了雷射振盪的振幅條件-增益等於損耗，因此在 $J_2 = J_{th}$ 時開始發出雷射光，若此時增益的最高點位置恰在縱模上，則雷射光的波長則由此縱模決定，我們可以看到**圖圖 1-7** 中當 $J_2 = J_{th}$ 時，雷射頻譜只有單一個非常窄線寬的模態。

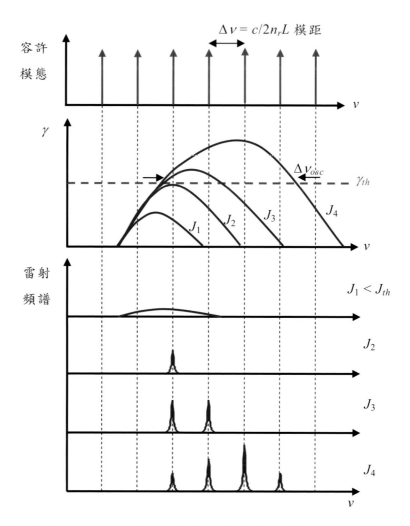

圖 1-7　雷射共振腔中可容許的模態、雷射增益頻譜以及功率頻譜圖

　　在理想情況下，當注入半導體的電流持續增加時，主動層中的增益不再隨之變大，這些大於閾值電流而多出來的載子都會變成雷射光子輸出，雷射頻譜也仍舊維持單模操作。然而實際上，由於主動層可能在空間上有不均勻的現象，使得半導體雷射的增益頻譜存在著不均

匀加寬(inhomogeneous broadening)的情形，在這種情況下，增益只會在縱模的譜線位置上被耗盡並箝制在 γ_{th} 上，多注入的載子可貢獻到其它的增益頻譜上，如**圖 1-7** 下半部所示，因此在那些超過 γ_{th} 的增益頻寬 Δv_{osc} 中的雷射縱模都會發出雷射光，形成多縱模態雷射光輸出，關於這些多縱模態雷射的頻譜特性將在之後的小節再介紹。

1.4 速率方程式與雷射輸出特性

半導體雷射的操作可以用蓄水槽注水的模型來類比[2]，如**圖 1-8** 所示。

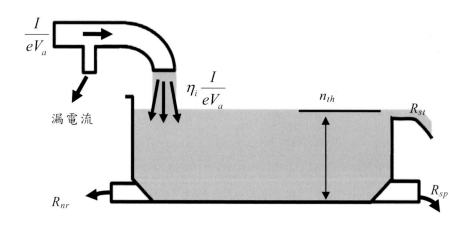

圖 1-8 半導體雷射操作之蓄水槽注水模型

半導體雷射的主動層可以比擬成一個蓄水槽，主動層中的載子則如同蓄水槽中的水，由外界注入的水就如同半導體雷射的載子從兩端的電極注入，在注入的過程中會有一些漏水的現象，即為漏電流的產生，因此電流注入主動層的比率可以使用 η_i 代表所有注入載子在主動層的比率；另一方面，注入主動層的載子會因為載子復合而消失，正如同在蓄水槽底部的排水孔造成蓄水槽中的水流失的現象，而載子復合又可分為兩種模式，一種為產生光子的**輻射復合**(radiative recombination)，在尚未達到閾值條件前，主要為自發放射，共振腔中的光子皆屬於雜亂分佈且屬於不同模態的自發放射的光子；另一種為不會產生光子的**非輻射復合**(nonradiative recombination)。在理想的情況下，當半導體雷射的注入電流密度到達 J_{th} 後到達閾值條件，即蓄水槽的水已經注滿，其蓄水池的容量是由閾值條件所決定。在閾值條件以上，多注入的載子可以透過受激放射放出單模的同調光子，就如同滿出蓄水池的水由蓄水池邊緣流洩一般。

更精確的半導體雷射操作模型，如**圖 1-9** 所示。半導體雷射基本上是藉由注入電流 I(電流密度 J)，在主動層中形成載子濃度 n，然而並不是所有的注入電流都會到達主動層,因此會存在一些漏電的損失。這些在主動層中的載子會經由輻射復合與非輻射復合的過程而損失，到達閾值條件後，這些載子會受到另一個受激放射的途徑損失，而單一模態的光子 n_p 隨之產生，n_p 為光子密度，這些光子會受到內部損耗與鏡面損耗的途徑而損失，其中經由鏡面損失的光子即為半導體雷射的輸出。

我們有興趣的是在半導體雷射中電流和 n 以及 n_p 之間的相對變化，電流是輸入變量，而 n 和 n_p 為隨著電流的輸入而變化的應變量，參考上圖的模型,我們可以分別列出對載子濃度 n 以及對光子密度 n_p 的速率方程式。

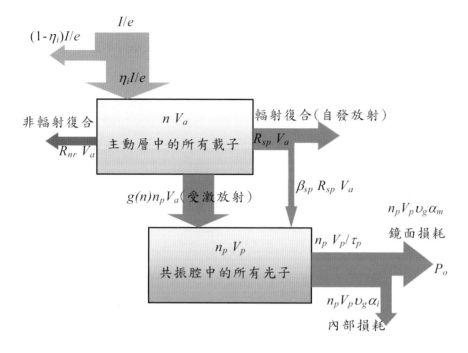

圖 1-9 雷射速率方程式示意圖[2]

我們先看所有載子數目對時間的變化為：

$$V_a \frac{dn}{dt} = \eta_i \frac{I}{e} - \frac{n}{\tau_n} \cdot V_a - g(n)n_p \cdot V_a \ (\text{單位}:\sec^{-1}) \tag{1-41}$$

其中 V_a 為主動層的體積，換算成載子濃度對時間的變化為：

$$\frac{dn}{dt} = \eta_i \frac{J}{ed} - \frac{n}{\tau_n} - g(n)n_p \ (\text{單位}:cm^{-3}\sec^{-1}) \tag{1-42}$$

等式右邊的第一項代表電流密度的注入而轉換為主動層中的載子濃度增加率，主動層的厚度為 d，η_i 代表所有注入載子在主動層的比率即內部量子效率。而等式右邊第二項代表載子經復合而消失的減少速率，我們用 τ_n 來表示所有的載子復合速率的時間常數，稱為**載子生**

命期(carrier lifetime)。而等式右邊第三項為載子受到共振腔中光子激發而放出受激放射光子的減少速率，因此和 $g(n)$ 以及 n_p 的乘積成正比，而 $g(n)$ 為一個和時間相依的增益速率，其單位為 sec^{-1}，正比於每秒光子增加的速率，因此 $g(n) = \upsilon_g \cdot \gamma(n)$。

接著，我們看所有光子數目的變化速率：

$$V_p \frac{dn_p}{dt} = g(n)n_p \cdot V_a - \frac{n_p}{\tau_p} \cdot V_p + \beta_{sp} \cdot \frac{n}{\tau_n} \cdot V_a \quad (\text{單位}: \text{sec}^{-1}) \qquad (1\text{-}43)$$

其中 V_p 為光學共振腔的體積，因此 $V_a/V_p \equiv \Gamma$，定義為光學侷限因子，換算成光子密度對時間的變化為：

$$\frac{dn_p}{dt} = \Gamma g(n)n_p - \frac{n_p}{\tau_p} + \Gamma\beta_{sp} \cdot \frac{n}{\tau_n} \quad (\text{單位}: \text{cm}^{-3}\,\text{sec}^{-1}) \qquad (1\text{-}44)$$

等式右邊第一項表示光子的增加速率，而第二項表示光子的減少速率，我們用 τ_p 表示所有的光子衰減速率的時間常數，稱為**光子生命期**(photon lifetime)；第三項為自發性輻射貢獻到雷射光子模態的部份，用**自發放射因子**(spontaneous emission factor, β_{sp})表示，在此我們若只考慮邊射型雷射的例子，其 β_{sp} 太小(約 10^{-5} 左右)可忽略不計，因此可以得到一組載子濃度 n 以及對光子密度 n_p 互相耦合的速率方程式。

在(1-42)式與(1-44)式中，若假設增益速率值為線性近似，則：

$$g(n) = (\frac{c}{n_r})\gamma(n)$$

$$= (\frac{c}{n_r})a(n - n_{tr}) \qquad (1\text{-}45)$$

$$\equiv g_0(n - n_{tr}) \qquad (\text{sec}^{-1})$$

其中 g_0 為時間上的微分增益。

而光子生命期為：

$$\frac{1}{\tau_p} = \upsilon_g \cdot \alpha_i + \upsilon_g \cdot \alpha_m = (\frac{c}{n_r})(\alpha_i + \alpha_m) \qquad (\text{sec}^{-1}) \qquad (1\text{-}46)$$

其中 υ_g 是雷射光的群速度，α_i 與 α_m 分別為內部損耗與鏡面損耗。

有了上面所列出的速率方程式後，我們可以在**穩態**(steady-state) 條件下，藉由已知的雷射現象，分三個階段來簡化速率方程式並解 (1-42)式與(1-44)式這二個耦合方程式。

(1) 低於閾值條件：

在未達閾值條件前，雷射共振腔中幾乎沒有光子，因此 $n_p \cong 0$，而 (1-42)式為：

$$\frac{dn}{dt} = 0 = \eta_i \frac{J}{ed} - \frac{n}{\tau_n} \qquad (1\text{-}47)$$

因此

$$n = \eta_i \frac{J\tau_n}{ed} \qquad (1\text{-}48)$$

載子濃度和注入電流密度成正比。

(2) 到達閾值條件：

閾值條件時，n_p 雖不為零，但值很小，因此仍可忽略，我們可以 得到閾值載子濃度為：

$$n = \eta_i \frac{J\tau_n}{ed} \qquad (1\text{-}49)$$

另一方面由(1-45)式在閾值條件下，

$$n_{th} = \frac{\alpha_i + \alpha_m}{\Gamma a} + n_{tr} \qquad (1\text{-}50)$$

代回(1-49)式，我們得到閾值電流密度：

$$J_{th} = \frac{n_{th} \cdot e \cdot d}{\eta_i \cdot \tau_n}$$

$$= \frac{d}{b\eta_i\Gamma}(\alpha_i + \frac{1}{2L}\ln\frac{1}{R_1R_2}) + \frac{dJ_0}{\eta_i} \qquad (1\text{-}51)$$

其中 b 與 J_0 的定義同(1-29)式所列。

(3) 高於閾值條件：

在閾值條件以上，載子濃度將會被箝止在 n_{th}，因為高於 n_{th} 的載子都會立刻藉由受激輻射轉換成光子，使得載子濃度得以維持動態的平衡。因此由(1-42)式，

$$\eta_i \frac{J}{ed} - \frac{n_{th}}{\tau_n} = g(n_{th})n_p \qquad (1\text{-}52)$$

所以

$$n_p = \frac{1}{g(n_{th})}(\eta_i \frac{J}{ed} - \frac{n_{th}}{\tau_n})$$

$$= \Gamma\tau_p\eta_i(\frac{J}{ed} - \frac{J_{th}}{ed}) \qquad (1\text{-}53)$$

$$= \Gamma(\frac{\tau_p}{ed})\eta_i(J - J_{th})$$

若 $\eta_i = 1$ 以及 $\Gamma = 1$，我們也可將上式表示為：

$$\frac{n_p}{\tau_p} = \frac{J - J_{th}}{ed} = \frac{n - n_{th}}{\tau_n} \qquad (1\text{-}54)$$

如此一來，可以讓我們輕易的了解到上式中等號左邊表示光子產生速率，而右邊為大於 n_{th} 的部份載子消失的速率。

而在共振腔中所產生的光子總數為：

$$N_p = n_p \cdot V_p = \frac{n_p \cdot V_a}{\Gamma} = \frac{n_p}{\Gamma} \cdot Lwd = \frac{\tau_p}{e}\eta_i(I - I_{th}) \qquad (1\text{-}55)$$

因此，在共振腔中的總功率為：

$$P_c = (\frac{N_p}{\tau_p}) \cdot hv = \eta_i (\frac{hv}{e})(I - I_{th}) \tag{1-56}$$

因為光子由鏡面損耗的速率為 $\upsilon_g \cdot \alpha_m$，則輸出到共振腔外的功率為：

$$P_o = 光子密度 \times 體積 \times 鏡面損耗速率 \times 光子能量$$
$$= n_p \times Lwd \times (\frac{c}{n_r})\alpha_m \times hv \tag{1-57}$$

若考慮內部量子效率，則由(1-55)式：

$$P_o = \eta_i (\frac{\tau_p}{ed})(J - J_{th})Lwd \cdot \frac{c}{n_r} \cdot \alpha_m \cdot hv$$
$$= \eta_i (\frac{hv}{e})(\frac{\alpha_m}{\alpha_i + \alpha_m})(I - I_{th}) \tag{1-58}$$

我們可以得到雷射光輸出與輸入電流之間的關係，若對輸出與輸入作圖，則可得到如**圖 1-10** 的半導體雷射的 *L-I* 曲線圖。

由於半導體雷射是由電流載子注入主動層來激發產生光，為了衡量半導體雷射的電光轉換效率，我們定義**微分量子效率**(differential quantum efficiency)為：

$$\eta_d \equiv \frac{每秒光子輸出數目的增加量}{臨界條件以上每秒注入載子數目的增加量} \tag{1-59}$$

$$= \eta_i \frac{\alpha_m}{\alpha_i + \alpha_m} \quad (單位:\%)$$

$$= \eta_i \frac{\frac{1}{2L}\ln(\frac{1}{R_1 R_2})}{\alpha_i + \frac{1}{2L}\ln(\frac{1}{R_1 R_2})} \quad (單位:\%)$$

簡單來說，微分量子效率是用來衡量每注入一個載子轉換為一個

光子的比率。而**斜率效率**(slope efficiency)為

$$\eta_s \equiv \frac{輸出功率增量}{輸入電流增量} \qquad (1\text{-}60)$$

$$= (\frac{\Delta P_o}{\Delta I})$$

$$= (\frac{hv}{e}) \cdot \eta_d \ \ (單位: \text{W/A})$$

即為**圖 1-10** 中雷射輸出功率對輸入電流變化的斜率。

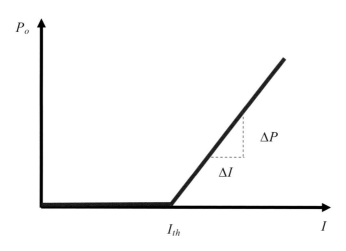

圖 1-10　半導體雷射的 *L-I* 曲線

範例 1-4

波長 1.55 μm 之 InGaAlAs 雷射的增益線性近似可表示為：

$$\gamma_{max} = a(n - n_{tr}) = 3 \times 10^{-16} (n - 2 \times 10^{18}) \, (\text{cm}^{-1})$$

若共振腔長為 500 μm，二端為劈裂鏡面，主動層之等效折射率為 3.4，

內部損耗為 25 cm^{-1}，輻射復合生命期為 1.5 nsec，內部量子效率 $\eta_i = 0.8$，

主動層的厚度為 50 nm，光學侷限因子為 0.2。(a)試計算閾值電流密度，(b)若主動層的面積為 2.5 μm×500 μm，試求此半導體雷射之閾值電流，(c)試估計斜率效率。

解：

求閾值增益前要先知道鏡面損耗，由於兩端鏡面的反射率為

$$R = (\frac{n_r - 1}{n_r + 1})^2 = (\frac{3.4 - 1}{3.4 + 1})^2 = 0.3$$

則鏡面損耗為 $\alpha_m = \frac{1}{2L}\ln(\frac{1}{R_1 R_2}) = \frac{1}{2 \times 500 \times 10^{-4}}\ln(\frac{1}{0.3 \times 0.3}) = 24.1\,\text{cm}^{-1}$

根據(1-50)式 $n_{th} = \frac{\alpha_i + \alpha_m}{\Gamma a} + n_{tr} = \frac{25 + 24.1}{0.2 \times 3 \times 10^{-16}} + 2 \times 10^{18} = 2.82 \times 10^{18}\,\text{cm}^{-3}$

再由(1-51)式得閾值電流密度為

$$J_{th} = \frac{n_{th} \cdot e \cdot d}{\eta_i \cdot \tau_n} = \frac{2.82 \times 10^{18} \times 1.6 \times 10^{-19} \times 50 \times 10^{-7}}{0.8 \times 1.5 \times 10^{-9}} = 1.88\,\text{kA/cm}^2$$

而閾值電流為

$I_{th} = J_{th} \times w \times L = 1.88\,\text{KA/cm}^2 \times 2.5 \times 10^{-4} \times 500 \times 10^{-4} = 23.5\,\text{mA}$

根據(1-59)式，$\eta_d = \eta_i \alpha_m / (\alpha_i + \alpha_m) = 0.8 \times 24.1 / (25 + 24.1) = 0.39$，再由 (1-60)式得斜率效率為

$$\eta_s = (h\nu / e) \cdot \eta_d = (1.24 / 1.55) \times 0.39 = 0.31\,(\text{單位: W/A})\,。$$

在前面(1-42)式中的載子復合時間若把非輻射復合的貢獻考慮進去，則載子復合速率可表示為

$$R_n = \frac{n}{\tau_n} = An + Bn^2 + Cn^3 \tag{1-61}$$

其中 A 和 C 分別為 Shockley-Read-Hall(SRH)復合係數與 Auger 復合係

數，皆屬於非輻射復合；而 B 則為自發放射的輻射復合係數。

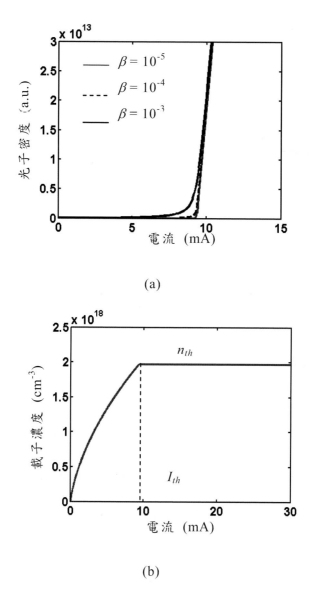

(a)

(b)

圖 1-11　不同的自發放射因子條件下的注入電流對(a)載子濃度與(b)
光子密度的圖形。

因此(1-44)式中最後一項為自發放射的貢獻，因此其復合速率為 Bn^2。我們將速率方程式改寫為：

$$\frac{dn}{dt} = \eta_i \frac{J}{ed} - (An + Bn^2 + Cn^3) - g(n)n_p \qquad (1\text{-}62)$$

$$\frac{dn_p}{dt} = \Gamma g(n)n_p - \frac{n_p}{\tau_p} + \Gamma\beta_{sp} \cdot Bn^2 \qquad (1\text{-}63)$$

考慮在穩態的情況下，使用線性增益近似以及包含自發放射因子的影響在內，由(1-63)式可推導出光子密度 n_p：

$$n_p = \frac{\Gamma\beta_{sp} \cdot Bn^2}{\dfrac{1}{\tau_p} - \Gamma g(n)} \qquad (1\text{-}64)$$

將 n_p 代入(1-62)式可得一條載子濃度 n 的四次方程式，對於不同注入的電流密度 J，可用電腦輔助軟體解出載子濃度 n，以及所對應的光子密度 n_p。**圖 1-11** 則畫出了在不同的自發放射因子條件下的注入電流對載子濃度與光子密度的圖形。

由**圖 1-11(a)**可知當自發輻射因子越來越大時，光子密度在閾值電流時的變化就會偏離如**圖 1-10** 的理想情況，因為有自發輻射的貢獻其閾值變化變得比較平緩，這種情形常見於雷射共振腔很小的情況，如 VCSEL 或缺陷型光子晶體雷射等的微共振腔雷射元件，當雷射共振腔的體積越小，通常伴隨著自發輻射因子越來越大，使得其雷射閾值越不容易判斷。

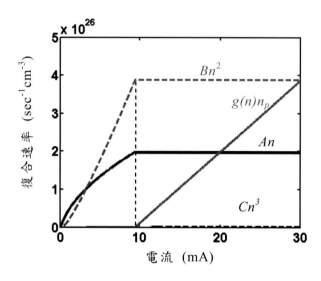

圖 1-12　注入電流對非輻射復合速率、自發放射與受激放射復合速率
的關係圖

此外，我們可以看到圖 **1-11(b)** 中當到達閾值電流之後，其載子濃
度箝止在固定的值 n_{th} 上，這是因為當越接近閾值條件時，(1-64)式中
的分母越趨近於零，於是光子密度迅速增加，使得在(1-62)式中的受
激放射的復合速率開始會主導了載子的復合速率，我們可參考圖 **1-12**
的載子復合速率比較圖，由此可知高於閾值條件的載子濃度必須要迅
速轉換成光子以維持平衡狀態。

1.5　多縱模雷射頻譜

我們在前面介紹過一般 FP 邊射型半導體雷射的模態(尤其是縱模)
不只有一個，多模操作的條件使得雷射速率方程式必須要考慮到多個
雷射光學模態的速率方程式如下：

$$\frac{dn}{dt} = \eta_i \frac{J}{ed} - \frac{n}{\tau_n} - \sum_m g_m n_{pm} \tag{1-65}$$

$$\frac{dn_{pm}}{dt} = \Gamma_m g_m n_{pm} - \frac{n_{pm}}{\tau_{pm}} + R_{spm} \tag{1-66}$$

其中下標 m 表示雷射其中一個縱模，由於雷射共振腔中存在許多模態，每個模態都有個別的速率方程式，儘管載子的速率方程式只有一道，但是主動層中的載子會被所有雷射模態的光子受到不同增益大小的影響而經由受激輻射復合而損失；而 $R_{spm} = \Gamma_m \beta_{spm} n / \tau_r$，假設自發輻射貢獻到這些模態的比例相近，因此可以將自發輻射速率皆設為 $R_{spm} = R_{sp}$。同樣的，這些雷射縱模的光子生命期相近，我們令 $1 / \tau_{pm} = g_{pm} = g_p$，並令 $\Gamma_m = 1$，在穩態條件下(1-66)式左邊等於零，因此可以整理得：

$$n_{pm} = \frac{R_{sp}}{1 / \tau_{pm} - g_m} = \frac{R_{sp}}{g_p - g_m} \tag{1-67}$$

上式和(1-64)式相同，其中 g_p 為光子損失的速率，而 g_m 為光子增加的速率，當 g_m 越接近 g_p 時，光子的數目會急速上升而達到雷射的現象。在這裡 g_m 只要稍微小於 g_p 就可以發出雷射的結論稍微修正了前面討論的閾值條件，這是因為自發輻射的光子總是有一小部分貢獻到雷射模態中，恰好填補了 g_m 不足的部分。

令這些雷射縱模的中央模態 $m = 0$，且其頻譜位置正好位於主動層增益頻譜的中央最大值處，如**圖 1-13** 所示，因此對中央模態的光子而言：

$$n_{p0} = \frac{R_{sp}}{g_p - g_0} \tag{1-68}$$

比較(1-67)式與(1-68)式可得：

$$\frac{n_{p0}}{n_{pm}} = \frac{g_p - g_m}{g_p - g_0} \tag{1-69}$$

因為 g_0 和 g_p 相近，我們設 $g_0 = g_p(1-\delta)$ ，表示 g_0 靠近 g_p 的程度，因此(1-68)式可表示成

$$n_{p0} = \frac{R_{sp}}{g_p - g_p(1-\delta)} = \frac{R_{sp}}{\delta g_p} \tag{1-70}$$

或者是

$$\delta = \frac{R_{sp}}{n_{p0}g_p} \propto \frac{1}{n_{p0}} \tag{1-71}$$

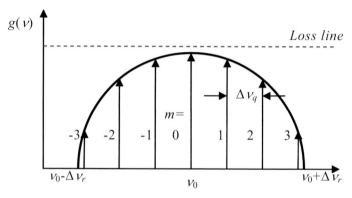

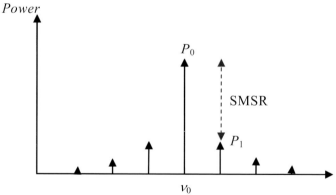

圖 1-13　半導體雷射的增益頻譜、多縱模雷射的模態位置以及雷射光頻譜

假設半導體雷射的增益頻譜可以用二次函數來近似，因此

$$g(\nu) = g(\nu_0)[1 - (\frac{\nu - \nu_0}{\Delta \nu_r})^2] \tag{1-72}$$

其中 $\Delta \nu_r$ 為雷射增益大於零的半譜寬度，根據縱模條件 $\nu_m = \nu_0 + m \cdot \Delta \nu_q$，以及定義 $M \cong \Delta \nu_r / \Delta \nu_q$ 為半譜寬中能容納最多的模態數，因此縱模的總數為 $2M+1$，(1-72)式可以表示成：

$$g(\nu) = g(\nu_0)[1 - (\frac{m\Delta \nu_q}{M\Delta \nu_q})^2] \tag{1-73}$$

或是表示為

$$g_m = g_0[1 - (\frac{m}{M})^2] \tag{1-74}$$

因此(1-67)式可表示成

$$n_{pm} = \frac{R_{sp}}{g_p - g_m} = \frac{R_{sp}}{g_p - g_0[1 - (\frac{m}{M})^2]} \cong \frac{R_{sp}}{g_p} \frac{1}{\delta + (\frac{m}{M})^2} \tag{1-75}$$

因此和(1-70)式比較後可得：

$$n_{pm} = n_{p0} \frac{1}{1 + \frac{1}{\delta}(\frac{m}{M})^2} \tag{1-76}$$

若輸入電流越大，δ 會越接近於零，由上式可知，中央主要的模態強度會遠大於**旁模**(side mode)的強度。若要求得整組雷射縱模頻譜的半高寬，可以令 $n_{pm} = 0.5n_{p0}$，此時 $(m/M)^2 = \delta$，或 $m = M\sqrt{\delta}$，又因為 $M \cong \Delta \nu_r / \Delta \nu_q$，以及令 $m = (\nu_m - \nu_0)/\Delta \nu_q \equiv \Delta \nu_s / \Delta \nu_q$，其中 $\Delta \nu_s$ 即為半高寬的一半譜線寬度，因此半高寬譜線寬度為

$$2\Delta \nu_s = 2m\Delta \nu_q = \sqrt{\delta}(2\Delta \nu_r) \tag{1-77}$$

由此可知，整組雷射縱模頻譜的半高寬是增益頻譜寬度的 $\sqrt{\delta}$ 倍，當 δ 越小，雷射縱模頻譜的半高寬就會越小，中央的模態強度就會變得很突顯。定義主要雷射模態強度和次強的雷射模態強度的比值為**旁模抑制比**(side mode suppression ratio, SMSR)，根據此定義：

$$\text{SMSR} \equiv 10\log_{10}\frac{P_0}{P_1} = 10\log_{10}(1+\frac{1}{\delta M^2}) \qquad (1\text{-}78)$$

一般而言，SMSR 至少要大於 40dB，雷射才能算是單模操作！

範例 1-5

一半導體雷射的增益譜線寬度為 50GHz，若 $\delta = 10^{-4}$，(a)試求雷射縱模頻譜的半高寬。(b)又此雷射 M=10，試求其 SMSR。

解：

(a) 由(1-77)式：

$$FWHM = 50GHz\sqrt{\delta} = 50GHz\sqrt{10^{-4}} = 500MHz$$

(b) 由(1-78)式：

$$\text{SMSR} = 10\log_{10}(1+\frac{1}{10^{-4}\times 10^2}) = 20\text{dB}$$

本章習題

1. 設一 GaAs 半導體雷射，波長為 0.87 μm，$n_r = 3.65$，共振腔長 $L = 300$ μm，二端鏡面為劈裂鏡面，$\eta_i = 0.8$，$\alpha_i = 20$ cm^{-1}，閾值電流為 18 mA，試求 $I = 30$ mA 時，輸出功率 P_0 的大小。

2. 長度 $L = 300$ μm 的 GaAs 雷射，波長為 0.88 μm，$n_r = 3.6$，若折射率沒有色散現象，試求模距 $\Delta\lambda$ 以及模數 q。

3. 780 nm 雷射其腔長 $L = 300$ μm，$n_r = 3.54$，試求模距及模數。

4. GaAs 雷射的波長為 0.84 μm，鏡面為劈裂鏡面，折射率為 3.7，內部損耗為 10 cm^{-1}，共振腔長 $L = 500$ μm，輸入電壓為 2 V，$\eta_i = 0.9$，若 $I_{th} = 200$ mA，試計算 η_s、η_d 以及要輸出 5 mW 所需要的電流 I。

5. 半導體雷射共振腔長為 300 μm，內部損耗 $\alpha_i = 10$ cm^{-1}，二端為劈裂鏡面，折射率為 3.4，試求光子生命期。

6. 藍光 InGaN 半導體雷射，發光波長為 410 nm 時的增益線性近似可表示為：
$$\gamma_{max} = 6.3 \times 10^{-17}(n - 5.2 \times 10^{19})\,(\text{cm}^{-1})$$
若閾值增益為 77 cm^{-1}，輻射復合生命期為 1.5 nsec，內部量子效率 $\eta_i = 0.35$，主動層的厚度為 10 nm

   (a) 試計算閾值電流密度。

   (b) 若主動層的面積為 2.5 μm×600 μm，試求此半導體雷射之閾值電流。

   (c) 若閾值增益降為 40 cm^{-1}，試求此半導體雷射之閾值電流。

7. 欲設計波長為 830 nm 的對稱雙異質結構 Al$_x$Ga$_{1-x}$As 半導體雷射，二端為劈裂鏡面，而 Al$_x$Ga$_{1-x}$As 之能隙與折射率和 Al 成分的關係為：

$$E_g(x) = 1.424 + 1.247x$$
$$n(x) = 3.59 - 0.71x$$

(a) 試求主動層所需的 Al 成份為多少？

(b) 若此半導體雷射具有以下的參數：

腔長 L = 300 μm，寬 w = 3 μm，主動層厚 d = 0.1 μm，

內部量子效率為 1，內部損耗為 20 cm^{-1}，載子生命期為 2 nsec，

透明載子密度 n_{tr} = 1.5×10^{18} cm^{-3}，微分增益 a = 1.5×10^{-16} cm^2，

光學侷限因子 Γ = 0.3，試求此雷射之微分量子效率。

(c) 同(b)，試求欲使此半導體雷射輸出功率為 5 mW 時的注入電流。

8. 試用(1-64)式代入(1-62)式，在穩態條件下寫出載子濃度 n 的四次方程式之各次項的係數。若雷射的參數如下

L = 300 μm，d = 0.1 μm，w = 0.1 μm，η_i = 0.6，α_i = 10 cm^{-1}，Γ = 0.3，a = 2.5×10^{-16} cm^2，n_{tr} = 1.5×10^{18} cm^3，反射率 = 0.3，A = 10^8 sec^{-1}，B = 10^{-10} cm^{3}sec^{-1}，C = 10^{-29} cm^{6}sec^{-1}，自發放射因子 = 10^{-3}，發光波長為 0.76 μm，試用電腦輔助軟體畫出雷射輸出功率對輸入電流關係圖。

9. 試推導(1-75)式。

參考資料

[1] 盧廷昌、王興宗，*半導體雷射導論*，五南出版社，2008

[2] L. A. Coldren, and S. W. Corzine, *Diode Lasers and Photonic Integrated Circuits*, John Wiley & Sons, Inc., 1995

[3] S. L. Chuang, *Physics of Optoelectronics Devices*, Wiley, 1995

[4] G. P. Agrawal, and N. K. Dutta, *Semiconductor Lasers*, 2nd Ed., Van Nostrand Reinhold, 1993

第二章

半導體雷射結構
與模態

　　基本上半導體雷射的結構主要可以分為兩大類：**邊射型雷射**(edge emitting laser, EEL)與**垂直共振腔面射型雷射**(vertical cavity surface emitting laser, VCSEL)，分別如**圖 2-1(a)**與**(b)**所示，這樣的分類是基於雷射共振腔相對於主動層平面方向不同的構造來區分，也因而決定了半導體雷射的許多特性如閾值條件、雷射模態、雷射光的發散特性等。半導體雷射的這些特性和雷射光如何在共振腔中的分佈(即**雷射模態**)有很大的關係，因此本章將介紹如何計算雷射模態的分佈。儘管邊射型雷射和垂直共振腔面射型雷射的共振腔方向互相垂直，計算雷射模態的概念是相同的，因此在本章中雷射共振腔的結構與方向皆以邊射型雷射的結構為基準，並且假設在共振腔方向上的結構是均勻且沒

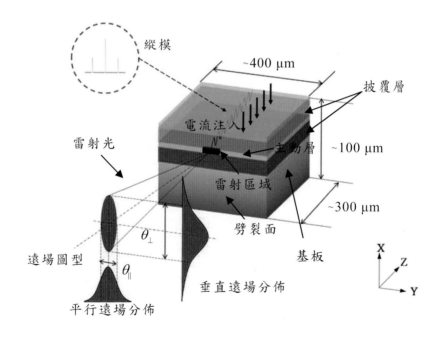

圖 2-1(a)　邊射型雷射(edge emitting laser, EEL)的結構以及雷射模態與雷射發散的示意圖

有變化的，在垂直於共振腔方向上，我們首先從一維的簡單構造開始推導與計算雷射的模態，在進一步推廣到二維的複雜結構，至於更複雜的三維模型，如若在共振腔方向上有周期性變化屬於垂直共振腔面射型雷射的構造、**DFB 雷射**或 **DBR 雷射**以及**光子晶體雷射**的構造等，我們會在之後的章節討論。若是在共振腔方向上有任意結構上的變化則已超過了本書所討論的範圍，在本章的最後將介紹這些共振腔的雷射模態所對應的遠場發散圖案。

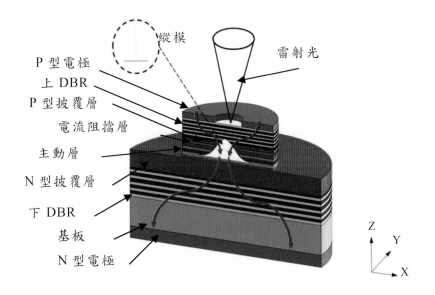

圖 2-1(b) 垂直共振腔面射型雷射(vertical cavity surface emitting laser, VCSEL)的結構以及雷射模態與雷射發散的示意圖

2.1 半導體雷射之垂直結構

　　在前一章所討論的半導體雷射基本原理中，我們知道半導體雷射的基本構造是由不同的半導體材料在基板上以磊晶成長的方式堆疊起來的，不管是邊射型雷射或是垂直共振腔面射型雷射，半導體雷射的特性如發光波長、閾值電流、操作電壓等基本上是由這些不同的材料與堆疊結構所決定，如圖 2-1(a)所示，由於這些結構都是在垂直於基板面的方向上有所變化，我們在這一節裡就先討論半導體雷射的垂直結構對雷射特性的影響。

　　就邊射型雷射而言，雷射的垂直結構主要可分為上下**披覆層**(cladding layer)或稱 *PN* 披覆層，以及**主動層**(active layer)。其中披覆層材料的能隙較大，而主動層的能隙較小才能形成特性優異的雙異質接面的結構以侷限載子，*PN* 披覆層可提供電洞與電子分別注入主動層複合產生光子,同時折射率較低的披覆層還可提供良好的光學侷限，讓雷射模態可以在空間上和主動層有非常好的重疊；另一方面，就垂直共振腔面射型雷射而言,其垂直結構還要再加入上下布拉格反射鏡，包夾 *PN* 披覆層以及在中央的主動層，同樣的披覆層材料的能隙較主動層還大，可形成雙異質接面的結構以侷限載子，*PN* 披覆層仍提供電洞與電子分別注入主動層復合產生光子。

　　若將雙異質接面結構的厚度縮減到量子侷限的效果出現時，使得載子在厚度方向上的運動受到限制，造成能階量化的情形，此現象為一維侷限量子井的問題，因此我們稱此種主動層為**量子井**(quantum well)結構,如圖 2-2(b)所示。使用量子結構可以獲致優異的光學特性，包括可調整的發光波長、較低的**能態密度**(density of states)、較低的閾值電流以及較高的微分增益，因此現今大部分的半導體雷射或發光二極體，其主動層都是採用量子井的結構。若主動層只有一個量子井，其容納載子的空間有限，容易發生載子溢流的現象而提高閾值電流並容易受到外界溫度的影響。為改善這些缺點，量子井的數目可以增加，形成所謂的**多重量子井(multiple quantum well)**的結構如**圖 2-2(c)**所示。對垂直共振腔面射型雷射而言，主動層若採用多重量子井的結構，在雷射光共振的方向經過增益材料的機會增加，可以提高光學侷限的效果。

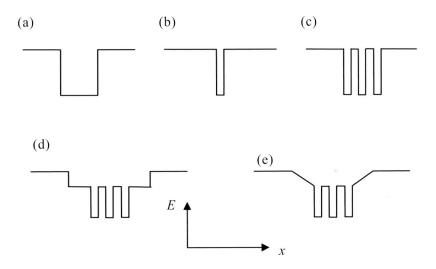

圖 2-2 半導體雷射主動層中的垂直能帶結構(a)雙異質結構(b)單一量子井結構(c)多重量子井結構(d)分開侷限異質結構(e)漸變折射率分開侷限異質結構

同樣的，對邊射型雷射而言，量子井的增加也可以提升光學侷限的效果，但是相對於**圖 2-2(a)**的雙異質結構而言，多重量子井的總厚度還是比較薄，使得光學侷限的效能不如雙異質結構，為改善此議題，可以在披覆層和多重量子井之間分別插入能隙與折射率介於兩層之間的偏限層(confinement layer)如**圖 2-2(d)**所示,可以分別達成載子(偏限層與量子井之間)與光學(披覆層與偏限層之間)的偏限,稱為**分開偏限異質結構**(separate confinement heterostructure, SCH);若是將偏限層的能隙或折射率作漸變如**圖 2-2(e)**所示,則可以更提升光學偏限的效果,稱為**漸變折射率分開偏限異質結構**(graded-index separate confinement heterostructure, GRIN-SCH),這種漸變的結構可以藉由變化磊晶成長時的合金比例達成。由於半導體雷射的垂直結構對邊射型雷射的模態與光學偏限能力影響很大,以下我們先就邊射型雷射的垂直結構在一維方向上來計算其光學模態與偏限因子。

2.1.1 雙異質結構波導之模態

如**圖 2-1(a)**的雙異質結構邊射型半導體雷射,若不考慮 y 方向上的結構變化,其在 x-z 平面上的結構如**圖 2-3** 所示,為一個**階變折射率**(step-index)的平面波導,主動層的部分其折射率為 n_{r1},厚度為 d,上下披覆層的材料通常相同,其折射率為 n_{r2},厚度則假設在 $+x$ 與 $-x$ 方向上無限延伸,此種結構又被稱為對稱階變折射率平面波導。

由於邊射型半導體雷射的雷射光是沿 z 方向傳播,因此可以假設在此平面波導上的電磁波其表示必包含 $\exp[j(\omega t - \beta z)]$,其中 ω 是雷射光的角頻率,β 是此平面波導的傳播常數,也就是我們將要解得對應光學模態的特徵值。從 Maxwell 方程式組出發:

$$\nabla \times \mathbf{E} = -j\omega\mu\mathbf{H} \tag{2-1}$$

$$\nabla \times \mathbf{H} = j\omega\varepsilon\mathbf{E} \tag{2-2}$$

$$\nabla \cdot \mathbf{D} = 0 \tag{2-3}$$

$$\nabla \cdot \mathbf{B} = 0 \tag{2-4}$$

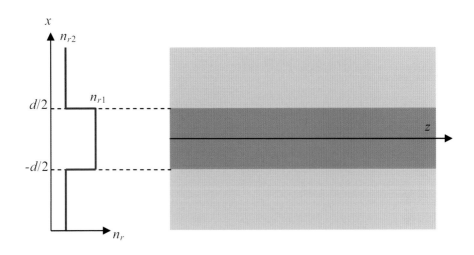

圖 2-3 對稱階變折射率平面波導示意圖

其中我們設定此平面波導中的電流與電荷密度為零,而ε為材料之介電係數,μ為導磁係數,從向量運算關係我們知道:

$$\nabla \times \nabla \times \mathbf{E} = \nabla(\nabla \cdot \mathbf{E}) - \nabla^2 \mathbf{E} \tag{2-5}$$

其中∇^2為**拉普拉斯運算子**(Laplacian operator),由(2-1)式到(2-4)式與(2-5)式我們可得電場 $\mathbf{E}$ 與磁場 $\mathbf{H}$ 的波動方程式:

$$\nabla^2 \mathbf{E} + \omega^2 \varepsilon \mu \mathbf{E} = 0 \tag{2-6}$$

$$\nabla^2 \mathbf{H} + \omega^2 \varepsilon \mu \mathbf{H} = 0 \tag{2-7}$$

因為我們可以將拉普拉斯運算子表示成 $\nabla^2 = \nabla_{xy}^2 + \nabla_z^2$,將 $\exp[j(\omega t - \beta z)]$ 的型式帶入上二式,令 $k = \omega\sqrt{\varepsilon\mu} = n_r\omega\sqrt{\varepsilon_0\mu_0} = n_r k_0$, $n_r = \sqrt{\varepsilon/\varepsilon_0}$ 即為材料的折射率,$k_0 = \omega\sqrt{\varepsilon_0\mu_0}$ 為真空中的傳播常數,上兩式則變成

$$\nabla^2 \mathbf{E} + (k_0^2 n_r^2 - \beta^2)\mathbf{E} = 0 \tag{2-8}$$

$$\nabla^2 \mathbf{H} + (k_0^2 n_r^2 - \beta^2)\mathbf{H} = 0 \tag{2-9}$$

我們要解上兩式中電場與磁場在直角座標系中的三個方向的量,

由於這些量彼此之間有關聯，由(2-1)式與(2-2)式可找出：

$$E_x = -\frac{j}{\omega^2 \varepsilon\mu - \beta^2}(\beta\frac{\partial E_z}{\partial x} + \omega\mu\frac{\partial H_z}{\partial y}) \qquad (2\text{-}10)$$

$$E_y = \frac{j}{\omega^2 \varepsilon\mu - \beta^2}(-\beta\frac{\partial E_z}{\partial y} + \omega\mu\frac{\partial H_z}{\partial x}) \qquad (2\text{-}11)$$

$$H_x = \frac{j}{\omega^2 \varepsilon\mu - \beta^2}(\omega\varepsilon\frac{\partial E_z}{\partial y} - \beta\frac{\partial H_z}{\partial x}) \qquad (2\text{-}12)$$

$$H_y = -\frac{j}{\omega^2 \varepsilon\mu - \beta^2}(\omega\varepsilon\frac{\partial E_z}{\partial x} + \beta\frac{\partial H_z}{\partial y}) \qquad (2\text{-}13)$$

觀察上四式可知，我們只要找到(2-8)式與(2-9)式中 $H_z=0$ 與 $E_z=0$ 的解，就可以線性疊加出一般的解，其中 $E_z=0$ 的情況我們稱之為 **TE 模態**，$H_z=0$ 的情況我們稱之為 **TM 模態**。又由於此平面波導在 y 方向上沒有變化，即 $\partial/\partial y = 0$，由(2-10)式到(2-13)式我們可知對 TE 模態而言，電場只有 E_y，磁場有 H_x 與 H_z；對 TM 模態而言，電場有 E_x 與 E_z，磁場只有 H_y。以下分別就 TE 和 TM 兩種模態作討論。

(1) TE 極化模態

對 TE 極化模態而言，由於電場只有 y 方向分量，我們可以列出 E_y 分別在主動層與披覆層的波動方程式：

$$\frac{\partial^2 E_y}{\partial x^2} + (k_0^2 n_{r1}^2 - \beta^2)E_y = 0 \quad \text{（主動層）} \qquad (2\text{-}14)$$

$$\frac{\partial^2 E_y}{\partial x^2} + (k_0^2 n_{r2}^2 - \beta^2)E_y = 0 \quad \text{（披覆層）} \qquad (2\text{-}15)$$

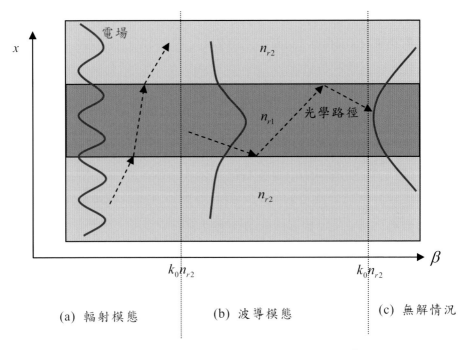

圖 2-4　(a) $\beta < k_0 n_{r2}$ 輻射模態 (b) $k_0 n_{r2} < \beta < k_0 n_{r1}$ 波導模態 (c)
$k_0 n_{r2} < k_0 n_{r1} < \beta$ 無解情況示意圖

我們可以將上式的解寫成 $E_y = Ae^{-j\beta z}e^{jhx}$ 的型式，其中
$h = \sqrt{k_0^2 n_r^2 - \beta^2}$，由於在**圖 2-3** 的平面波導中 $n_{r1} > n_{r2}$，我們可以將平面
波導中的傳播常數 β 分為三種情況討論：(i)若 $k_0 n_{r2} < k_0 n_{r1} < \beta$，則在主
動層或在披覆層中的解為 $E_y = Ae^{-j\beta z}e^{-h'x}$，其中 $h' = \sqrt{\beta^2 - k_0^2 n_r^2}$ 的，我們
會得到朝 $+x$ 或 $-x$ 發散的解，如**圖 2-4(c)**所示，因此這樣的傳播常數無
法存在；(ii)若 $\beta < k_0 n_{r2}$，則在披覆層中的解為 $E_y = Ae^{-j\beta z}e^{jh_2 x}$，其中
$h_2 = \sqrt{k_0^2 n_{r2}^2 - \beta^2}$ 的，E_y 朝 $+x$ 或 $-x$ 方向以弦波震盪的型式發射出去，如

圖 **2-4(a)**所示，由於無法將光波侷限在主動層中，因此這種情況又稱為**輻射模態**(radiation mode)；(iii)若 $k_0 n_{r2} < \beta < k_0 n_{r1}$，則在主動層中的解為正弦或餘弦波的型式，而在披覆層中的解呈指數衰減的型式，如圖 **2-4(b)**所示，因此光波侷限在主動層中，這種情況又稱為**波導模態**(guided mode)。

接下來要解出波導模態必須符合邊界條件，也就是在 $x = \pm d/2$ 的地方切線方向的電場(E_y)要連續以及 $x = \pm\infty$ 的地方電場要趨近於零，由於這裡計算的結構是對稱的，因此我們可以得到**偶模態**(even mode)與**奇模態**(odd mode)兩種模態解如圖 **2-5** 所示：

$$(偶模態) \quad E_y = e^{-j\beta z} \begin{cases} C_e \cos(\kappa d/2) e^{-\gamma(x-d/2)} & x \geq d/2 \\ C_e \cos(\kappa x) & |x| \leq d/2 \\ C_e \cos(\kappa d/2) e^{+\gamma(x+d/2)} & x \leq -d/2 \end{cases} \quad (2\text{-}16)$$

$$(奇模態) \quad E_y = e^{-j\beta z} \begin{cases} C_o \sin(\kappa d/2) e^{-\gamma(x-d/2)} & x \geq d/2 \\ C_o \sin(\kappa x) & |x| \leq d/2 \\ -C_o \sin(\kappa d/2) e^{+\gamma(x+d/2)} & x \leq -d/2 \end{cases} \quad (2\text{-}17)$$

其中

$$\kappa = \sqrt{k_0^2 n_{r1}^2 - \beta^2}, \quad \gamma = \sqrt{\beta^2 - k_0^2 n_{r2}^2} \quad (2\text{-}18)$$

波導模態的邊界條件除了切線方向的電場(E_y)要在接面處連續外，磁場(H_z)也要在接面處連續，由 $H_z = (1/j\omega\mu)(\partial E_y / \partial x)$，換句話說就是切線方向電場的一次微分要連續，同樣的我們可以得到偶模態與奇模態的特徵方程式：

$$(偶模態) \quad \gamma d/2 = (\kappa d/2)\tan(\kappa d/2) \quad (2\text{-}19)$$

$$(奇模態) \quad \gamma d/2 = -(\kappa d/2)\cot(\kappa d/2) \quad (2\text{-}20)$$

由(2-18)式我們可以得到：

$$(\kappa d/2)^2 + (\gamma d/2)^2 = (k_0 d/2)^2 (n_{r1}^2 - n_{r2}^2) = R^2 \quad (2\text{-}21)$$

由於上式無解析解存在，我們必須以圖解法來求解，上式為一以 R 為半徑的圓形軌跡，和(2-19)以及(2-20)式二線相交之處即為我們所要求的模態解，如**圖 2-6** 所示，我們可以得到一個基本的偶模態與一個奇模態。當 R 值越大，二線相交之處越多則高次模態的數目就越多，因此每一個高次模態都有其**截止條件** (cutoff condition)，即

$k_0 d / 2\sqrt{(n_{r1}^2 - n_{r2}^2)} = m\pi / 2,\ m = 0,\ 1,\ 2,\ldots$。若改變 R 值使其小於$\pi/2$，則我們只會得到一個模態解，由此我們可以定義出所謂的**單模**(single mode)操作條件：

$$n_{r1}^2 - n_{r2}^2 < \frac{(\pi / 2)^2}{(k_0 d / 2)^2} = (\frac{\lambda_0}{2d})^2 \tag{2-22}$$

由此可知，欲達到單模操作，主動層的厚度要薄且和披覆層之間的折射率差要小。

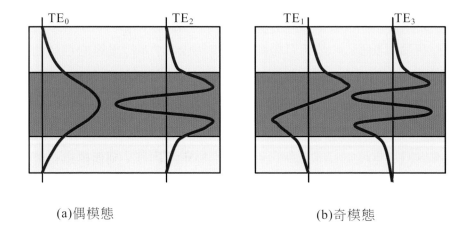

(a)偶模態   (b)奇模態

圖 2-5　(a)TE 偶模態(b)TE 奇模態之波導模態示意圖

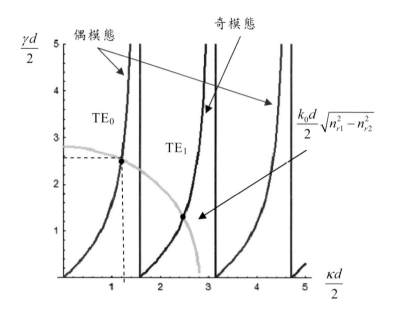

圖 2-6　對稱階變折射率平面波導以圖解法求得光學模態解

　　若在固定的對稱階變折射率平面波導中持續變化光波頻率(n_{r1} 與 n_{r2} 的值固定)，用上述的圖解法，可以求得不同模態的傳播常數，將這些傳播常數對 k 作圖可得如**圖 2-7** 所示之 TE 模態的**色散曲線**(dispersion curve)。我們可以觀察到所有的模態都有所謂的高頻極限與低頻極限，低頻極限決定了每一個模態的**截止頻率**(cutoff frequency)，其趨勢沿著 $\beta = k_0 n_{r2}$ 的直線，在截止頻率之上表示光波剛開始被主動層所侷限，若 β 一旦小於 $k_0 n_{r2}$，則會變成輻射模態，表示光波不會被侷限在主動層中；而高頻極限則由 $k_0 n_{r1}$ 所限制，表示光波在主動層中的侷限良好，而披覆層外的光波能量迅速遞減。

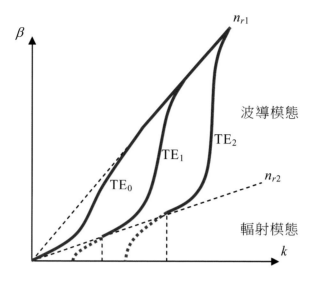

圖 2-7 TE 模態的色散曲線

由上面的討論我們可以使用所謂的**等效折射率**(effective index, n_{eff})的概念來描述波導模態，由於我們所求得的波導模態特徵值，也就是傳播常數β，可以對應到在波導中沿著 z 方向的傳播常數，因此我們可以定義

$$\beta = n_{eff}k_0 \tag{2-23}$$

如此一來，等效折射率 n_{eff} 就可以用來描述此模態在平面波導中行進時所感受到的平均折射率，若和純粹是在主動層材料(不包含披覆層材料)中行進的光波其傳播常數 $n_{r1}k_0$ 相比，波導模態β可以視作 $n_{r1}k_0$ 在 z 方向上的投影，如圖 **2-8** 所示，因此波導模態β最大的值只能是 $n_{r1}k_0$，此時傳播常數因為沒有 x 方向的分量，因此在 x 方向上沒有節點，即為 TE$_0$ 基模態的場分布，若在固定結構下所解出的波導模態β越小，表示光波傳播常數在 x 方向有分量，因此在 x 方向上將開始產生節點，而有高次 TE 模態的出現；對於高次模態而言β最小值只能為

$n_{r2}k_0$，因為此時在波導中的傳播常數和在披覆層中相等，即表示光波也可以在披覆層中行進，而成為輻射模態。

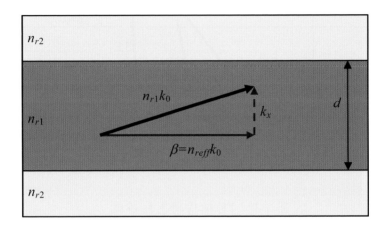

圖 2-8　波導模態的傳播常數與主動層材料的傳播常數示意圖

接下來為了方便表示，我們引入兩個新的參數分別為**正規化傳播常數** b(normalized propagation constant)與**正規化頻率** V(normalized frequency)，定義如下：

$$b = \frac{\gamma^2}{\kappa^2 + \gamma^2} = \frac{(\beta / k_0)^2 - n_{r2}^2}{n_{r1}^2 - n_{r2}^2} = \frac{n_{eff}^2 - n_{r2}^2}{n_{r1}^2 - n_{r2}^2} \tag{2-24}$$

$$V = 2R = 2\sqrt{(\kappa d / 2)^2 + (\gamma d / 2)^2} = k_0 d\sqrt{n_{r1}^2 - n_{r2}^2} = k_0 d n_{r1}\sqrt{2\Delta} \tag{2-25}$$

其中

$$\Delta = \frac{n_{r1}^2 - n_{r2}^2}{2n_{r1}^2} \simeq \frac{n_{r1} - n_{r2}}{n_{r1}} \tag{2-26}$$

我們可以得到非常簡化並且可解析的一組方程式來求得波導模態

的傳播常數：

$$V = \frac{\pi}{\sqrt{1-b}} [\frac{2}{\pi} \tan^{-1} \sqrt{\frac{b}{1-b}} + N]$$　　　　(2-27)

$$\kappa d = V\sqrt{1-b}$$　　　　(2-28)

$$\gamma d = V\sqrt{b}$$　　　　(2-29)

其中 N 為模態的次序，當 $N=0$ 即表示為 TE_0 模態，依此類推，因此在給定的平面波導結構(d、n_{r1} 與 n_{r2} 的值均已知)，用上式即可作出如**圖 2-9** 所示之 TE 模態的色散曲線。

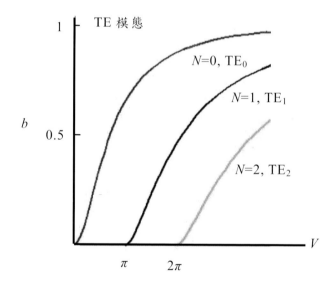

圖 2-9　波導模態中的正規化傳播常數對正規化頻率的色散曲線圖

在解得了波導模態的傳播常數 β 之後，我們就可以用(2-16)與(2-17)式畫出波導模態的電場強度沿 x 方向上的變化如**圖 2-10** 所示。底下我們將用一個 AlGaAs 雙異質結構半導體雷射的例子，來說明其電場強度的分布場型。

範例 2-1

若一 GaAs/$Al_{0.3}Ga_{0.7}As$ 對稱雙異質結構半導體雷射,其主動層厚度為 0.1 μm,試求有多少 TE 模態可以存在,並計算出這些模態所對應的傳播常數 β 與沿 x 方向上的電場分佈。

解:

由於主動層的材料是 GaAs,其能隙為 1.424 eV,可以計算出在此波導結構中傳播的雷射光波長為 $\lambda_0 = 1.24 / 1.424 = 0.87$ μm。接下來要找出在這個波長下 GaAs 與 $Al_{0.3}Ga_{0.7}As$ 的折射率;對主動層材料 GaAs 而言,在有順向偏壓的情況下為具有增益的材料,也就是其折射率為複數,然而為簡化計算,在這裡我們只看其實數折射率的部分,n_{r1}=3.629;對披覆層的 $Al_xGa_{1-x}As$ 材料,在此波長的折射率為 n_{r2}=3.385。

首先使用(2-25)式計算出正規化頻率 V=0.9448,根據圖 **2-9** 因為 $V < \pi$,因此在主動層厚度為 0.1 μm 的情況下,只有一個基模態存在。接著使用數值方法逼近在(2-27)式中,當 V=0.9448 時的正規化傳播常數 $b = 0.1734$。因為 $\beta = n_{reff}k_0$,我們可以得到等效折射率為 n_{reff} = 3.429,然後使用(2-18)式與(2-16)式,即可畫出如圖 **2-10(a)** 中沿 x 方向只有一個基模態存在的電場分佈圖。由圖 **2-10(a)** 中的電場分佈圖我們可以看到儘管只有一個基模態存在於波導中,但是電場在主動層中的比例並不高。

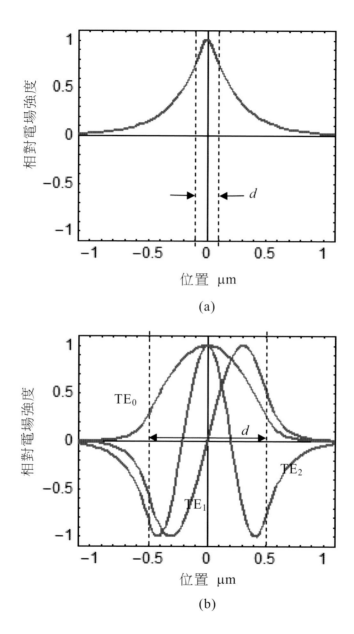

(a)

(b)

圖 2-10　(a) d=0.1 μm TE$_0$ 基模態的電場分佈圖(b) d=1.0 μm 基模態
TE$_0$、第一高次模 TE$_1$ 與第二高次模 TE$_2$ 的電場分佈圖

　　若主動層的厚度增加為 1μm，我們再次使用(2-25)式計算出正規化頻率 $V=9.448$，此值介於 2π 與 3π 之間，因此由**圖 2-9** 我們知道會有三個模態存在，分別是 TE_0、TE_1 與 TE_2，接下來我們分別使用數值方法逼近在(2-27)式中當 $V=9.448$ 時三個模態的正規化傳播常數分別為 $b_1 = 0.925$、$b_2 = 0.7047$ 與 $b_3 = 0.359$。然後使用(2-16)式到(2-18)式，可畫出如**圖 2-10(b)** 中沿 x 方向有三個模態存在的電場分佈圖。

(2) TM 極化模態

　　對 TM 極化模態而言，由於磁場只有 y 方向分量，我們可以列出 H_y 分別在主動層與披覆層的波動方程式，並遵循相同的方法可以得到偶模態與奇模態兩種模態解：

$$（偶模態）\quad H_y = e^{-j\beta z} \begin{cases} B_e \cos(\kappa d/2)e^{-\gamma(x-d/2)} & x \geq d/2 \\ B_e \cos(\kappa x) & |x| \leq d/2 \\ B_e \cos(\kappa d/2)e^{+\gamma(x+d/2)} & x \leq -d/2 \end{cases} \quad (2\text{-}30)$$

$$（奇模態）\quad H_y = e^{-j\beta z} \begin{cases} B_o \sin(\kappa d/2)e^{-\gamma(x-d/2)} & x \geq d/2 \\ B_o \sin(\kappa x) & |x| \leq d/2 \\ -B_o \sin(\kappa d/2)e^{+\gamma(x+d/2)} & x \leq -d/2 \end{cases} \quad (2\text{-}31)$$

　　同樣的根據 $E_z = (1/j\omega\varepsilon)(\partial H_y/\partial x)$，我們可以得到偶模態與奇模態的特徵方程式以及正規化後的特徵方程式：

$$（偶模態）\quad \gamma d/2 = (\kappa d/2)(n_{r2}/n_{r1})^2 \tan(\kappa d/2) \quad (2\text{-}32)$$

$$（奇模態）\quad \gamma d/2 = -(\kappa d/2)(n_{r2}/n_{r1})^2 \cot(\kappa d/2) \quad (2\text{-}33)$$

$$V = \frac{\pi}{\sqrt{1-b}}\left[\frac{2}{\pi}\left(\frac{n_{r1}}{n_{r2}}\right)^2 \tan^{-1}\sqrt{\frac{b}{1-b}} + N\right] \quad (2\text{-}34)$$

　　根據**範例 2-1** 的方法我們同樣的可以求出 TM 模態在雙異質結構

中的傳播常數與電場分佈圖。

2.1.2 　光學侷限因子

　　光學侷限因子Γ(optical confinement factor)對半導體雷射的特性有
很重要的影響，從前一章可以知道光學侷限因子會影響模態增益的大
小，它的定義是指光功率在主動層中的比例，因此

$$\Gamma = \frac{\frac{1}{2}\int_{active} \mathrm{Re}(\mathbf{E} \times \mathbf{H}^*) \cdot \hat{z}dx}{\frac{1}{2}\int_{total} \mathrm{Re}(\mathbf{E} \times \mathbf{H}^*) \cdot \hat{z}dx} \tag{2-35}$$

對於 TE 的偶模態而言，其光學侷限因子可由(2-16)式得到

$$\Gamma = \frac{\beta/2\omega\mu \int_{|x|<d/2} |E_y|^2 \, dx}{\beta/2\omega\mu \int_{|x|<d/2} |E_y|^2 \, dx + \beta/2\omega\mu \int_{|x|>d/2} |E_y|^2 \, dx}$$

$$= \frac{1+\sin(\kappa d)/\kappa d}{1+\sin(\kappa d)/\kappa d + 2\cos^2(\kappa d/2)/\gamma d} \tag{2-36}$$

　　很明顯的Γ一定會小於 1，如果計算**範例 2-1** 中的雙異質結構雷射，
當 $d = 0.1$ μm，根據上式計算出來的光學侷限因子為 0.31，也就是只
有 31%的光波被侷限在主動層中。使用(2-18)式、(2-16)式與(2-17)式
代入(2-36)式，整理可得較簡便的表示式：

$$\Gamma = \frac{1+2\gamma d/V^2}{1+2/\gamma d} \tag{2-37}$$

　　對基模而言，若主動層的折射率和披覆層的折射率差異很小的話，
正規化傳播常數 b 趨近於零，而 $\gamma d = V\sqrt{b}$ ，(2-37)式可以近似成：

$$\Gamma \cong \frac{V^2}{2+V^2} \tag{2-38}$$

　　若當主動層厚度 d 越來越小，$d \to 0$ 或 $\kappa d \to 0$，(2-36)式中的

$\gamma d / 2 = (\kappa d / 2)\tan(\kappa d / 2) \cong (\kappa d / 2)^2 << 1$ ，因此 (2-36) 式可近似為 $\Gamma \simeq \gamma d \simeq 2(\kappa d / 2)^2$ ，又因為 $(\kappa d / 2)^2 + (\gamma d / 2)^2 = R^2$ ，我們可以得到 $\Gamma \simeq 2R^2$ ，也就是

$$\Gamma \simeq 2R^2 = 2(\frac{\pi d}{\lambda_0})^2(n_{r1}^2 - n_{r2}^2) = n_{r1}^2\Delta(k_0 d)^2 \tag{2-39}$$

我們可發現，光學侷限因子和折射率差Δ成正比，也就是當主動層和披覆層之間的折射率差異越大，光學侷限的效果越好，同時在主動層厚度 d 小的情況下，光學侷限因子和主動層厚度 d 的平方成正比！

範例 2-2

若一 GaAs/Al$_x$Ga$_{1-x}$As 對稱單一量子井結構半導體雷射，其量子井厚度為 d μm，折射率為 3.59，披覆層的 Al$_x$Ga$_{1-x}$As 材料的折射率為：$n_r(x) = 3.59 - 0.71x + 0.091x^2$，試求此雷射的光學侷限因子。

解：

因為 $n_{r1}^2\Delta \cong n_{r1}^2 \times \dfrac{n_{r1} - n_{r2}}{n_{r1}} = n_{r1} \times (n_{r1} - n_{r2}) = 3.59 \times (0.71x - 0.091x^2) \cong 2.549x$

因此光學侷限因子可以簡化為：

$$\Gamma = n_{r1}^2\Delta(\frac{2\pi}{\lambda_0}d)^2 = 2.549x(\frac{2\pi}{\lambda_0}d)^2 \cong 100x(\frac{d}{\lambda_0})^2$$

因為 λ_0=0.87 μm，假設量子井厚度為 10 nm = 0.01 μm，披覆層的鋁含量 $x = 0.3$，則光學侷限因子只有 0.4%！由此可見單一量子井的結構對光學侷限的效果並不好，最好使用前面提到的 SCH 的結構增加光學侷限因子。

　　以下我們分別列出 TE 奇模態、TM 偶模態與奇模態的光學侷限因子：

(TE 奇模態)　$\Gamma = \dfrac{1 - \sin(\kappa d)/\kappa d}{1 - \sin(\kappa d)/\kappa d + 2\sin^2(\kappa d/2)/\gamma d}$　　　　(2-40)

(TM 偶模態)　$\Gamma = \dfrac{1 + \sin(\kappa d)/\kappa d}{1 + \sin(\kappa d)/\kappa d + 2(n_{r1}/n_{r2})^2 \cos^2(\kappa d/2)/\gamma d}$　　(2-41)

(TM 奇模態)　$\Gamma = \dfrac{1 - \sin(\kappa d)/\kappa d}{1 - \sin(\kappa d)/\kappa d + 2(n_{r1}/n_{r2})^2 \sin^2(\kappa d/2)/\gamma d}$　　(2-42)

　　圖 **2-11** 畫出在雙異質結構的半導體雷射中光學侷限因子對主動層厚度的關係圖，從圖 **2-11** 以及比較上四式我們可以發現 TM 模態的光學侷限因子都會比 TE 模態來得小一些。

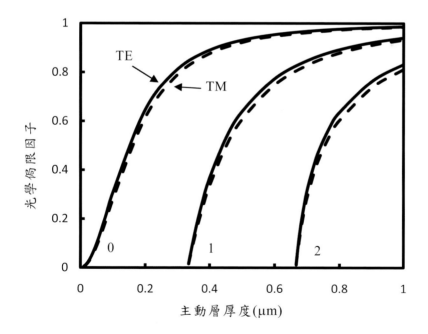

圖 2-11　雙異質結構半導體雷射光學侷限因子對主動層厚度的關係圖

2.1.3　傳遞矩陣法解一維任意結構波導之模態

　　在前兩小節中，我們處理的是最簡單的對稱三層結構的平面波導，只要在各層中寫出一般解的型式，代入邊界條件並消除未知的係數就可以解出平面波導的特徵傳播常數以及場型分布，然後再計算出光學侷限因子。然而有許多半導體雷射的垂直結構並不只有三層，如**圖 2-2**中的複雜結構甚至包含了五層以上的折射率結構變化，我們需要有系統的方法來計算一維任意結構波導之特徵傳播常數以及場型分布，因此在本小節中，我們將介紹以**傳遞矩陣**(transfer matrix)的方法以及將一維任意波導近似成折射率為分段定值的結構來逼近求解並計算出光學侷限因子。

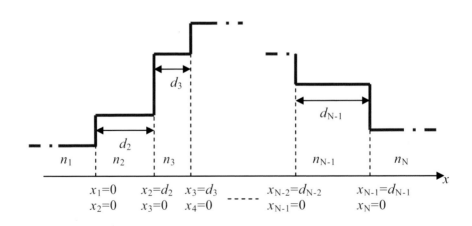

圖 2-12　分段式折射率平面波導式意圖

　　我們可以將複雜的一維任意結構波導切分成如**圖 2-12** 的分段式折射率的型式，即 $n_r(x) \rightarrow n_{rj}$，下標 j 代表切分的第 j 層，若是要解漸變折射率的結構如 GRIN-SCH 的半導體雷射，則切分的厚度就要儘量薄以符合實際漸變的結構。我們在這裡還是先處理折射率全為實數的情形而不考慮損耗或增益的影響。如**圖 2-12** 的分段式折射率的結構所使用的座標也是分段表示的，以簡化接下來推導時的數學表示。因此，在每一層裡，$x_j \in [0, d_j]$，且折射率為定值 n_{rj}，其存在的電場或磁場的解 ϕ_j 則要符合如(2-14)式的常微分方程式：

$$\frac{\partial^2 \phi_j}{\partial x^2} + (k_j^2 - \beta^2)\phi_j(x) = 0 \qquad (2\text{-}43)$$

其中 $k_j = k_0 n_{rj}$，而 $k_0 = 2\pi / \lambda_0$。由前面的討論我們可以依據 $k_j^2 - \beta^2$ 的正負號來判斷 ϕ_j 是否為震盪或是衰減的型式，我們分別寫下其一般解的表示式：

(a) 震盪型式：$k_j^2 - \beta^2 \geq 0$

$$\phi_j(x_j) = A_j \sin \kappa_j x_j + B_j \cos \kappa_j x_j \qquad (2\text{-}44)$$

其中 $\kappa_j = \sqrt{k_j^2 - \beta^2}$

(b) 衰減型式：$k_j^2 - \beta^2 \leq 0$

$$\phi_j(x_j) = A_j e^{\gamma_j x_j} + B_j e^{-\gamma_j x_j} \qquad (2\text{-}45)$$

其中 $\gamma_j = \sqrt{\beta^2 - k_j^2}$

只要給定 β 值，上二式就能提供在每一層中的解。然而只有特定的 β 值能同時滿足在每一個介面的邊界條件以及成為波導模態的解，也就是滿足 $\phi(x \to \pm\infty) = 0$ 的條件。而所謂的在每一個介面的邊界條件對 TE 模態而言，就是 E_y 和 $\partial E_y/\partial x$ 必須連續；對 TM 模態而言，就是 $k^2 E_y$ 和 $\partial E_y/\partial x$ 必須連續，為了在之後的推導都能使用相同的表示式，我們可以定義一個簡單函數來區分 TE 與 TM 模態：

$$\xi_j \equiv \begin{cases} 1 & \text{TE modes} \\ k_j^2 & \text{TM modes} \end{cases} \tag{2-46}$$

接著再如圖 **2-12** 中的分段式的座標系統裡的第 1 個介面與第 j 個介面，其 TE 與 TM 模態的邊界條件可表示為：#

$$\begin{bmatrix} \xi_2\phi_2(0) \\ \phi_2'(0) \end{bmatrix} = \begin{bmatrix} \xi_1\phi_1(0) \\ \phi_1'(0) \end{bmatrix} \tag{2-47}$$

而第 j 個介面的邊界條件可表示為：

$$\begin{bmatrix} \xi_{j+1}\phi_{j+1}(0) \\ \phi_{j+1}'(0) \end{bmatrix} = \begin{bmatrix} \xi_j\phi_j(d_j) \\ \phi_j'(d_j) \end{bmatrix} \tag{2-48}$$

其中 j = 2, 3, ….., N-1。

接下來我們要將每一個邊界值或解從結構的一端藉由傳遞矩陣轉換到結構的另一端，以下我們分別在震盪或衰減的區域中建立傳遞矩陣的型式。

(a) 震盪型式：從(2-44)式可得

$$\xi_j\phi_j(x_j) = \xi_j A_j \sin \kappa_j x_j + \xi_j B_j \cos \kappa_j x_j \tag{2-49}$$

$$\phi_j'(x_j) = \kappa_j [A_j \cos \kappa_j x_j - B_j \sin \kappa_j x_j] \tag{2-50}$$

在每一個 x_j = 0 的地方，從上二式我們可得

$$A_j = \phi_j'(0)/\kappa_j \tag{2-51}$$

$$B_j = \phi_j(0) \tag{2-52}$$

然後再代入(2-49)式與(2-50)式，並令 $x_j = d_j$，寫成矩陣的型式如下：

$$\begin{bmatrix} \xi_j\phi_j(d_j) \\ \phi_j'(d_j) \end{bmatrix} = \begin{bmatrix} \cos\kappa_j d_j & \dfrac{\xi_j}{\kappa_j}\sin\kappa_j d_j \\ -\dfrac{\kappa_j}{\xi_j}\sin\kappa_j d_j & \cos\kappa_j d_j \end{bmatrix} \begin{bmatrix} \xi_j\phi_j(0) \\ \phi_j'(0) \end{bmatrix} \equiv M_j(d_j) \begin{bmatrix} \xi_j\phi_j(0) \\ \phi_j'(0) \end{bmatrix} \tag{2-53}$$

式中 $M_j(d_j)$ 的矩陣代表了以震盪型式存在的解在 j 層中從 0 到 d_j

的傳遞轉換。

(b) 衰減型式：從(2-45)式可得

$$\xi_j \phi_j(x_j) = \xi_j A_j e^{\gamma_j x_j} + \xi_j B_j e^{-\gamma_j x_j} \tag{2-54}$$

$$\phi_j'(x_j) = \gamma_j [A_j e^{\gamma_j x_j} - B_j e^{-\gamma_j x_j}] \tag{2-55}$$

在每一個 $x_j = 0$ 的地方，從上二式我們可得

$$A_j = 1/2[\phi_j(0) + \phi_j'(0)/\gamma_j] \tag{2-56}$$

$$B_j = 1/2[\phi_j(0) - \phi_j'(0)/\gamma_j] \tag{2-57}$$

然後再代入(2-54)式與(2-55)式，並令 $x_j = d_j$，寫成矩陣的型式如下：

$$\begin{bmatrix} \xi_j \phi_j(d_j) \\ \phi_j'(d_j) \end{bmatrix} = \begin{bmatrix} \cosh \gamma_j d_j & \dfrac{\xi_j}{\gamma_j} \sinh \kappa_j d_j \\ \dfrac{\gamma_j}{\xi_j} \sinh \kappa_j d_j & \cosh \gamma_j d_j \end{bmatrix} \begin{bmatrix} \xi_j \phi_j(0) \\ \phi_j'(0) \end{bmatrix} \equiv M_j(d_j) \begin{bmatrix} \xi_j \phi_j(0) \\ \phi_j'(0) \end{bmatrix} \tag{2-58}$$

有了以上兩種不同型式的傳遞矩陣之後，接著我們就可以從結構的一端將其場與場的導數傳遞到結構的另一端。假設我們從圖 **2-12** 中的最左邊的第 1 區開始，即 $x_1 = 0$。為了符合波導模態的條件，在第 1 區的解必須向左邊持續衰減，因此 $B_1 = 0$，為了方便起見，我們可以設 $A_1 = 1$，因為在第 1 區的解一定為衰減型式，因此使用(2-54)式與(2-55)式可得

$$\begin{bmatrix} \xi_1 \phi_1(0) \\ \phi_1'(0) \end{bmatrix} = \begin{bmatrix} \xi_1 \\ \gamma_1 \end{bmatrix} \tag{2-59}$$

再使用邊界條件(2-47)式，我們可得

$$\begin{bmatrix} \xi_2 \phi_2(0) \\ \phi_2'(0) \end{bmatrix} = \begin{bmatrix} \xi_1 \\ \gamma_1 \end{bmatrix} \tag{2-60}$$

接下來，可利用傳遞矩陣 $M_2(d_2)$ 來將第 2 區的 ϕ_2 與 ϕ_2' 從 0 的位置傳遞到 d_2 的位置，其中 $M_2(d_2)$ 可以根據 β 值的大小再決定使用(2-53)式

或(2-58)式，因此我們可得

$$\begin{bmatrix} \xi_2\phi_2(d_2) \\ \phi'_2(d_2) \end{bmatrix} = M_2(d_2)\begin{bmatrix} \xi_2\phi_2(0) \\ \phi'_2(0) \end{bmatrix} = M_2(d_2)\begin{bmatrix} \xi_1 \\ \gamma_1 \end{bmatrix} \tag{2-61}$$

使用相同的方法，我們可以繼續將場傳過整個結構到 N-1 層的最右邊，得到：

$$\begin{bmatrix} \xi_{N-1}\phi_{N-1}(d_{N-1}) \\ \phi'_{N-1}(d_{N-1}) \end{bmatrix} = M_{N-1}(d_{N-1})M_{N-2}(d_{N-2})\cdots M_2(d_2)\begin{bmatrix} \xi_1 \\ \gamma_1 \end{bmatrix} \equiv \tilde{M}(\beta^2)\begin{bmatrix} \xi_1 \\ \gamma_1 \end{bmatrix} \tag{2-62}$$

最後，使用(2-48)式的邊界條件得到

$$\begin{bmatrix} \xi_N\phi_N(0) \\ \phi'_N(0) \end{bmatrix} = \tilde{M}(\beta^2)\begin{bmatrix} \xi_1 \\ \gamma_1 \end{bmatrix} \tag{2-63}$$

在最右邊的第 N 層的區域裡，解的型式必須是向右邊衰減的，因此 $A_N = 0$，從(2-56)式可得

$$0 = 2\gamma_N A_N = \gamma_N\phi_N(0) + \phi'_N(0) \tag{2-64}$$

將上式表示成矩陣型式：

$$\begin{bmatrix} \dfrac{\gamma_N}{\xi_N} & 1 \end{bmatrix}\begin{bmatrix} \xi_N\phi_N(0) \\ \phi'_N(0) \end{bmatrix} = 0 \tag{2-65}$$

接著將結合(2-63)式與(2-65)式，我們得到β的特徵方程式：

$$\begin{bmatrix} \dfrac{\gamma_N}{\xi_N} & 1 \end{bmatrix}\tilde{M}(\beta^2)\begin{bmatrix} \xi_1 \\ \gamma_1 \end{bmatrix} \equiv f(\beta^2) = 0 \tag{2-66}$$

使用電腦數值方法，改變β的大小，其範圍為 $k_0^2 \leq \beta^2 \leq k_0^2 n_{r\max}^2$，搜尋可以使得 f 為零的特徵值，即為可存在的波導模態的傳播常數β。接著對應所求出來的β值，我們就可以往回使用傳遞矩陣代入得到每一層的 A_j 與 B_j 值，最後得到在一維結構中的場分布圖。有了場分布就可以計算出在主動層中的光學侷限因子。**圖 2-13** 為四種前面提到的邊射型半導體雷射結構所計算出來的基本 TE 模態之電場分佈、光學侷限因子以及遠場發散角，雷射的主動層材料皆為 GaAs，而侷限層與披

覆層是由 $Al_xGa_{1-x}As$ 所構成，我們可以看到**圖 2-13(a)**單一量子井的光學侷限因子最小，形成多重量子井之後如**圖 2-13(b)**，因為主動層厚度增加，光學侷限因子也隨之增加，再加上侷限層形成 SCH 的結構之後如**圖 2-13(c)**，光學侷限因子因為侷限層的較高折射率使得電場向中央集中而增加，若將侷限層的折射率漸變形成 GRIN-SCH 的結構之後如**圖 2-13(d)**，因為侷限層的折射率變化與場型較為匹配使得電場更集中，光學侷限因子因而更增加。

　　若想要在 GRIN-SCH 的結構得到最佳的光學侷限因子，還可以試著改變漸變侷限層的變化方式、侷限層的厚度以及披覆層的折射率。如**圖 2-14** 所示，對於固定的披覆層折射率，侷限層的厚度會有一個最佳值，這是因為當侷限層的厚度變小，其電場不易被侷限在主動層中，當侷限層的厚度變大，電場的分佈也隨之增大，光學侷限因子反而下降，同時高次模態可能會產生，這對單模操作的雷射來講是不樂見到的情形，因此侷限層厚度會有最佳值。另一方面，當披覆層的鋁組成比例越高，此時披覆層的折射率越低，其光學侷限因子會隨之變大，最佳的侷限層的厚度會變薄。

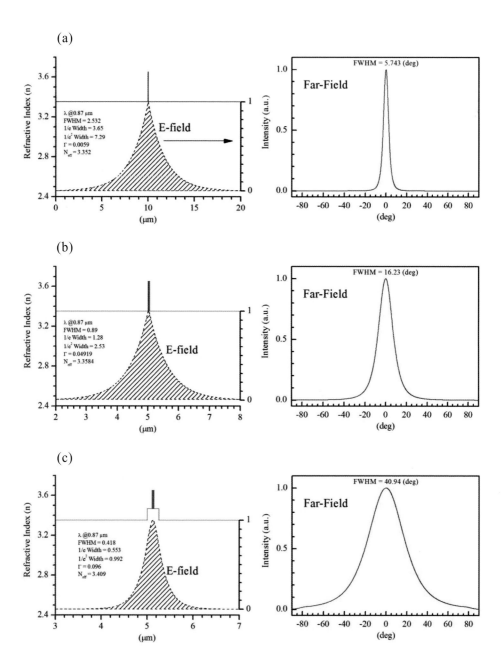

(d)

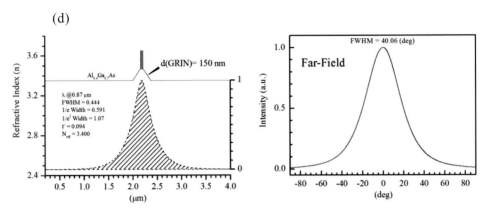

圖 2-13 　(a) 單一量子井(b)多重量子井(c)SCH(d)GRIN-SCH 半導體雷射結構之基本 TE 模態之電場分佈、光學侷限因子以及遠場發散角

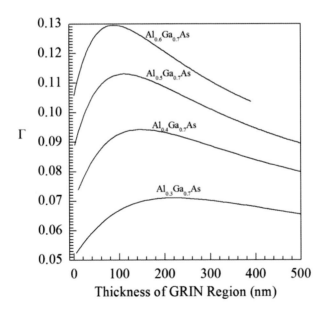

圖 2-14 　GRIN-SCH 半導體雷射結構之基本 TE 模態之光學侷限因子受到侷限層厚度與披覆層的成分(折射率)的影響

在前面的討論中，我們簡化結構中的折射率設定，使其皆為實數，然而半導體雷射的主動層中包含了增益的部分，且披覆層或侷限層也可能有因自由載子吸收所造成的損耗，因此在(2-66)式中的傳遞矩陣裡將會存在著複數項，在這樣的情況下去尋找 f 為零的特徵值時，可以使用如牛頓法找到複數型式的 β 值，而 β 值的虛數部分代表著此模態所看到的等效增益或損耗。

2.2 橫面二維結構與模態

2.2.1 半導體雷射之橫面二維結構

前一節所討論的是單純垂直於磊晶平面上具有折射率變化的波導模態，實際上雷射模態在二維橫面上具有有限的分布，並侷限在具有增益的主動區域附近，以幫助達成受激輻射，而這些雷射模態則必須是特定的波動方程式的解以滿足半導體雷射在結構上所具備的邊界條件，對如**圖 2-1(a)**的多模操作邊射型半導體雷射而言，雷射模態可以表示成 E_{pqm}，下標 m 代表在第一章中提到的雷射**縱模**(longitudinal mode)的模數，而 p 與 q 則代表了雷射的橫面模態在垂直於磊晶平面與平行於磊晶平面上場型分佈的模數，為了容易區分起見，我們分別定義為**垂直橫向模**(transverse mode)與**水平橫向模**(lateral mode)。控制這些模態的場型分佈以及可容許模態數對半導體雷射而言非常重要，尤其是這些模態的模數與場型分佈都會影響到雷射的單模操作、閾值條件、雷射最高的功率密度以及遠場光型等重要特性。例如，半導體雷射的遠場光型對耦合至光纖的耦合效率就有非常大的影響，關於遠場光型的討論，我們會在下一節說明。

在如**圖 2-1(a)**的雙異質結構邊射型半導體雷射而言，垂直橫向模的波導模態基本上是由如前一節所討論的平面波導所提供，由於這種波導的主動層和披覆層在折射率上有相當程度的差異使得光波得以侷限在主動層中，因此這種機制又被稱為**折射率型波導**(index guide)，然而雷射橫面模態在水平方向上的場並不一定有很好的折射率型波導，這些模態也可能藉由有增益的區域形成波導，又被稱為**增益型波導**(gain guide)。因此基於半導體雷射橫面模態在水平方向上的波導機制不同，其波導型態可以分成兩種：折射率型波導與增益型波導，而折射率型波導又可因折射率在水平方向上的差異大小細分為**強折射率型波導**(strong index guide)與**弱折射率型波導**(weak index guide)。

圖 2-15 舉出常見的半導體雷射橫面結構所對應的三種橫面模態機制。**圖 2-15(a)**左為製程簡便的**條狀**(stripe)金屬接面半導體雷射，儘管雷射模態在垂直於接面的方向上受到了主動層中的高折射率的波導所侷限，但是在平行於接面的方向上卻沒有折射率的差異，在主動層中只有因由絕緣層阻擋所形成的條狀金屬接面的電流開口注入的載子濃度上的變化，在這些較高的載子濃度的區域會有**反波導**(anti-guiding)的效應，同時也會有增益的產生來引導侷限雷射的橫向模態，因此可以說這種侷限機制是靠折射率的虛數項來達成的，這樣的波導機制會造成水平橫向模態的**相位波前**(phase front)呈曲線，相對於垂直橫向模的折射率波導機制所形成的相位波前為一直線，使得這種半導體雷射所發出的雷射光，其兩軸**像散**(astigmatism)差很大，再加上載子濃度還會因為電流注入的不均勻以及載子的擴散而在橫模中產生更多的變異性，對於要達到單一橫模操作的半導體雷射來說，不是一個很好的結構。**圖 2-15(a)**右則使用了離子佈植所形成的電流侷限條狀電流開口的半導體雷射截面圖，由於離子佈植僅會造成半導體電阻值的變化而

達到在水平方向上的電流侷限效果，但是折射率卻不會有變化，因此無法達到光學侷限的效果，因此還是屬於增益型波導的雷射結構。

　　圖 **2-15(c)**則屬於**強折射率型波導**的雷射結構，其中折射率較大的主動層區域被四周折射率較低的材料所圍繞，儘管主動層中會有載子注入增益產生的反波導的效果，若是其折射率虛數項的變化程度遠比折射率實數項的差異還小的話，虛數項的變化可視為**微擾**(perturbation)，雷射模態的侷限還是由實數折射率所主導，因此稱此種結構為強折射率型波導的雷射結構，因為它有最好的侷限效果。然而，這種結構的製造過程相當複雜，因為同時要兼顧二維方向的折射率差異以及必須確保電子與電洞只會在主動層區域中複合，**圖 2-15(c)** 的結構又被稱為**埋藏式異質結構**(buried heterostructure)，這是因為要造成主動層的兩邊可以形成異質接面，在製造的過程中需要使用到多次的磊晶再成長(regrowth)技術，使得製造的成本與不良率相對的提高許多。

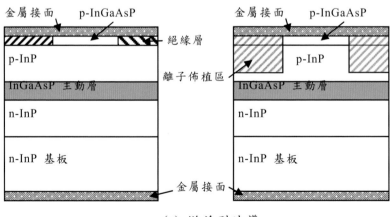

(a) 增益型波導

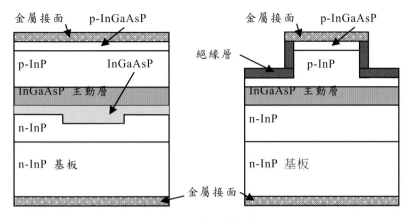

(b) 弱折射率型波導

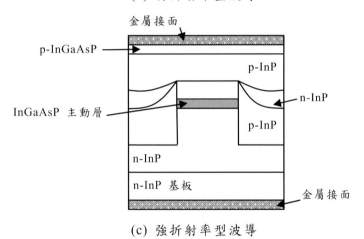

(c) 強折射率型波導

圖 2-15　三種光通信用的 InGaAsP 半導體雷射所對應的橫面模態機制

　　弱折射率型波導的雷射結構算是中和了上述兩種雷射結構的優缺點，**圖 2-15(b)**為兩種屬於**弱折射率型波導**的雷射結構，左邊為**溝蝕基板平面波導**(channeled-substrate planar waveguide)結構，這種雷射的製程是先在基板上蝕刻出溝槽，接著利用磊晶再成長的方式長完上面的主動層及異質接面，而折射率的差異便來自溝槽內外材料的不同；圖 **2-15(b)**的右邊為**脊狀波導**(ridge waveguide)結構，這種雷射的波導製程剛好和溝蝕基板平面波導雷射相反，它是在主動層及異質接面成長完之後再蝕刻出脊狀的波導，這兩種雷射結構的製程都相對埋藏式異質結構容易，然而在這種結構中要注意的是脊狀的波導中央的折射率和兩側的折射率差異不大，同時脊狀突起或溝槽的寬度並不是真正雷射波導的寬度，因為電流或載子在流出脊狀突起或溝槽後會往兩旁擴散，所形成的增益波導效應、因載子增加的反波導效應以及折射率差異都對模態的侷限有影響，因此稱這種雷射為弱折射率型波導的雷射。

2.2.2　等效折射率法求二維模態

若要解如圖 **2-15** 中各種不同的雷射橫向結構，我們可以先將雷射橫向結構分為九等份如圖 **2-16** 所示波導的二維截面圖，若 II-2 波導區域的折射率和周圍八個區域的折射率差異很大而形成非常強的波導侷限時，我們可以將其波導模態在對稱解時表示成：

$$U(x, y) = U_0 \cos k_x x \cos k_y y = U_0 \cos \frac{\pi m_x}{d} x \cos \frac{\pi m_y}{w} y \qquad (2\text{-}67)$$

若為非對稱解時則改為正弦函數表示，其中 m_x 和 m_y 分別為垂直與水平方向上的模數。然而，在大部分的情況下強波導侷限的條件並不容易存在於半導體雷射的橫向結構中，我們必須使用其他的近似方法來簡化模態的計算，其中最常用的方法為**等效折射率法**(effective index technique)，此法在 $w \gg d$ 與在 1, 2, 3 區的垂直橫向模態差不多時最為準確。

簡單來說，等效折射率法是先算出 1, 2, 3 區的垂直橫向模態，再將每一區的橫向模態加起來，然後在兩鄰接區之間在不同的 x 位置上這些模態場必須要在水平方向上的邊界(例如在圖 **2-16** 中的 $y = \pm w/2$)互相匹配，由於這些模態在往 z 方向上要有相同的群速度，因此我們可以得到一些特定的傳播常數 β 而成為波導模態的解。

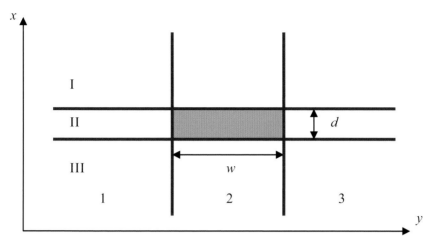

圖 2-16　波導的二維截面圖，其中水平方向與垂直方向分別都劃為三
區，而 II-2 的區域為主動層。

先看 2 區垂直方向結構的三層波導(分別由 I-2、II-2 與 III-2 組成)，
我們可以用前面所說的一維的方法解得此三層波導中的第 m 個傳播常
數 β_{m2}，為了要解水平方向的波導模態，我們可以設想此傳播向量必須
往 y 方向稍微傾斜(如**圖 2-8** 所示)，因此 $\beta_{m2}^2 = \beta^2 + k_{ym}^2$，其中
$k_{ym} = \sqrt{\beta_{m2}^2 - \beta^2}$ 在 $\beta_{m2} > \beta > \beta_{m1}, \beta_{m3}$ 的情況下可在水平方向形成波導模
態，也就是我們可以用 k_{ym} 來表示第 2 區中正弦或餘弦的波導場型，
而在第 1 區與第 3 區用 $\gamma_{ym1} = \sqrt{\beta^2 - \beta_{m1}^2}$ 與 $\gamma_{ym3} = \sqrt{\beta^2 - \beta_{m3}^2}$ 來表示衰減的
場型，因此若將在 x 方向上所有可能的波導模態加起來，我們可以分
別得到第 1、2、3 區的場如下：

$$\varphi_1(x, y) = \sum_m B_{m1} U_{m1}(x) e^{\gamma_{ym1} y} \tag{2-68}$$

$$\varphi_2(x,y) = \sum_m A_m^e U_{m2}(x) \cos k_{ym} y + A_m^o U_{m2}(x) \sin k_{ym} y \qquad (2\text{-}69)$$

$$\varphi_3(x,y) = \sum_m B_{m3} U_{m3}(x) e^{-\gamma_{ym3} y} \qquad (2\text{-}70)$$

其中 $k_{ym} = \sqrt{\beta_{m2}^2 - \beta^2}$，以及 $\gamma_{ym} = \sqrt{\beta^2 - \beta_{m3}^2}$，而 A 與 B 係數是用來調整以符合水平方向邊界上的匹配條件，$U(x)$ 則為垂直方向上的模態場分佈。如果我們解出來的電場主要是朝 x 方向極化(對整個二維波導而言，我們通常稱此種情形為 TM 模態)，對水平方向的波導結構而言即為前面一維波導中的 TE 模態，因此 φ_x 和 $\partial \varphi_x / \partial x$ 在 $y = \pm w/2$ 處要連續，假設水平方向的波導為對稱結構，即 $B_{m1} = B_{m3} = B_m$，對於對稱解我們可以假設 $A_m^o = 0, A_m^e = A_m$，則在 $y = w/2$ 處我們可以得到兩條方程式：

$$\sum_m A_m U_{m2}(x) \cos \frac{k_{ym} w}{2} = \sum_m B_m U_{m3}(x) e^{-\gamma_{ym} w/2} \qquad (2\text{-}71)$$

$$\sum_m A_m U_{m2}(x) k_{ym} \sin \frac{k_{ym} w}{2} = -\sum_m B_m U_{m3}(x) \gamma_{ym} e^{-\gamma_{ym} w/2} \qquad (2\text{-}72)$$

同樣的，若是電場主要是朝 y 方向極化(此時對整個二維波導而言，我們通常稱此種情形為 TE 模態)，對水平方向的波導結構而言即為前面所提到的一維波導中的 TM 模態，則(2-71)式與(2-72)式的左邊要乘上 $(n_{r3}(x)/n_{r2}(x))^2$，不過在大部分的情形忽略此係數並不會造成太大的誤差。

若我們要在垂直方向上的波導包含 M 個模態，欲解(2-71)式與(2-72)式中的 M 個 A 與 B 係數必須要在 M 個 x 的位置上列出(2-71)式與(2-72)式，然後將 A 與 B 係數前的項寫成矩陣型式，此矩陣的行列式等於零時的 β 值即為二維波導模態的傳播常數。

　　若垂直方向上的波導模態在不同水平區域中的場型很接近，我們可以不需要將所有的波導模態包含進來，只要取幾個模態就可以得到很好的近似。例如假設我們只使用一個垂直方向上的波導模態，我們只要列出在一個 x 位置上的方程式(通常為 $x = 0$)，此時的水平方向的波導解就如同上一節的一維波導中的解一樣，只是三層結構的折射率分別以 $n_{reff1}=\beta_{m1}/k_0$、$n_{reff2}=\beta_{m2}/k_0$ 與 $n_{reff3}=\beta_{m3}/k_0$ 來替代則可解出 β 值。在解出了 β 值之後，我們可以得到 k_x、k_y 與 γ_x、γ_y，則可求出二維的場型分佈。例如在 I-2 區中的場可以表示為：

$$U(x,y) = U_0 \cos\frac{k_{x2}d}{2} e^{-\gamma_{x2}(x-d/2)} \cos k_y y \qquad (2\text{-}73)$$

　　又如在 II-3 區中的場可以表示為：

$$U(x,y) = U_0 \cos k_{x3}x \cos\frac{k_y w}{2} e^{-\gamma_y(y-w/2)} \qquad (2\text{-}74)$$

　　若我們要計算水平方向的光學侷限因子 Γ_y，則可借用(2-38)式，近似成：

$$\Gamma_y \cong \frac{V_l^2}{2+V_l^2} \qquad (2\text{-}75)$$

其中 $V_l = k_0 w\sqrt{n_{eff2}^2 - n_{eff3}^2}$。若在第 2 區中垂直方向上的光學侷限因子為 Γ_x，則二維的光學侷限因子可近似成

$$\Gamma_{2D} \cong \Gamma_x \Gamma_y \qquad (2\text{-}76)$$

範例 2-3

如**圖 2-17** 的 1.55 μm InGaAsP 埋藏式異質結構，主動區域寬 2 μm 厚 0.2 μm，使用等效折射率法試求此雷射結構之 TE 波導基模態的等效折射率與光學侷限因子。

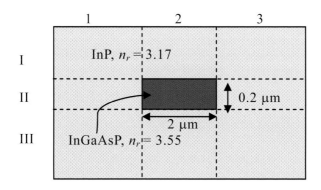

圖 2-17　1.55 μm InGaAsP 埋藏式異質結構波導的二維截面圖，主動層的材料是 InGaAsP，而四周則批覆著 InP。

解：

要求得此二維波導的波導模態必須先求得各垂直方向上的波導模態，由於第 1 與 3 區的結構只有一種材料 InP，因此 $n_{reff1} = n_{reff3} = 3.17$。而第 2 區的正規化頻率可依據(2-25)式求得

$$V_2 = \frac{2\pi}{\lambda} d \sqrt{n_{r\text{InGaAsP}}^2 - n_{r\text{InP}}^2} = 1.3$$

因此從**圖 2-9** 或(2-27)式可得 $b_2 = 0.275$，接著從(2-24)式我們可得等效折射率為

$$n_{reff2} = \sqrt{b_2(n_{rInGaAsP}^2 - n_{rInP}^2) + n_{rInP}^2} = \sqrt{0.275(3.55^2 - 3.17^2) + 3.17^2} = 3.279$$

接下來再看水平方向的波導結構，由於

$$V = \frac{2\pi}{\lambda} w \sqrt{n_{reff2}^2 - n_{reff1}^2} = \frac{2\pi}{1550\text{nm}} 2000\text{nm} \sqrt{3.279^2 - 3.17^2} = 6.797$$

對於水平方向的波導我們要解的是 TM 模態，因此必須使用(2-34)式來求得基模 $b = 0.874$，最後則可以得到此基模的等效折射率為

$$n_{reff} = \sqrt{b(n_{reff2}^2 - n_{reff1}^2) + n_{reff1}^2} = \sqrt{0.874(3.279^2 - 3.17^2) + 3.17^2} = 3.265$$

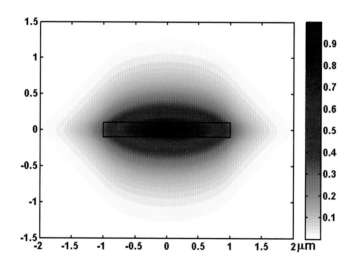

圖 2-18　以等效折射率法計算 1.55 μm InGaAsP 埋藏式異質結構 TE 模態分佈。

接著我們要計算垂直與水平方向的光學侷限因子，使用(2-36)式與(2-18)式我們先求得垂直方向的光學侷限因子Γ_x：

$$\Gamma_x = \frac{1 + \sin(k_{x2}d)/k_{x2}d}{1 + \sin(k_{x2}d)/k_{x2}d + 2\cos^2(k_{x2}d/2)/\gamma_2 d}$$

其中 $k_{x2}d = 2\pi d/\lambda\sqrt{n_{r\text{InGaAsP}}^2 - n_{reff2}^2} = 2\pi \times 200/1550\sqrt{3.55^2 - 3.279^2} = 1.103$，

而 $\gamma_2 d = 2\pi d/\lambda\sqrt{n_{reff2}^2 - n_{r\text{InP}}^2} = 2\pi \times 200/1550\sqrt{3.279^2 - 3.17^2} = 0.68$ 代入上

式可得 $\Gamma_x = 0.458$，同理使用(2-41)式可得 $\Gamma_y = 0.967$，因此總體光學侷

限 $\Gamma = \Gamma_x\Gamma_y = 0.443$，由此可見 TE 基模在垂直方向只有部分侷限，而

在水平方向的光場大部分都在波導裡，因此總體的光學侷限實際上是

由垂直方向的波導所主宰。

我們可以藉由所解得的傳播常數 β，繪出電場在此雷射截面的分佈

情形如圖 **2-18** 所示。

2.2.3 有限差分法解二維模態

由於等效折射率法只是一個近似的方法求解二維模態，而且許多

複雜的雷射結構無法清楚的分成如圖 **2-17** 的區域，因此就需要求助於

電腦輔助的數值方法來求解二維模態，目前最常被使用的方法被稱為

有限差分法(finite-difference technique)。如圖 **2-19** 所示為二維雷射波

導結構被畫分成許多距離相近的有限差分格點，每一個格點與格點之

間都可以用波動方程式來描述，這些格點的方程式可以組成一組線性

方程式，因此我們可以使用電腦輔助的數值方法求取特徵值與特徵向

量，特定的特徵值即為此二維波導模態的傳播常數或等效折射率，其

所對應的特徵向量可以建構出光場分佈 $U(x, y)$。

使用有限差分法求解的第一步是選擇適當的計算邊界條件，邊界

條件有許多種設法，通常最容易選擇的邊界條件是光場等於零的邊界，若要達到這樣的的條件，在選擇我們要計算的空間範圍時就要大一點以確保此邊界條件能夠成立。

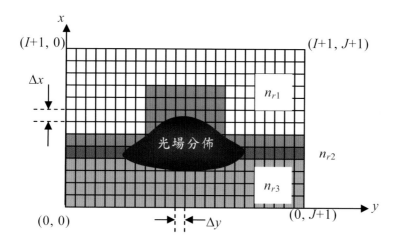

圖 2-19　將脊狀波導雷射截面分成有限差分格點示意圖。

接下來將我們要計算的空間範圍格點化如圖 **2-19** 所示，格點的疏密可根據雷射結構的複雜程度予以調整，在此為簡化說明起見，我們將格點的間距設為一致，使得

$$x = i\Delta x, \quad i = 0, 1, 2, \ldots, I+1 \tag{2-77}$$

$$y = j\Delta y, \quad j = 0, 1, 2, \ldots, J+1 \tag{2-78}$$

接著我們使用直角坐標系將(2-14)式表示成二維型式，並使用二維的折射率分佈 $n(x, y)$ 以及模態的等效折射率 n_{reff}，$U(x, y)$ 為正規化後的光場分佈，因此

$$\frac{\partial^2 U(x,y)}{\partial x^2} + \frac{\partial^2 U(x,y)}{\partial y^2} + k_0^2[n^2(x,y) - n_{reff}^2]U(x,y) = 0 \tag{2-79}$$

上式中的偏微分可藉由鄰近兩格點的二階泰勒展開式的差值來近似，因為

$$U(x + \Delta x, y) = U(x, y) + \Delta x \frac{\partial U(x, y)}{\partial x} + \frac{(\Delta x)^2}{2} \frac{\partial^2 U(x, y)}{\partial x^2} + \cdots$$

$$U(x - \Delta x, y) = U(x, y) - \Delta x \frac{\partial U(x, y)}{\partial x} + \frac{(\Delta x)^2}{2} \frac{\partial^2 U(x, y)}{\partial x^2} - \cdots$$

(2-80)

將上兩式相加並忽略高次項，可以得到二次偏微分導數為

$$\frac{\partial^2 U(x, y)}{\partial x^2} \cong \frac{U(x + \Delta x, y) - 2U(x, y) + U(x - \Delta x, y)}{(\Delta x)^2}$$

(2-81)

相同的，我們可以得到和 y 有關的二次偏微分導數為

$$\frac{\partial^2 U(x, y)}{\partial y^2} \cong \frac{U(x, y + \Delta y) - 2U(x, y) + U(x, y - \Delta y)}{(\Delta y)^2}$$

(2-82)

若針對計算範圍中的某一點的光場簡化表示為 $U(x, y) = U_j^i$，因此 $U(x + \Delta x, y) = U_j^{i+1}$，而 $U(x, y - \Delta y) = U_{j-1}^i$，上兩式便可以簡寫為

$$\frac{\partial^2 U(x, y)}{\partial x^2} = \frac{U_j^{i+1} - 2U_j^i + U_j^{i-1}}{(\Delta x)^2}$$

(2-83)

$$\frac{\partial^2 U(x, y)}{\partial y^2} = \frac{U_{j+1}^i - 2U_j^i + U_{j-1}^i}{(\Delta y)^2}$$

(2-84)

代入(2-79)式可得離散表示的波動方程式：

$$\frac{U_j^{i+1} - 2U_j^i + U_j^{i-1}}{(\Delta x)^2} + \frac{U_{j+1}^i - 2U_j^i + U_{j-1}^i}{(\Delta y)^2} + k_0^2 [n_j^{i\,2} - n_{reff}^2] U_j^i = 0$$

(2-85)

為了方便計算，可將 k_0^2 轉變為無因次的項，我們可以引入 $\Delta X^2 = k_0^2 \Delta x^2$ 以及 $\Delta Y^2 = k_0^2 \Delta y^2$，則上式可寫成矩陣型式的特徵值方程式：

$$\frac{U_j^{i-1}}{\Delta X^2} + \frac{U_{j-1}^i}{\Delta Y^2} - \left(\frac{2}{\Delta X^2} + \frac{2}{\Delta Y^2} - n_j^{i\,2}\right) U_j^i + \frac{U_j^{i+1}}{\Delta X^2} + \frac{U_{j+1}^i}{\Delta Y^2} = n_{reff}^2 U_j^i$$

(2-86)

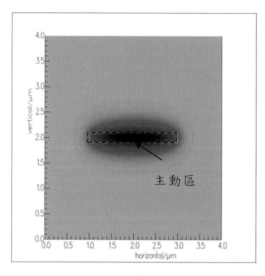

(a) BH

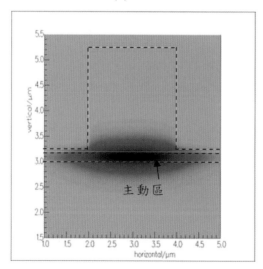

(b) Ridge

圖 2-20　以有限差分法計算 TE 模態分佈(a)埋藏式異質結構波導雷射
(b)脊狀波導雷射。

其中 $i = 0$ 到 $I+1$，而 $j = 0$ 到 $J+1$。將每一格點的方程式列出寫成矩陣型式，利用目前電腦輔助計算軟體，例如標準的線性矩陣運算，即可找到特定的等效折射率與對應的 U_j^i，我們即可建構出二維波導的模態分佈。**圖 2-20** 即是以有限差分法計算埋藏式異質結構波導雷射與脊狀波導雷射的 TE 模態分佈。在**圖 2-20(a)**中可以觀察到模態的分佈與用等效折射率法所畫出來的場型的不同，而在**圖 2-20(b)**中可以觀察到模態的分佈則呈現飛碟型的場型。

2.3　遠場發散角

由於雷射波導結構的作用，雷射模態在波導結構裡可以維持固定的光場分佈，一旦從半導體雷射的端面射出，雷射模態即會在空氣中繞射。雷射光在端面的二維空間分佈稱之為**近場圖案**(near field pattern, NFP)，在空氣中繞射了一定距離後(約為 w^2/λ，其中 w 為近場的特定寬度)，雷射強度沿著相對於雷射行進方向所夾角度的分佈稱之為**遠場圖案**(far field pattern, FFP)。由於半導體雷射所發出的雷射光要耦合到後端的光學系統，不管是波導、鏡片或是光偵測器，遠場圖案對於耦合的效率影響非常大，而遠場圖案又是從近場圖案繞射而得的，因此我們可以從上一節中的結果推導出半導體雷射的遠場發散行為。

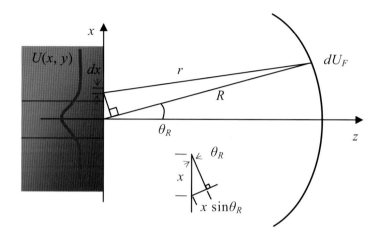

圖 2-21　半導體雷射近場圖案 $U(x, y)$和遠場發散示意圖。

　　若一強折射率型波導的雷射結構，雷射光在其出射端面的波前為一平面，接著在空氣中繞射了一段距離之後，波前就會漸漸開始彎曲成圓弧如**圖 2-21** 所示，若要計算在距離雷射端面 R 以及發散角 θ_R(相對於雷射發射中心軸)的遠場強度 U_F，近場強度 $U(x, y)$可以切割成在雷射端面不同位置上具有不同輻射強度的點光源，每一個點光源再行進了距離 r 之後貢獻到 dU_F 上，並假設每一個點光源都可以同調(coherent)相加，則：

$$dU_F = dxdyU(x, y)\frac{e^{-jkr}}{r}(\frac{j}{\lambda}\cos\theta_r) \tag{2-87}$$

　　若在所有具有顯著強度的 $U(x, y)$範圍內其 $x, y \ll R$，我們可以將 r 近似為：

$$r \approx R - x\sin\theta_x - y\sin\theta_y \tag{2-88}$$

其中 θ_x 與 θ_y 為從 z 軸分別向 x 軸與 y 軸的角度，我們可以將上式代入(2-87)式的相位項中，因為相位項的變化非常敏感，並可令 $r \approx R$，$\theta_r \simeq \theta_R$，並將所有的 $U(x, y)$ 積分起來，可得到遠場圖案：

$$U_F(\theta_x, \theta_y) = \frac{j \cos \theta_R}{\lambda R} e^{-jkR} \iint U(x, y) e^{jk \sin \theta_x x} e^{jk \sin \theta_y y} dxdy \qquad (2\text{-}89)$$

其中我們用到了 $\cos \theta_R = \dfrac{\cos \theta_x \cos \theta_y}{\sqrt{1 - \sin^2 \theta_x \sin^2 \theta_y}}$ 關係式。

若只考慮垂直方向的影響，可以令 $\theta_y = 0$，且 $U(x) = \int U(x, y) dy$，並將上式取絕對值平方，我們可以得到雷射光強度遠場發散圖案：

$$\left| U_F(\theta_x) \right|^2 = \frac{\cos^2 \theta_x}{\lambda^2 R^2} \left| \int U(x) e^{jk \sin \theta_x x} dx \right|^2 \qquad (2\text{-}90)$$

從上式我們可以先看到雷射光的遠場強度就像點波源一般隨 $1/R^2$ 遞減，此外，對於小角度的情況 $\sin \theta_x \approx \theta_x$，以及 $\cos \theta_x \approx 1$ 時，我們可以發現 $U_F(\theta_x)$ 與 $U(x)$ 互為傅立葉轉換，換句話說，當雷射模態的近場分佈較窄(通常是由於較窄的波導結構所造成)，其遠場圖案則會較為發散；相對的，若雷射模態的近場分佈較寬(通常是由於較寬的波導結構所造成)，其遠場圖案則會較為集中。

我們通常定義雷射光強度遠場圖案中的半高寬所佔的角度為**遠場發散角**(far field angle)，邊射型雷射的垂直方向波導較窄，其所對應的垂直發散角較大；而水平方向的波導通常較寬，因此其所對應的水平發散角較小，所以邊射型雷射的遠場圖案通常呈現立起來的橢圓形，其高寬比通常大於 1，其中長軸發散角和短軸發散角比例稱之為**高寬比**(aspect ratio)，高寬比不為 1 的缺點是當雷射光要耦合到光纖中或是耦合到一般的光學系統前，要經過楔形鏡的修正；相反的，對於垂直共振腔面射型雷射而言因為其對稱的橫向波導結構，雷射光遠場圖案的高寬比接近於 1，雷射光耦合的效率就比較高了。我們可以再回頭看**圖 2-13** 的例子，不同的雷射波導結構所對應的遠場圖案。在主動層很薄的情況下，遠場圖案的變化又有些不同。**圖 2-13** 中的單量子井的厚度由於太薄，無法有效侷限光波，導致近場分佈較寬使得遠場發散角很小，遠場發散角小能使邊射型雷射的高寬比趨近於 1，但是代價是光學侷限因子的下降所導致雷射閾值電流的上升；相對的，當我們改善侷限效果使得近場分佈集中之後，光學侷限因子提升，雷射閾值電流得以改善，但是遠場發散角卻變大導致高寬比遠大於 1，因此在邊射型雷射中，如何設計適當的雷射波導以獲得最佳的光學侷限效果和遠場圖案最小的高寬比需要根據半導體雷射的應用作最佳化的考量。

本章習題

1. 若 GaAs/Al$_{0.3}$Ga$_{0.7}$As 對稱雙異質結構半導體雷射($\lambda = 880$ nm)有下列參數：

   Al$_x$Ga$_{1-x}$As 的折射率為：$n_r(x) = 3.59 - 0.71x + 0.091x^2$，$L = 500$ μm，$\tau_n = 4$ nsec，$\alpha_i = 10$ cm^{-1}，$d = 0.1$ μm，$\eta_i = 1.0$，$a = 1.6 \times 10^{-16}$ cm^2，$n_{tr} = 1.5 \times 10^{18}$ cm^{-3}：

   (a) 試求 TE 基模的等效折射率。

   (b) 以此等效折射率計算雷射兩端劈裂鏡面的反射率。

   (c) 試求 TE 基模的光學侷限因子(不考慮水平方向的變化)。

   (d) 試求此雷射的閾值增益。

   (e) 試求閾值電流密度。

   (f) 若雷射波導的電流注入寬度是 100 μm，欲達到雷射輸出功率為 100 mW 所需要的注入電流為何？

   (g) 試求 TE 基模的遠場發散角。

2. 試求在一 GaAs/Al$_{0.3}$Ga$_{0.7}$As 對稱雙異質結構半導體雷射中，Al$_x$Ga$_{1-x}$As 的折射率為：$n_r(x) = 3.59 - 0.71x + 0.091x^2$，其主動層厚度至少為多少 μm 時會開始產生第一高次 TE 模態。

3. 在一 GaAs/Al$_{0.4}$Ga$_{0.6}$As 對稱雙異質結構半導體雷射中，其折射率同第 2 題所給，若主動層厚度為 0.2 μm，此雷射受到電流注入已達透明條件且此時的材料增益為 300 cm^{-1}，若只考慮基模，試求 TE 與 TM 模態的模態增益(model gain $=\Gamma\gamma$)各為多少。

4. 承上題，若 Al$_{0.4}$Ga$_{0.6}$As 披覆層材料中的材料吸收係數為 300 cm^{-1}，若共振腔中只有披覆層材料的內部吸收損耗，雷射兩端為自然劈裂鏡面，共振腔長 $L = 500$ μm；

   (a) 試計算此雷射 TE 與 TM 模態的內部損耗。

(b) 試計算此雷射 TE 與 TM 模態的閾值增益。

(c) 試問在上題所給的材料增益條件下,此雷射是否已到達閾值條件?

(d) 若材料的增益線性近似為 $\gamma_{max} = 2.5 \times 10^{-16}(n - 1.2 \times 10^{18})\,(\mathrm{cm}^{-1})$,試求此雷射 TE 與 TM 模態的閾值載子濃度。

5. 試證明(2-37)式與(2-38)式。

6. 試說明雷射橫向波導有哪些機制,並說明其優缺點。

7. 若一脊狀波導 1.55μm 雷射結構如下圖,試用等效折射率法求此雷射結構之 TE 波導基模態的等效折射率與光學侷限因子。

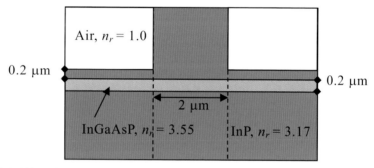

8. 承上題等效折射率法之結果,試繪出上述雷射之 TE 電場分佈圖。

9. 承第 7 題等效折射率法之結果,試繪出上述雷射光在垂直與水平方向之遠場發散情形並算出發散角。

參考資料

[1] 盧廷昌、王興宗，*半導體雷射導論*，五南出版社，2008

[2] L. A. Coldren, and S. W. Corzine, *Diode Lasers and Photonic Integrated Circuits*, John Wiley & Sons, Inc., 1995

[3] H. A. Haus, *Waves and Fields in Optoelectronics*, Presentice Hall, Englewood, 1984

[4] D. L. Lee, *Electromagnetic Principles of Integrated Optics*, Wiley, New York, 1986

[5] A. Yariv and P. Yeh, *Optical Waves in Crystals*, Wiley, New York, 1984

[6] J. W. Goodman, *Introduction to Fourier Optics*, McGraw-Hill, New York, 1986

[7] S. L. Chuang, *Physics of Optoelectronics Devices*, Wiley, 1995

[8] G. P. Agrawal, and N. K. Dutta, *Semiconductor Lasers*, 2nd Ed., Van Nostrand Reinhold, 1993

[9] G. H. B. Thompson, *Physics of Semiconductor Laser Devices*, John Wiley & Sons, 1980

[10] J. P. Loehr, *Physics of Strained Quantum Well Lasers*, Kluwer Academics Publishers, 1998

[11] K. Iga, and S. Kinoshita, *Process Technology for Semiconductor Lasers Crystal Growth and Microprocesses*, Springer, 1996

03

第三章

半導體雷射動態特性

在第一章裡，我們使用了速率方程式來描述半導體雷射系統裡主動層中的載子濃度與共振腔中的光子密度的變化，為了瞭解雷射操作的閾值條件，我們使用的是穩態的速率方程式的解來分別說明在閾值條件以下以及到達閾值條件以上的雷射操作特性，其中包括閾值條件、閾值載子濃度、閾值電流或電流密度、雷射輸出功率、微分量子效率、雷射模態與遠場發散角等。在本章中，我們將繼續運用前面所介紹的載子濃度與光子密度的速率方程式，來了解雷射操作特性隨時間變化的動態行為。由於有許多半導體雷射的操作需要受到外部輸入的調制，以產生對應的調制輸出信號，而半導體雷射的其中一個優異特性是可以直接受到外部因素如電流的高速調制，對於像是光通訊的應用而言非常重要，因此我們在本章一開始就要討論半導體雷射受到電流高速調制的響應行為，依受到外部調制的大小，其中分為大信號與小信號分析；在小信號分析裡，外界的影響與變化相對於穩態操作的條件都可視作為**微擾**(perturbation)，於是我們可以獲取半導體雷射的各種輸出特性的變化量對應於輸入參數的變化量，我們將介紹半導體雷射系統因為載子濃度與光子密度的速率方程式互相耦合所產生的共振現象，並推導其在共振時的振盪頻率即**弛豫頻率**(relaxation frequency)以及其所對應的截止頻率或調制響應的頻寬，接著我們再介紹當半導體雷射操作在大電流或是高雷射輸出功率時所產生的非線性增益飽和的現象，以及其對半導體雷射的弛豫頻率與調制響應頻寬的影響，然後再討論載子濃度與光子密度在小信號近似下隨時間變化的暫態解。在大信號分析的介紹中，我們會先討論半導體雷射在瞬間輸入電流導通時產生延遲輸出的原因，接下來我們會利用數值方法介紹雷射特性隨著時間變化的情形以及眼圖的概念。而在大信號分析的介紹中，會衍伸出所謂的雷射輸出信號**啁啾**(chirping)的現象，為了說明這個現象我們將介紹所謂的**線寬增強因子**(linewidth enhancement factor)在半導體雷

射中產生的原因與影響，接著就會推導出半導體雷射光在頻譜量測中
得到的發光線寬，以了解線寬增強因子在半導體雷射中所扮演的重要
角色。最後，我們將介紹相對強度雜訊的起源與影響，以及和半導體
雷射中弛豫振盪的關係。

3.1　小信號響應

　　最常見的半導體雷射調制是如**圖 3-1** 的直接電流調制，半導體雷
射偏壓操作在固定的電流值 I_0 上，欲輸入的信號從網路分析儀中產生
經過 Bias-T 後加載到半導體雷射上，雷射的輸出信號就應該會在 P_0
的基準上作信號的變化。以弦波信號為例，若弦波的振幅為 I_m，振盪
頻率為 ω，則輸入信號變為 $I(t) = I_0 + I_m \sin(\omega t)$，既然輸入信號開始隨
時間變化，雷射光輸出也應該會有對應的變化如 $P(t) = P_0 + P_m \sin(\omega t)$。

　　當我們想要觀察半導體雷射受到外部電流調制時是如何響應的，
就必須要分析主動層中的載子濃度與共振腔中的光子密度的速率方程
式：

$$\frac{dn}{dt} = \eta_i \frac{J}{ed} - \frac{n}{\tau_n} - \upsilon_g \gamma(n) n_p \tag{3-1}$$

$$\frac{dn_p}{dt} = \Gamma \upsilon_g \gamma(n) n_p - \frac{n_p}{\tau_p} + \Gamma \beta_{sp} \cdot \frac{n}{\tau_r} \tag{3-2}$$

上兩式中的變數同第一章裡的介紹，然而我們若要解上述的兩道耦合
方程式在時間上的變化是非常困難的，因此若要得到某種簡化形式的
解析解勢必要對方程式作近似，其中**小信號近似**(small signal
approximation)是常被使用到的方法，所謂的小信號近似是指如**圖
3-1(b)**中載入信號的上下振盪的幅度遠小於穩態值(也就是 I_0 與 P_0)，

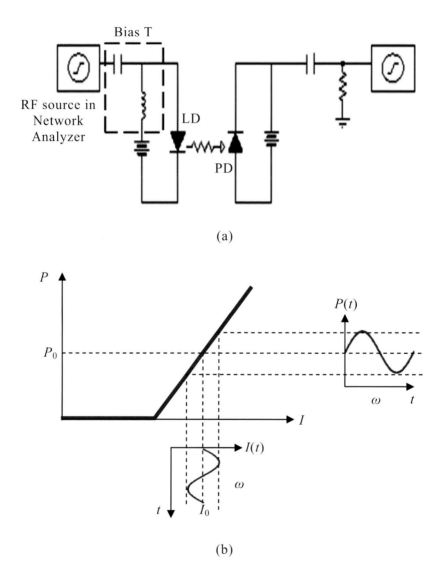

(a)

(b)

圖 3-1　(a) 半導體雷射直接電流調制電路示意圖 (b)直接電流調
制下輸入電流與輸出雷射光的轉換與隨時間變化的示意圖

若載入信號是弦波的形式，所謂的小信號分析就是要解得輸出信號的振幅是如何隨著載入信號振幅的變化。

在推導小信號分析前，我們先對半導體雷射作一些規範與近似假設，在這裡我們先以邊射型雷射為主要推導對象，其中半導體雷射的主動層體積的長寬高為 $L \times w \times d$，而 L 即為雷射的共振腔長度，在主動層裡，假設載子的復合時間遠大於載子的熱平衡時間，這使得我們不用再去考慮載子從披覆層注入主動層的熱平衡時間，換句話說，載子一旦從雷射的兩端電極注入後就會立刻到達主動層，此外，我們也假設到達主動層中的載子會立刻均勻分布在主動層中而沒有空間中的不均勻，而這些熱平衡、載子分佈的效應我們將在非線性增益飽和效應中一併考慮；為簡化分析起見，我們先分析單模操作的半導體雷射，因此光子密度的速率方程式就只會有一道，此外，因為在邊射型雷射中自發放射因子 β_{sp} 太小我們可忽略不考慮。

因此在小信號分析的情況下，我們可以定義電流密度、載子濃度與光子密度隨時間的表示式：

$$J(t) = J_0 + J_m(t) \tag{3-3}$$

$$n(t) = n_0 + n_m(t) \tag{3-4}$$

$$n_p(t) = n_{p0} + n_{pm}(t) \tag{3-5}$$

我們假設 $J_0 \gg J_m$、$n_0 \gg n_m$ 與 $n_{p0} \gg n_{pm}$，其中下標 0 表示固定的穩態值，而下標 m 則表示小信號值。將上三式代入(3-1)式中並使用線性增益近似，即，我們可得：

$$\frac{d(n_0 + n_m)}{dt} = \eta_i \frac{J_0 + J_m}{ed} - \frac{n_0 + n_m}{\tau_n} - \upsilon_g a(n_0 + n_m - n_{tr})(n_{p0} + n_{pm}) \tag{3-6}$$

上式中我們使用了線性增益近似，也就是：

$$g(n) = \upsilon_g \cdot \gamma(n) = \upsilon_g \cdot a(n - n_{tr}) = g_0(n - n_{tr}) \tag{3-7}$$

將(3-6)式展開，因為兩個小信號相乘的項 $n_m \cdot n_{pm}$ 太小可以忽略不計，並將穩態項以及小信號項分別放在一起，可得：

$$\frac{dn_0}{dt} + \frac{dn_m}{dt}$$

$$= [\eta_i \frac{J_0}{ed} - \frac{n_0}{\tau_n} - \upsilon_g a(n_0 - n_{tr})n_{p0}] + [\eta_i \frac{J_m}{ed} - \frac{n_m}{\tau_n} - \upsilon_g a n_{p0} n_m - \upsilon_g \gamma(n_0)n_{pm}] \quad (3\text{-}8)$$

我們可以取出載子濃度小信號的變化為：

$$\frac{dn_m}{dt} = \eta_i \frac{J_m}{ed} - \frac{n_m}{\tau_n} - \upsilon_g a n_{p0} n_m - \upsilon_g \gamma(n_0)n_{pm} \quad (3\text{-}9)$$

同樣的，對於計算光子密度小信號的變化，我們可以將(3-3)式到
(3-5)式代入(3-2)式中，展開之後將兩個小信號相乘的項 $n_m \cdot n_{pm} = 0$，並
將穩態項以及小信號項分別放在一起，可得光子密度小信號的變化：

$$\frac{dn_{pm}}{dt} = \Gamma \upsilon_g a(n_0 - n_{tr})n_{pm} + \Gamma \upsilon_g a n_m n_{p0} - \frac{n_{pm}}{\tau_p} \quad (3\text{-}10)$$

(3-9)式與(3-10)式即為載子濃度與光子密度的小信號速率方程式，我
們可以發現，此二道方程式彼此之間又是互相耦合的。若小信號以弦
波方式振盪，則：

$$J_m(t) = \text{Re}\{J_m(\omega)e^{j\omega t}\} \quad (3\text{-}11)$$

$$n_m(t) = \text{Re}\{n_m(\omega)e^{j\omega t}\} \quad (3\text{-}12)$$

$$n_{pm}(t) = \text{Re}\{n_{pm}(\omega)e^{j\omega t}\} \quad (3\text{-}13)$$

將(3-11)式到(3-13)式代入(3-9)式與(3-10)中，整理可得：

$$(j\omega + \upsilon_g a n_{p0} + \frac{1}{\tau_n})n_m(\omega) = \eta_i \frac{J_m(\omega)}{ed} - \upsilon_g \gamma(n_0)n_{pm}(\omega) \quad (3\text{-}14)$$

$$[j\omega + \frac{1}{\tau_p} - \Gamma \upsilon_g \gamma(n_0)]n_{pm}(\omega) = \Gamma \upsilon_g a n_{p0} n_m(\omega) \quad (3\text{-}15)$$

我們在第一章介紹過當雷射操作在閾值條件以上時，儘管輸入電
流改變，其載子濃度會被箝制在 n_{th}，因此 n_{th} 即為載子濃度的穩態值

n_0，因此從閾值條件我們可以知道：

$$\Gamma \upsilon_g \gamma(n_0) = \Gamma \upsilon_g \gamma(n_{th}) = \frac{1}{\tau_p} \tag{3-16}$$

接下來為簡化表示，我們引入兩個新的參數，分別表示為：

$$\Omega = \frac{1}{\tau_n} + n_{p0} \upsilon_g a \tag{3-17}$$

$$\omega_r^2 = \Gamma \upsilon_g \gamma(n_0) n_{p0} \upsilon_g a = \frac{n_{p0}}{\tau_p} \upsilon_g a \tag{3-18}$$

其中 Ω 被稱之為**阻尼常數**(damping constant)或衰減率，而 ω_r 則被稱之為**弛豫頻率**(relaxation frequency)，至於這兩個參數的意義我們稍後再解釋。使用(3-16)式到(3-18)式，我們可以解出(3-14)式與(3-15)式中的小信號載子濃度與光子密度對輸入電流密度的關係：

$$n_m(\omega) = \frac{j\omega}{-\omega^2 + j\omega\Omega + \omega_r^2}[\eta_i \frac{J_m(\omega)}{ed}] \tag{3-19}$$

$$n_{pm}(\omega) = \frac{\tau_p \omega_r^2}{-\omega^2 + j\omega\Omega + \omega_r^2}[\eta_i \frac{J_m(\omega)}{ed}] \tag{3-20}$$

上式也可以整理成：

$$n_m(\omega) = [\eta_i \frac{J_m(\omega)}{ed}] \frac{j\omega}{\omega_r^2} H(\omega) \tag{3-21}$$

$$n_{pm}(\omega) = [\eta_i \frac{J_m(\omega)}{ed}] \tau_p H(\omega) \tag{3-22}$$

其中除了 n_m 在複數平面 $\omega=0$ 時會有 0 值之外，我們可以發現 n_m 和 n_{pm} 主要都是隨著 $H(\omega)$ 的頻率響應作變化。而 $H(\omega)$ 為具有兩個參數的調制轉移函數：

$$H(\omega) \equiv \frac{\omega_r^2}{-\omega^2 + j\omega\Omega + \omega_r^2} \tag{3-23}$$

我們可以定義小信號輸出的**調制響應**(modulation response)為小信號光子密度在頻率為 ω 值時與頻率為零時(DC)的比率：

$$M(\omega) \equiv \left| \frac{n_{pm}(\omega) / J_m(\omega)}{n_{pm}(0) / J_m(0)} \right| = \left| \frac{\omega_r^2}{-\omega^2 + j\omega\Omega + \omega_r^2} \right| = |H(\omega)| = |m(\omega)| e^{j\theta} \quad (3\text{-}24)$$

其中

$$|m(\omega)| - \frac{\omega_r^2}{[(\omega^2 - \omega_r^2)^2 + \omega^2\Omega^2]^{1/2}} \quad (3\text{-}25)$$

$$\theta = \tan^{-1}(\frac{\omega\Omega}{\omega^2 - \omega_r^2}) \quad (3\text{-}26)$$

3.1.1　弛豫頻率與截止頻率

(3-25)式為我們可以量測得到的半導體雷射調制響應。將之取對數乘上 10 之後，其單位即為 dB 如**圖 3-2** 所示。當小信號頻率遠小於弛豫頻率時，(3-25)式可以近似成 1，也就是小信號的輸出振幅和穩態時所獲得的振幅相同，相位也一致。當小信號頻率接近弛豫頻率時，我們可以發現調制響應的曲線中會出現一個峰值，此峰值的頻率可以藉由計算(3-25)式的分母中找到最小值獲得：

$$\omega_p = \omega_r \sqrt{1 - \frac{1}{2}(\frac{\Omega}{\omega_r})^2} \quad (3\text{-}27)$$

而在 $\omega = \omega_p$ 時，調制響應的峰值為：

$$|m(\omega_p)| = \frac{2\omega_r^2}{\Omega^2 \sqrt{4(\omega_r / \Omega)^2 + 1}} \quad (3\text{-}28)$$

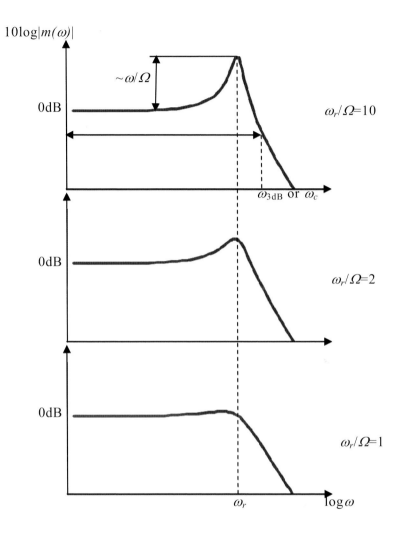

圖 3-2　半導體雷射小信號調制響應圖。上中下分別對應到不同的弛
　　　　豫頻率與阻尼常數的比值：ω_r/Ω=10、ω_r/Ω=2、ω_r/Ω=1。

由上二式可知，峰值的頻率與調制響應峰值的大小與ω_r/Ω相關，在一般常用的半導體雷射中，弛豫頻率通常都遠大於阻尼常數，因此 ω_r/Ω 遠大於 1，使得峰值的頻率即可代表為弛豫頻率，而調制響應峰值的大小則趨近於 ω_r/Ω。因此，弛豫頻率可以代表此雷射系統的共振頻率，當雷射操作於此頻率時，小信號的輸出會有最大的振幅，不過在相位方面也會伴隨著劇烈的變化。

相反的，若雷射系統中的阻尼常數越來越大，將會使得調制響應的峰值下降，如**圖 3-2** 中 ω_r/Ω=1 的情況，共振現象變得不明顯，而峰值頻率也會小於弛豫頻率。這是因為阻尼常數會使得系統的振盪振幅迅速衰減，導致調制響應的表現趨於平緩，關於阻尼常數的意義，會在稍後章節討論。

在調制響應中，若輸入小信號的頻率遠大於弛豫頻率，(3-25)式將會趨近於零，這表示在此高頻率操作的情況下，雷射的輸出小信號振幅跟不上輸入信號的變化，使得雷射系統趨於穩態。為了定義雷射的系統何時會趨於穩態，我們定義當輸出小信號振幅降為低頻振幅的一半時的頻率範圍為此雷射的操作頻寬,而此頻率被稱為 3dB 頻率($\omega_{3\mathrm{dB}}$)或是**截止頻率**(cut-off frequency, ω_c)。因此根據定義：

$$|m(\omega_c)| = \frac{1}{2}|m(0)| = \frac{1}{2} = \frac{\omega_r^2}{[(\omega_c^2 - \omega_r^2)^2 + \omega_c^2\Omega^2]^{1/2}} \tag{3-29}$$

假設 $\omega_c^2\Omega^2 \ll \omega_c^4$，我們可以推導出

$$2\omega_r^2 = [(\omega_c^2 - \omega_r^2)^2 + \omega_c^2\Omega^2]^{1/2} \simeq \omega_c^2 - \omega_r^2 \tag{3-30}$$

則

$$\omega_c \simeq \sqrt{3}\omega_r \quad or \quad f_c \simeq \sqrt{3}f_r \tag{3-31}$$

由此可知雷射系統操作的截止頻率和弛豫頻率成正比，獲取半導體雷射的弛豫頻率即可預測此雷射的操作頻寬。若不用角頻率的型式，根據(3-18)式，我們可得：

$$f_r = \frac{\omega_r}{2\pi} = \frac{1}{2\pi}\sqrt{\frac{n_{p0}}{\tau_p}\upsilon_g a} = \frac{1}{2\pi}\sqrt{\frac{n_{p0}}{\tau_p}\frac{c}{n_{rg}}a} \qquad (3\text{-}32)$$

因為光子增加的速率等於注入載子在閾值條件以上減少的速率，即：

$$\frac{n_{p0}\cdot V_p}{\tau_p} = \eta_i\frac{I - I_{th}}{e} \qquad (3\text{-}33)$$

其中 V_p 為雷射光學模態的體積，將上式代入(3-32)式，我們可以替換得另一種弛豫頻率的表示式：

$$f_r = \frac{1}{2\pi}\sqrt{\frac{\Gamma\upsilon_g a}{eV_a}\eta_i(I - I_{th})} \qquad (3\text{-}34)$$

其中 V_a 為主動層的體積，而光學侷限因子 $\Gamma = V_a / V_p$。

我們也可以將上式中電流的部分替換成雷射的輸出功率，由於：

$$P_o = \eta_d(\frac{h\nu}{e})(I - I_{th}) \qquad (3\text{-}35)$$

代入(3-34)式可得：

$$f_r = \frac{1}{2\pi}\sqrt{\frac{\Gamma\upsilon_g a}{h\nu V_a}\frac{\eta_i}{\eta_d}P_o} = \frac{1}{2\pi}\sqrt{\frac{\Gamma\upsilon_g a}{h\nu V_a}\frac{\alpha_m + \alpha_i}{\alpha_m}P_o} \qquad (3\text{-}36)$$

上式給我們一個很重要的訊息，當半導體雷射的輸出功率增加時，弛豫頻率會跟著增加，當然雷射系統的操作頻寬會隨之增加。如**圖 3-3**所示，在理想的情況下，半導體雷射之弛豫頻率和輸出功率的根號成正比；而在相同的雷射磊晶結構下，若雷射的共振腔越短，其弛豫頻率越高，這是因為共振腔越短代表光子生命期也越短，根據(3-32)式可知，其弛豫頻率反而會變大。

我們也可以將弛豫頻率表示式中的微分增益係數替換掉，由於：

$$\upsilon_g\gamma(n_0) = \upsilon_g\gamma(n_{th}) = \upsilon_g a(n_{th} - n_{tr}) = \upsilon_g a\eta_i\tau_n(\frac{J_{th} - J_{tr}}{ed}) = \frac{1}{\Gamma\tau_p} \qquad (3\text{-}37)$$

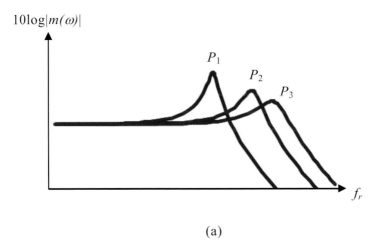

(a)

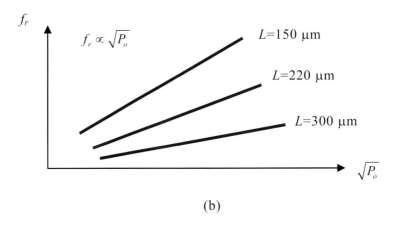

(b)

圖 3-3　(a) 不同輸出功率下半導體雷射之頻率響應圖；(b) 半導體雷射之弛豫頻率與輸出功率根號的關係圖。

因此，

$$\upsilon_g a = \frac{1}{\Gamma \eta_i \tau_n \tau_p}(\frac{ed}{J_{th}-J_{tr}}) \tag{3-38}$$

此外，由(3-33)式，

$$\frac{n_{p0}}{\tau_p} = \eta_i \Gamma \frac{J-J_{th}}{ed} \tag{3-39}$$

將(3-38)式與(3-39)式代入(3-32)式中，可得：

$$f_r = \frac{1}{2\pi}\sqrt{\frac{n_{p0}\upsilon_g a}{\tau_p}} = \frac{1}{2\pi}\sqrt{\frac{1}{\tau_p \tau_n} \cdot \frac{J-J_{th}}{J_{th}-J_{tr}}} \tag{3-40}$$

若透明電流密度很小，即 $J_{th} >> J_{tr}$，則上式可近似為：

$$f_r \approx \frac{1}{2\pi}\sqrt{\frac{1}{\tau_p \tau_n} \cdot (\frac{J}{J_{th}}-1)} = \frac{1}{2\pi}\sqrt{\frac{1}{\tau_p \tau_n} \cdot (\frac{I}{I_{th}}-1)} \tag{3-41}$$

此式說明了半導體雷射的閾值電流越小或操作電流越高，其弛豫頻率越高。

範例 3-1

假設一半導體雷射的增益線性近似可表示為：

$\gamma = a(n - n_{tr}) = 1.5 \times 10^{-16}(n - 2 \times 10^{18})$ (cm^{-1})，$n_{rg} = 3.6$，光子生命期為 1×10^{-12} sec，載子生命期為 3×10^{-9} sec，光子密度為 3×10^{15} cm^{-3}，試估計弛豫頻率與阻尼係數。

解：

由於 $\upsilon_g a = \dfrac{c}{n_{rg}} \cdot a = \dfrac{3 \times 10^{10} \text{cm/sec}}{3.6} \cdot 1.5 \times 10^{-16} \text{cm}^2 = 1.2 \times 10^{-6} \text{cm}^3/\text{sec}$

從(3-32)式得知弛豫頻率

$$\omega_r = \sqrt{\frac{n_{p0}}{\tau_p} \upsilon_g a} = \sqrt{\frac{3 \times 10^{15}}{1 \times 10^{-12}} \times 1.2 \times 10^{-6}} = 6 \times 10^{10} \text{ rad/sec}$$

根據(3-17)式 $\Omega = \dfrac{1}{\tau_n} + n_{p0}\upsilon_g a = \dfrac{1}{3 \times 10^{-9}} + 3 \times 10^{15} \times 1.2 \times 10^{-6} = 3.93 \times 10^9 \text{ sec}^{-1}$

由此可知，在一般的情況下弛豫頻率大於阻尼係數，在這一範例中其比值約為 16.6！

範例 3-2

假設一 GaAs 半導體雷射的增益線性近似為：$\gamma = 1.5 \times 10^{-16}(n - n_{tr}) \text{ (cm}^{-1})$，$n_{rg} = 3.5$，輸出功率 $P_o = 20$ mW，雷射波長 $\lambda = 0.85$ μm，主動層大小為 $L \times w \times d = 120\text{μm} \times 3\text{μm} \times 0.1\text{μm}$，內部損耗 $\alpha_i = 10 \text{ cm}^{-1}$，兩端鏡面反射率皆為 $R = 0.31$，光學侷限因子 $\Gamma = 0.3$，試估計弛豫頻率的大小。若輸出功率 $P_o = 40$ mW，試估計弛豫頻率的大小。

解：

由於 $\upsilon_g a = \dfrac{c}{n_{rg}} \cdot a = \dfrac{3 \times 10^{10} \text{cm / sec}}{3.5} \cdot 1.5 \times 10^{-16} \text{cm}^2 = 1.3 \times 10^{-6} \text{cm}^3 / \text{sec}$

鏡面損耗為 $\alpha_m = \dfrac{1}{L} \cdot \ln \dfrac{1}{R} = \dfrac{1}{120 \times 10^{-4}} \cdot \ln \dfrac{1}{0.31} = 97.6 \text{ cm}^{-1}$

因為雷射波長 $\lambda = 0.85$ μm，則光子能量 $E = h\nu = 2.33 \times 10^{-19} \text{J}$，而雷射主動層體積為 $V_a = Lwd = 3.6 \times 10^{-11} \text{ cm}^3$，從 (3-36) 式得知弛豫頻率

$$f_r = \frac{1}{2\pi}\sqrt{\frac{\Gamma \upsilon_g a}{h\nu V_a} \frac{\alpha_m + \alpha_i}{\alpha_m} P_o} = \frac{1}{2\pi}\sqrt{\frac{0.3 \times 1.3 \times 10^{-6}}{2.33 \times 10^{-19} \times 3.6 \times 10^{-11}} \frac{97.6 + 10}{97.6} 20 \times 10^{-3}}$$

$$= 5.1 \text{ GHz}$$

若輸出功率 P_o 增加到 40 mW，則弛豫頻率提高為

$$f_r = 5.1 \text{ GHz}\sqrt{40 / 20} = 7.2 \text{GHz}$$

　　從上兩個範例可以知道，提高輸出功率或提高共振腔中的光子密度能夠提升弛豫頻率，也就是增加雷射操作的頻寬；然而，提高輸出功率必須要從提高輸入電流或增加輸入功率達成，由於半導體雷射中的電光轉換效率並不是 100%，因此增加輸入功率必定會伴隨著額外產熱的增加，使半導體雷射的接面溫度增加，如此一來不僅會提高雷射的閾值電流，降低輸出功率，還會危及半導體雷射的壽命；根據(3-32)式，既然藉由提高共振腔中的光子密度來提升弛豫頻率會產生不良的影響，我們可以藉由縮短光子生命期來提升弛豫頻率，例如縮短雷射共振腔、減少雷射鏡面的反射率等，然而如此作的代價是光子生命期縮短所造成的閾值電流的增加，一旦閾值電流增加，前所述的產熱問題又會出現；最後，我們唯有從提高微分增益的方式來提升弛豫頻率才不會有其他伴隨而來的不良影響，一般來說提高半導體雷射的微分增益可以藉由增加量子井的數目來提升，或者是使用具有應力補償式形變的多重量子井，其能帶結構受到修正，尤其是電洞的能帶發生變化，使得微分增益得以提升。

3.1.2　非線性增益飽和效應

　　當雷射共振腔中的光子密度很高以及載子濃度很大的情況下，雷射的增益可能會因為載子分佈不均的問題產生所謂的**頻譜燒洞**(spectral hole burning)、或者是因為產熱過大、或是載子逃脫量子井等現象，讓增益反而逐漸飽和，因此我們可以將雷射增益修正成和光子密度相關的關係式：

$$\gamma(n, n_p) = \frac{a(n - n_{tr})}{1 + \varepsilon n_p} \tag{3-42}$$

我們在上式裡還是使用線性增益近似為基準關係，只是此線性增益近似只有在光子密度較小的時候適用，當光子密度提高時，雷射增益開始飽和。ε被稱為**增益抑制因子**(gain suppression factor)，$1+\varepsilon n_p$用來描述雷射非線性增益飽和的現象，當光子密度提升到$1/\varepsilon$時，雷射增益降為小信號線性增益的一半。而此非線性增益飽和的現象，將會對半導體雷射高速操作時的調制響應造成影響，我們在本小節中，將會引入非線性增益飽和效應並介紹一種使用矩陣的方式來解小信號的速率方程式。

為簡化分析起見，我們不再使用展開穩態和小信號的方式寫出含有非線性增益飽和的小信號的速率方程式，而是直接對(3-1)式與(3-2)式取微分項，其中$\delta J, \delta n, \delta n_p$即為前一小節中的$J_m, n_m, n_{pm}$：

$$\delta[\frac{dn}{dt}] = \frac{\eta_i}{ed}\delta J - \frac{1}{\tau_{\Delta n}}\delta n - \upsilon_g \gamma \delta n_p - \upsilon_g n_{p_0} \delta \gamma \tag{3-43}$$

$$\delta[\frac{dn_p}{dt}] = (\Gamma \upsilon_g \gamma - \frac{1}{\tau_p})\delta n_p + \Gamma \upsilon_g n_{p0} \delta \gamma + \Gamma \beta_{sp} \cdot \frac{1}{\tau_{\Delta n}}\delta n \tag{3-44}$$

其中我們假設β_{sp}太小，因此(3-44)式中等號右邊最後一項可以忽略。而因為$n/\tau_n = n \cdot (A + Bn + Cn^2)$，因此$1/\tau_{\Delta n} = A + 2Bn + 3Cn^2$，由此可知$\tau_{\Delta n}$為微分載子生命期，其大小通常為穩態下的載子生命期$\tau_n$的一半或三分之一左右，其中載子濃度為穩態下的載子濃度n_0，在閾值條件以上時，載子濃度n_0即為閾值載子濃度n_{th}。而上兩式中的γ為(3-42)式中穩態下的值，即$\gamma(n_0, n_{p0})$，而微分的部分可拆成兩部分：

$$\delta \gamma = \frac{\partial \gamma}{\partial n}\delta n + \frac{\partial \gamma}{\partial n_p}\delta n_p \tag{3-45}$$

將(3-42)式分別對n與n_p微分，我們可以得到：

$$\frac{\partial \gamma}{\partial n} = \frac{a}{1 + \varepsilon n_{p0}} \tag{3-46}$$

$$\frac{\partial \gamma}{\partial n_p} = -\frac{\varepsilon a(n_0 - n_{tr})}{(1 + \varepsilon n_{p0})^2} = -\frac{\varepsilon \gamma}{1 + \varepsilon n_{p0}} \tag{3-47}$$

我們若將 δJ、δn 與 δn_p 表示成前一小節中的小信號振幅 J_m、n_m 與 n_{pm}，同時配合 $\Gamma \upsilon_g \gamma = 1/\tau_p$ 的閾值條件關係式，因此(3-43)式與式(3-44)可以分別展開整理成：

$$\frac{dn_m}{dt} = \frac{\eta_i}{ed} J_m - (\frac{1}{\tau_{\Delta n}} + \frac{\upsilon_g a n_{p0}}{1+\varepsilon n_{p0}})n_m - (\upsilon_g \gamma - \upsilon_g \frac{\varepsilon n_{p0}}{1+\varepsilon n_{p0}}\gamma)n_{pm} \qquad (3\text{-}48)$$

$$\frac{dn_{pm}}{dt} = (\Gamma \upsilon_g a \frac{n_{p0}}{1+\varepsilon n_{p0}})n_m - (\Gamma \upsilon_g \frac{\varepsilon n_{p0}}{1+\varepsilon n_{p0}}\gamma)n_{pm} \qquad (3\text{-}49)$$

為簡化起見，我們可以將上兩式中 n_m 和 n_{pm} 前的係數分別定義如下：

$$\Omega_{nn} = \frac{1}{\tau_{\Delta n}} + \upsilon_g a \frac{n_{p0}}{1+\varepsilon n_{p0}} \qquad (3\text{-}50)$$

$$\Omega_{np} = \upsilon_g \gamma - \upsilon_g \gamma \frac{\varepsilon n_{p0}}{1+\varepsilon n_{p0}} \qquad (3\text{-}51)$$

$$\Omega_{pn} = \Gamma \upsilon_g a \frac{n_{p0}}{1+\varepsilon n_{p0}} \qquad (3\text{-}52)$$

$$\Omega_{pp} = \Gamma \upsilon_g \gamma \frac{\varepsilon n_{p0}}{1+\varepsilon n_{p0}} \qquad (3\text{-}53)$$

這些係數分別代表了小信號載子濃度與光子密度受到彼此耦合影響時的等效衰減率，其中 Ω_{nn} 與 Ω_{pp} 分別代表了和微分載子生命期與等效光子命期有關的衰減率，而 Ω_{np} 則代表了和增益相關的衰減率，Ω_{pn} 代表了和微分載子復合並輻射到雷射模態相關的衰減率，我們可以看到這些衰減率都受到了 $1+\varepsilon n_{p0}$ 雷射非線性增益飽和的影響，當光子密度越大時，效應越明顯！

使用這些衰減係數可以讓我們將(3-48)式與(3-49)式寫成矩陣的型式：

$$\frac{d}{dt}\begin{bmatrix} n_m \\ n_{pm} \end{bmatrix} = \begin{bmatrix} -\Omega_{nn} & -\Omega_{np} \\ \Omega_{pn} & -\Omega_{pp} \end{bmatrix}\begin{bmatrix} n_m \\ n_{pm} \end{bmatrix} + \frac{\eta_i}{ed}\begin{bmatrix} J_m \\ 0 \end{bmatrix} \tag{3-54}$$

使用這樣的矩陣形式的好處是我們可以看到最右邊的項：輸入的小信號電流即為此式的外部驅動變化項，也就是由於此驅動變化使得 n_m 與 n_{pm} 藉由上式矩陣的耦合影響而產生變化。因此此式的外部驅動變化項也可以是其他種驅動型式，例如我們可以調制雷射共振腔中的光學損耗項 α_i，只要將(3-54)式中的最後一項改為 $v_g n_{p0}\begin{bmatrix} 0 \\ -d\alpha_i \end{bmatrix}$，其他矩陣中的係數都不須更動；或者我們可以將驅動變化項設為雜訊，因此即使在穩定的電流輸入下，還是會有 n_m 與 n_{pm} 的小信號變化項!關於雜訊的速率方程式，我們會在本章最後一節介紹。此外，使用矩陣表示式的另一個好處是當我們要分析多模態雷射時，只要將矩陣隨雷射模態數擴展，例如有 N 個模態存在的半導體雷射，(3-54)式可以輕易的拓展為：

$$\frac{d}{dt}\begin{bmatrix} n_m \\ n_{pm1} \\ n_{pm2} \\ \vdots \\ n_{pmN} \end{bmatrix} = \begin{bmatrix} -\Omega_{nn} & -\Omega_{np1} & -\Omega_{np2} & \cdots & -\Omega_{npN} \\ \Omega_{pn1} & -\Omega_{pp1} & 0 & \cdots & 0 \\ \Omega_{pn2} & 0 & -\Omega_{pp2} & \cdots & 0 \\ \vdots & \vdots & \vdots & \ddots & \vdots \\ \Omega_{pnN} & 0 & 0 & \cdots & -\Omega_{ppN} \end{bmatrix}\begin{bmatrix} n_m \\ n_{pm1} \\ n_{pm2} \\ \vdots \\ n_{pmN} \end{bmatrix} + \frac{\eta_i}{ed}\begin{bmatrix} J_m \\ 0 \\ 0 \\ \vdots \\ 0 \end{bmatrix} \tag{3-55}$$

其中下標數字代表雷射的模態，我們可以輕易地使用矩陣運算來解複雜的多模態雷射問題。

我們再回到單模操作的問題上，若要得到小信號對弦波調制的頻率響應，可以將(3-11)式到(3-13)式代入(3-54)式中，可得：

$$\begin{bmatrix} \Omega_{nn} + j\omega & \Omega_{np} \\ -\Omega_{pn} & \Omega_{pp} + j\omega \end{bmatrix}\begin{bmatrix} n_m \\ n_{pm} \end{bmatrix} = \frac{\eta_i J_m}{ed}\begin{bmatrix} 1 \\ 0 \end{bmatrix} \tag{3-56}$$

要解上式，須先計算矩陣中的行列式：

$$\Delta = \begin{vmatrix} \Omega_{nn} + j\omega & \Omega_{np} \\ -\Omega_{pn} & \Omega_{pp} + j\omega \end{vmatrix}$$

$$= (\Omega_{nn}\Omega_{pp} + \Omega_{np}\Omega_{pn}) + j\omega(\Omega_{nn} + \Omega_{pp}) - \omega^2 \qquad (3\text{-}57)$$

$$\equiv \omega_r^2 + j\omega\Omega - \omega^2$$

接著，小信號載子濃度可以解得：

$$n_{pm}(\omega) = \frac{\eta_i J_m}{ed} \frac{\begin{vmatrix} \Omega_{nn} + j\omega & 1 \\ -\Omega_{pn} & 0 \end{vmatrix}}{\Delta} = \frac{\eta_i J_m}{ed} \frac{\Omega_{pn}}{\omega_r^2} H(\omega) \qquad (3\text{-}58)$$

小信號光子密度可以解得：

$$n_{pm}(\omega) = \frac{\eta_i J_m}{ed} \frac{\begin{vmatrix} \Omega_{nn} + j\omega & 1 \\ -\Omega_{pn} & 0 \end{vmatrix}}{\Delta} = \frac{\eta_i J_m}{ed} \frac{\Omega_{pm}}{\omega_r^2} H(\omega) \qquad (3\text{-}59)$$

其中 $H(\omega)$的定義和(3-23)式相同，為具有兩個參數 ω_r^2 與 Ω 的調制轉移函數，而弛豫頻率被修正為：

$$\omega_r^2 = \Omega_{nn}\Omega_{pp} + \Omega_{np}\Omega_{pn} = \frac{\upsilon_g n_{p0}}{\tau_p} \cdot \frac{a}{1 + \varepsilon n_{p0}} + \frac{1}{\tau_{\Delta n}\tau_p} \cdot \frac{\varepsilon n_{p0}}{1 + \varepsilon n_{p0}} \qquad (3\text{-}60)$$

其中因為 $\upsilon_g a = \dfrac{1}{\Gamma(n_0 - n_{tr})\tau_p}$，而 $\dfrac{1}{\Gamma(n_0 - n_{tr})}$ 和 ε 的數量級接近，然而 $\tau_{\Delta n}$ 遠大於 τ_p，因此上式中的第二項可以忽略，因此

$$\omega_r^2 \cong \frac{\upsilon_g n_{p0}}{\tau_p} \cdot \frac{a}{1 + \varepsilon n_{p0}} \qquad (3\text{-}61)$$

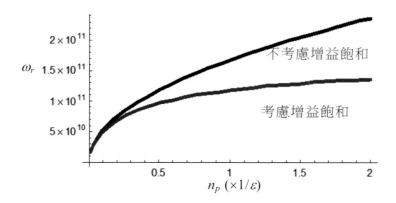

圖 3-4　半導體雷射之弛豫頻率與光子密度的關係圖。其中光子密度
為 $1/\varepsilon$ 的倍數

　　我們可以看到弛豫頻率受到了非線性增益飽和的影響，光子密度
越高，ω_r^2 的增加速度反而會變慢，如圖 3-4 所示，當光子密度大於 $1/\varepsilon$
後，弛豫頻率就漸趨飽和了。

　　此外阻尼係數也被修正為：

$$\Omega = \Omega_{nn} + \Omega_{pp} = \frac{1}{\tau_{\Delta n}} + \upsilon_g a \frac{n_{p0}}{1+\varepsilon n_{p0}} + \Gamma \upsilon_g \gamma \frac{\varepsilon n_{p0}}{1+\varepsilon n_{p0}} \tag{3-62}$$

若將(3-61)式代入(3-62)式，可得：

$$\Omega = \frac{\upsilon_g n_{p0}}{\tau_p} \frac{a}{1+\varepsilon n_{p0}} (\tau_p + \frac{\Gamma \gamma \varepsilon \tau_p}{a}) + \frac{1}{\tau_{\Delta n}} \equiv f_r^2 K + \frac{1}{\tau_{\Delta n}} \tag{3-63}$$

其中

$$K = 4\pi^2 (\tau_p + \frac{\varepsilon}{\upsilon_g a}) \tag{3-64}$$

(3-63)式說明了阻尼係數和弛豫頻率的平方之間的關係，在低功率時
阻尼係數由載子生命期所主導，而 K 參數主要影響著高速雷射操作在

高功率時的特性，我們可以觀察到增益抑制因子 ε 將增大 K 參數使得阻尼係數變大而減緩雷射操作的速度。

範例 3-3

假設一半導體雷射的參數如下：

載子生命期	2.7 nsec
n_{rg}	3.5
線性增益近似 $\gamma = a(n - n_{tr})$	$\gamma = 1.5 \times 10^{-16}(n - 2 \times 10^{18})$ cm^{-1}
$L \times w \times d$	$250\,\mu m \times 2\,\mu m \times 0.1\,\mu m$
鏡面反射率 R	0.32
光學侷限因子 Γ	0.3
內部損耗	5 cm^{-1}
內部量子效率 η_i	0.8
增益抑制因子 ε	2×10^{-17} cm^3

(a) 計算閾值電流的大小；

(b) 計算在輸入電流為 20mA、50mA 與 100mA 時的光子密度；

(c) 若不考慮非線性增益飽和效應，試估計在輸入電流為 20mA、50mA 與 100mA 時的弛豫頻率與阻尼係數；

(d) 同(c)，但考慮非線性增益飽和效應。

解：

(a) 首先計算鏡面損耗

由於 $\alpha_m = \dfrac{1}{L}\ln\dfrac{1}{R} = \dfrac{1}{250 \times 10^{-4}}\ln\dfrac{1}{0.32} = 45.6 \text{ cm}^{-1}$

因此根據第一章所導出的閾值電流

$$I_{th} = \frac{eLwd}{\eta_i \cdot \tau_n}(\frac{\alpha_i + \alpha_m}{\Gamma a} + n_{tr})$$

$$= \frac{1.6 \times 10^{-19} \times 250 \times 2 \times 0.1 \times 10^{-12}}{0.8 \times 2.7 \times 10^{-9}}(\frac{5 + 45.6}{0.3 \times 1.5 \times 10^{-16}} + 2 \times 10^{18})$$

$$= 11.6\,\text{mA}$$

根據第一章所導出的光子密度

$$n_p = \Gamma(\frac{\tau_p}{eLwd})\eta_i(I - I_{th})$$

其中光子生命期

$$\tau_p = [(c/n_{rg})(\alpha_i + \alpha_m)]^{-1} = [(3 \times 10^{10}/3.5)(5 + 45.6)]^{-1} = 2.31\,\text{p sec}$$

在輸入電流為 20mA、50mA 與 100mA 時的光子密度分別為

5.83×10^{14}、2.66×10^{15} 與 $6.12 \times 10^{15}\,\text{cm}^{-3}$。

(c) 根據(3-32)式 $f_r = \frac{1}{2\pi}\sqrt{\frac{n_{p0}}{\tau_p}\frac{c}{n_{rg}}a}$

在輸入電流為 20mA、50mA 與 100mA 時的弛豫頻率分別為 2.87

GHz、6.13 GHz 與 9.30 GHz。而根據(3-17)式 $\Omega = \frac{1}{\tau_n} + n_{p0}\upsilon_g a$

在輸入電流為 20mA、50mA 與 100mA 時的阻尼常數分別為

1.12×10^9、3.79×10^9 與 $8.23 \times 10^9\,\text{sec}^{-1}$。

(d) 考慮非線性增益飽和效應,弛豫頻率受到增益抑制因子 $\sqrt{1 + \varepsilon n_{p0}}$ 的
影響,使得弛豫頻率分別降為 2.82 GHz、5.97 GHz 與 9.03 GHz。
而在輸入電流為 20mA、50mA 與 100mA 時的阻尼常數分別提升為
6.11×10^9、2.55×10^{10} 與 $5.97 \times 10^{10}\,\text{sec}^{-1}$。

在範例 3-3 中,若不考慮非線性增益飽和效應,儘管輸入電流達
到 100 mA(約為閾值電流的十倍!),其弛豫頻率對阻尼常數的比值

(ω_r/Ω)仍大於 1，在調制響應中的共振波峰仍可清楚看見，如圖 3-5 上半部所示；相對的，若考慮非線性增益飽和效應，當輸入電流達到 100 mA，其弛豫頻率對阻尼常數的比值(ω_r/Ω)小於 1，其調制響應不再出現共振波峰而趨於平緩如圖 3-5 下半部所示。

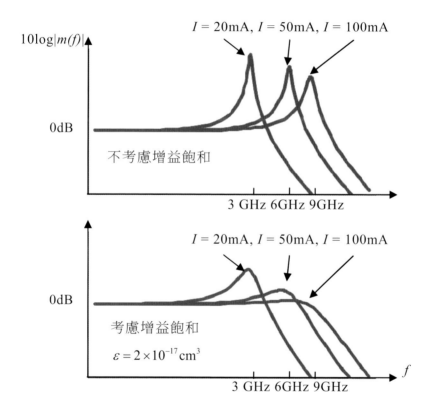

圖 3-5　半導體雷射之調制響應圖。上圖為不考慮增益飽和，而下圖則考慮增益飽和 $\varepsilon = 2 \times 10^{-17}\,\mathrm{cm}^3$。

從圖 **3-4** 中可以看到當光子密度的很高時，弛豫頻率隨光子密度增加的趨勢會飽和，而從圖 **3-5** 可知弛豫頻率對阻尼常數隨光子密度增加的比值會小於 1，使得調制響應趨於平緩，由(3-27)式可知弛豫頻率會大於共振峰值頻率，甚至在弛豫頻率的調制響應會降到 3dB 以下，因此可以知道隨光子密度增加的 3dB 頻寬或截止頻率會有最大值。

由(3-30)式我們可以計算截止頻率的最大值，由於在弛豫頻率很大的情況下，(3-63)式中的 $1/\tau_{\Delta n}$ 項可以忽略，使得 $\Omega \cong \omega_r^2 K / 4\pi^2$ 代入(3-30)式，我們可以計算得到當以下的關係式符合時，截止頻率會有最大值：

$$\omega_r^2 = \frac{\Omega^2}{2} = \frac{1}{2}(\frac{K}{4\pi^2}\omega_r^2)^2 \tag{3-65}$$

因此，將上式代入(3-30)式，我們可以得到最大的截止頻率為：

$$f_{c|max} = \frac{2\pi\sqrt{2}}{K} \tag{3-66}$$

從(3-31)式可知，截止頻率一般而言都會大於弛豫頻率，然而隨著弛豫頻率的增加，阻尼常數也隨之增加，這使得最大的截止頻率限制在 $2\pi\sqrt{2}/K$，弛豫頻率若再進一步增加反而會讓截止頻率變小，最後截止頻率會穩定在 $\pi\sqrt{2}/K$。因此，K 參數可說是決定半導體雷射在本質上能夠達到最大頻寬的重要參數！實際上我們可以從調制響應中獲得弛豫頻率與阻尼常數的參數，透過(3-63)式我們可以獲得 K 參數與微分載子生命期(請見習題)。我們因此知道欲設計一個高速操作的半導體雷射，K 參數就要越小越好。而對應的 K 參數中，光子生命期要小、微分增益要大以及增益抑制因子要小，才能達到更大的調制頻寬！

3.1.3 高速雷射調制之設計

在前面兩小節中，我們探討了主動層材料中的微分增益與非線性飽和增益對雷射調制速度的影響，在半導體雷射中，除了主動層材料的影響之外，還有其他非主動層的因素也會影響雷射的調制速度，這些因素包括了雷射光學波導與共振腔的結構、寄生阻抗、電容與電感的微波效應、元件產熱效應、以及載子傳輸效應等，我們分別簡述如下：

(1) 雷射光學波導與共振腔的結構

從(3-40)式我們知道，要達到高的弛豫頻率，光子生命期要小而閾值電流要低，然而這兩的因素是互相衝突的，因為光子生命期若變小，則閾值增益變大，閾值電流隨之增大，為了達到良好的妥協，我們通常會使用較短的共振腔長搭配兩端較高的鏡面反射率。

由於使用量子井當作主動層結構的微分增益較塊材(bulk)的主動層結構要高，然而在光學波導的考量上，使用量子井當作主動層結構的光學侷限較小，不僅會增加閾值增益使閾值電流變大，如(3-34)式還會降低弛豫頻率，因此在設計高速調制半導體雷射結構時，通常會使用多重量子井為主動層，例如當量子井的數目超過 10 以上時，半導體雷射也不需要再多加上光學侷限層，其多重量子井的波導特性和塊材結構的雷射近似。

此外半導體雷射最好要設計成單一橫向模態操作，這是因為多個橫向模態操作會使得雷射共振腔中的光子數目被這些模態瓜分，使得每個橫向模態的光子數目相對減少，進而降低了弛豫頻率，並會影響雷射頻率響應的圖形。

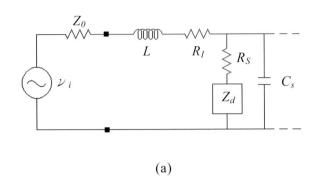

(a)

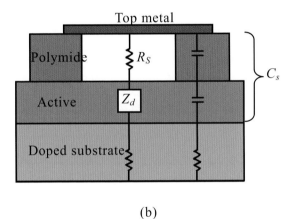

(b)

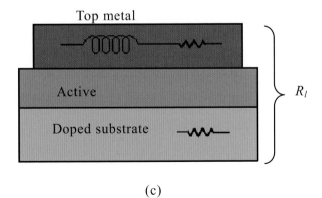

(c)

圖 3-6　(a) 半導體雷射的等效電路 (b) 半導體雷射橫截面的阻抗分
　　　　佈 (b) 半導體雷射縱方向的阻抗分佈。

(2) 寄生電阻、電容與電感以及微波效應

　　由於半導體雷射內部存在著許多寄生電阻(R)、電容(C)與電感(L)，這些寄生阻抗若設計不當，將會嚴重影響雷射的頻率響應而被寄生的 RC 時間常數所限制。我們可以用**集總電路**(lumped circuit)元件的概念簡化半導體雷射內部的阻抗，其等效電路的模型如**圖 3-6(b)**所示。在**圖 3-6(b)**中，串聯電阻 R_s 的來源包括金屬與半導體界面的接觸電阻，異質界面之間的接面電阻，以及披覆層中的半導體材料本身的電阻，若雷射結構設計成如**圖 2-15(c)**的埋藏式異質結構，因為其金屬電極的面積相當大，可以有效降低串聯電阻。另外，在**圖 3-6(b)**中串聯電容 C_s 的來源包括主動層中在順向偏壓下的擴散電容以及電極與絕緣層或再成長層之間的電容，在設計高速雷射的結構時，絕緣層最好要選擇低介電常數的材料或是厚度要增大以有效降低串聯電容。

　　半導體雷射的總體頻率響應要將 RLC 的效應一併考慮進去，一般而言電感的影響較小，因此通常只考慮 RC 的影響，由電阻與電容所形成的低通濾波的轉移函數為：

$$H_{RC}(\omega) = \frac{1}{1 + j\omega\tau_{RC}} \tag{3-67}$$

其中 $\tau_{RC} = R \cdot C$。因此整體的頻率響應要乘上(3-67)式成為：

$$H_{Total}(\omega) = H_{RC}(\omega) \cdot H(\omega) = \frac{1}{1 + j\omega\tau_{RC}} \cdot \frac{\omega_r^2}{-\omega^2 + j\omega\Omega + \omega_r^2} \tag{3-68}$$

　　高速半導體雷射的阻抗若設計不當，將會限制雷射操作頻寬如**圖 3-7** 所示，此範例中雷射本身的弛豫頻率在 5GHz，而 RC 時間常數為 0.2 nsec，我們可以觀察到雷射的截止頻率提前在弛豫頻率之前出現，使得半導體雷射的調制響應被雷射結構中的寄生阻抗所主宰。

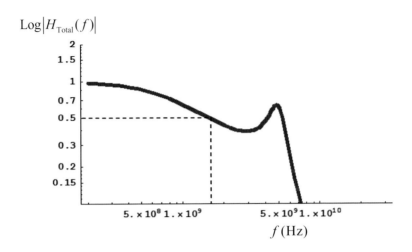

圖 3-7　考慮半導體雷射內部的電阻電容效應的調制響應。

　　當外加信號的頻率越來越高，例如在 10GHz 以上時，輸入信號的時脈接近微波的型式，半導體雷射本身已不能用集總電路元件的概念來處理，而必須看成是如**圖 3-6(a)**所示的傳輸線(transmission line)模型。由於半導體雷射的傳輸線損耗非常大，加上微波在此傳輸線中的相速度很小[8]，使得電流從電極上注入的分佈將會極為不均勻，為解決此微波分佈的效應，半導體雷射的共振腔長要短，電極最好能設計成如**圖 3-8(a)**的共平面波導(co-planar waveguide, CPW)結構，並使用如**圖 3-8(b)**的共平面波導探針測試系統，在半導體雷射的共振腔中央下探，以減少因微波分佈效應所造成注入電流分佈不均勻的現象。

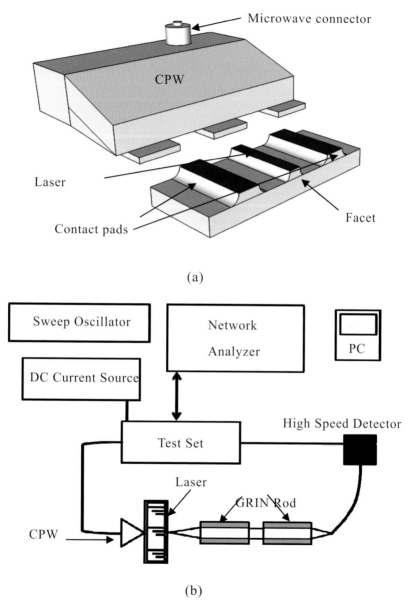

(a)

(b)

圖 3-8 (a) 高速半導體雷射接地-信號-接地的共平面波導結構圖 (b) 以共平面波導探針測試高速半導體雷射示意圖。

(3) 元件產熱效應

　　要獲得高弛豫頻率的其中一個方法是在雷射共振腔中注入高光子密度,若半導體雷射的頻寬不會受限於前面所提到的寄生阻抗的效應,那麼通常就會被限制於在高功率操作下受到產熱過大的影響使得雷射輸出功率發生飽和甚至功率下降而造成的光子密度變低的現象,此現象也一部份貢獻到前一節裡所討論的增益飽和現象,我們在這裡要強調的是如何設計讓產熱能適當的逸散出去,使得雷射輸出功率所受到的影響減到最少。為達到此目的,我們可以將熱的問題區分為雷射的熱阻與產熱,首先是雷射整體結構的熱阻(thermal resistance)要小,這和雷射材料的選擇以及採用的結構有關,例如使用半導體材料的熱阻就比一般的絕緣材料要低,二元化合物的熱導係數通常就會比三元或四元化合物要高,埋藏式異質結構的熱阻就會比簡單脊狀波導的雷射要低,將 p-型脊狀波導封裝在散熱片上也會比將 n-型基板封裝在散熱片上好。接下來是在雷射結構中的產熱要減少,半導體雷射中最主要的兩個產熱區域是主動層與脊狀波導中的高電阻區,若要減少產熱,我們就要減少主動層中的非輻射復合的機率,並將電阻降低以減少 I^2R 的功率消耗,以上這些作法都可以有效降低主動層的溫度,增加雷射的輸出功率,並得以提高雷射的操作頻寬。

(4) 載子傳輸效應

　　到目前為止,我們都忽略了載子的傳輸效應,並假設載子一旦從電極注入就會立刻傳輸到主動層中,然而這樣的假設在具有光學侷限層的量子井雷射中需要修正。這是因為在如圖 3-9 的分開侷限異質接面量子井雷射中,載子從披覆層先注入到光學侷限層中,再從光學侷限層注入量子井,這樣間接注入的過程需要花費時間,使得雷射的調制響應將出現如(3-67)式中的低通轉移函數，此低通轉移函數的特徵時間常數即和載子從光學侷限層注入量子井的時間常數有關，若光學侷限層較厚，此半導體雷射的調制響應會被此低通轉移函數所限制[9]。另一方面，載子不僅會從光學侷限層注入量子井，還有可能會從量子井逃脫到光學侷限層，這樣的載子逃脫現象會等效的降低主動層的微分增益，使得弛豫頻率下降，同時也會等效增加 K 因子，使得阻尼係數增大，而讓雷射的截止頻率降低。

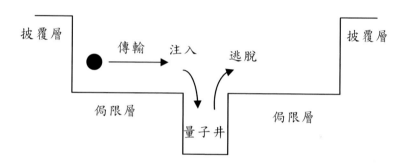

圖 3-9　分開侷限異質結構的量子井雷射中載子注入與逃脫的模型

3.1.4　小信號速率方程式之暫態解

　　在瞭解了(3-9)式與(3-10)式的頻率響應之後，我們接著要看這兩式中小信號載子濃度 n_m 和光子密度 n_{pm} 隨時間的變化狀態。由於我們已解得了小信號載子濃度 n_m 和光子密度 n_{pm} 的頻率響應都和轉移函數 $H(\omega)$ 有關，觀察此轉移函數實為二階齊次線性微分方程式的解，就如同阻尼彈簧振盪系統一般，具有兩個單極(pole)，我們可以將 $H(\omega)$ 表示成：

$$H(\omega) \equiv \frac{\omega_r^2}{-\omega^2 + j\omega\Omega + \omega_r^2} = \frac{\omega_r^2}{(j\omega + p_1)(j\omega + p_2)} \tag{3-69}$$

其中在複數平面上的根 $p_{1,2}$ 為：

$$p_{1,2} = \frac{1}{2}\Omega \pm j\omega_{osc} \qquad (3\text{-}70)$$

$$\omega_{osc} = \omega_r \sqrt{1 - (\frac{\Omega}{2\omega_r})^2} \qquad (3\text{-}71)$$

比較(3-71)式和(3-27)式，我們可得 $\omega_{osc}^2 = \frac{1}{2}(\omega_p^2 + \omega_r^2)$。若轉移到時域，

根據線性系統的特性，$p_{1,2}$ 這兩個根所構成的解會有以下的型式：

$$e^{-\frac{\Omega}{2}t}(C_1 e^{j\omega_{osc}t} + C_2 e^{-j\omega_{osc}t}) \qquad (3\text{-}72)$$

並用初始條件與最終條件來解出所需的常數項。

　　觀察(3-72)式我們可以知道，若系統受到了外加小信號輸入的擾動，不管是**脈衝響應**(impulse response)或是**步階響應**(step response)，小信號的輸出(如光子密度)一開始會以的 ω_{osc} 頻率振盪，最後會逐漸以阻尼常數所規範的時間衰減到穩態值。若 $\Omega/2\omega_r \ll 1$，我們稱此系統為**次阻尼**(under damping)，在此情況下 $\omega_{osc} \to \omega_r$，如**圖 3-10(b)**所示，系統一開始的振盪頻率和頻率相近；若此系統的阻尼常數不存在，表示振盪不會消散而停止，正如**圖 3-10(c)**所示的狀態一般。若 $\Omega/2\omega_r \to 1$，我們稱此系統為**臨界阻尼**(critical damping)，在此情況下 $\omega_{osc} \to 0$，這表示系統回到了如一階微分系統般，只是跟隨著外部輸入信號增長或遞減，並沒有頻率上的信號。若 $\Omega/2\omega_r \gg 1$，我們稱此系統為**過阻尼**(over damping)，在此情況下 $\omega_{osc} \to j\Omega_{osc}$，這表示系統不僅沒有頻率上的信號，跟隨著外部輸入信號增長或遞減的速度也會變慢，如**圖 3-10(a)**所示。一般而言，半導體雷射的操作都是在次阻尼的情況，但是隨著雷射操作功率的增加，阻尼常數的增加會使得雷射系統趨向臨界阻尼的情況，也因此雷射的調制操作會有最大頻寬的限制。

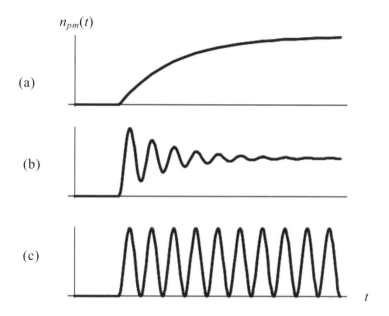

圖 3-10　(a)　$\Omega/2\omega_r \gg 1$ 過阻尼的情況　(b)　$\Omega/2\omega_r \ll 1$ 次阻尼的情況

　　　　(c)　$\Omega = 0$ 無阻尼的情況下光子密度的步階響應

　　若要嚴謹的解出載子濃度 n_m 和光子密度 n_{pm} 隨時間的變化狀態，可以將(3-58)式與(3-59)式視為對 J_m 脈衝響應的傅立葉轉換(或使用 Laplace 轉換)，再乘上 $J_m(t)$ 的傅立葉轉換(Laplace 轉換)，然後使用反傅立葉轉換(反 Laplace 轉換)並使用初始值條件，即可求得 $n_m(t)$ 和 $n_{pm}(t)$ 對 $J_m(t)$ 的響應。

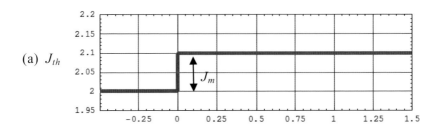

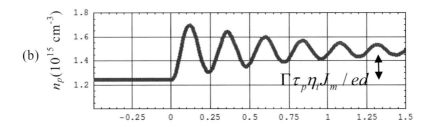

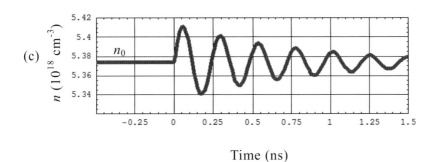

Time (ns)

圖 3-11　(a)電流密度的步階變化 (b) 光子密度的步階響應 (c) 載子
濃度的步階響應

若以 $J_m(t)$ 為的步階輸入函數為例，如圖 **3-11(a)**所示在 $t = 0$ 時，
電流密度提升了 J_m，但是此時載子濃度 n_m 和光子密度 n_{pm} 還來不及反
應，因此初始值為 $n_m = n_{pm} = 0$，因此根據(3-54)式，

$$\frac{d}{dt}\begin{bmatrix} n_m \\ n_{pm} \end{bmatrix} = \begin{bmatrix} -\Omega_{nn} & -\Omega_{np} \\ \Omega_{pn} & -\Omega_{pp} \end{bmatrix}\begin{bmatrix} 0 \\ 0 \end{bmatrix} + \frac{\eta_i}{ed}\begin{bmatrix} J_m \\ 0 \end{bmatrix} = \frac{\eta_i}{ed}\begin{bmatrix} J_m \\ 0 \end{bmatrix} \tag{3-73}$$

由此可知光子密度 n_{pm} 對時間的一次微分也為 0，而載子濃度 n_m 對時間的一次微分正比於 J_m，由(3-58)式使用前述線性系統轉換的方法以及初始條件，並假設增益抑制因子 ε 被很小，我們可以得到：

$$n_m(t) = \frac{\eta_i J_m}{\omega_{\mathrm{osc}} ed} e^{-\frac{1}{2}\Omega t} \sin \omega_{\mathrm{osc}} t \qquad (3\text{-}74)$$

同理，我們可以由(3-59)式得到 n_{pm} 對時間的變化：

$$n_{pm}(t) = \Gamma \tau_p \frac{\eta_i J_m}{ed}(1 - e^{-\frac{1}{2}\Omega t}\cos\omega_{\mathrm{osc}} t - \frac{\Omega}{2\omega_{\mathrm{osc}}}e^{-\frac{1}{2}\Omega t}\sin\omega_{\mathrm{osc}} t) \qquad (3\text{-}75)$$

若在 $\Omega/2\omega_r \ll 1$ 次阻尼的情況，上兩式又可以簡化成：

$$n_m(t) = \frac{\eta_i J_m}{\omega_r ed} e^{-\frac{1}{2}\Omega t} \sin \omega_r t \qquad (3\text{-}76)$$

$$n_{pm}(t) = \Gamma \tau_p \frac{\eta_i J_m}{ed}(1 - e^{-\frac{1}{2}\Omega t}\cos\omega_r t) \qquad (3\text{-}77)$$

　　我們可以看到圖 **3-11(c)** 中載子濃度的步階響應，以 n_0 為平衡點作上下震盪並逐漸衰減，最終又穩定在 n_0；而圖 **3-11(b)** 中光子密度的步階響應，光子密度的振盪較載子濃度的振盪延遲了 $\pi/2$ 的相位，而光子密度最終的大小會平衡在 $\Gamma\tau_p\eta_i J_m/ed$，正比於 J_m 的貢獻。

3.2　大信號響應

　　當外部輸入信號的變化和穩態值相近或甚至大於穩態值時，我們在前一小節所做的小信號近似便不再成立，由於大部分半導體雷射的應用，例如信號調制，其外部輸入信號的變化都相當大，這時候我們就要重新去解(3-1)式與(3-2)式以得到輸出信號的大信號響應，同時(3-1)式與(3-2)式必須包含增益、載子濃度與光子密度從閾值條件以下到閾值條件以上所有的非線性變化。儘管雷射速率方程式沒有解析解，在這一節中我們可以用迭代的數值方法來獲取大信號響應。一開始我們先介紹半導體雷射在啟動時的導通延遲現象。

3.2.1　導通延遲時間

當半導體雷射從閾值條件以下要達到雷射的操作，其主動層中的載子必須要先達到閾值載子濃度才會有雷射光輸出，這段載子累積的時間稱為**導通延遲**(turn-on delay)時間，表示為 τ_d。使用(3-1)式，假設雷射操作在閾值條件以下，我們可以假設 $n_p = 0$，以及假設載子生命期 τ_n 為定值，因此主動層中的載子濃度速率方程式為：

$$\frac{dn}{dt} = \eta_i \frac{J}{ed} - \frac{n}{\tau_n} \tag{3-78}$$

假設電流密度的注入可以表示為：

$$J(t) = J_b + J_p u(t) \tag{3-79}$$

其中 J_b 為電流密度的起始偏壓值，J_p 為電流密度增加的值，$u(t)$ 為步階函數，當 $t < 0$ 時，$u(t) = 0$，當 $t \geq 0$，$u(t) = 1$。當 $t = 0$ 時，電流密度的初始值為：

$$J(0) = J_b = \frac{ed}{\eta_i \tau_n} n_b \tag{3-80}$$

當 $t \geq 0$，$J(t) = J_b + J_p = J$，解(3-78)式可得：

$$n(t) = \frac{\eta_i \tau_n}{ed} J + C_0 e^{-t/\tau_n} \tag{3-81}$$

(3-80)式為邊界條件帶入上式可解得 C_0，

$$C_0 = (J_b - J) \frac{\eta_i \tau_n}{ed} = J_p \frac{\eta_i \tau_n}{ed} \tag{3-82}$$

因此，載子濃度在 $t \geq 0$ 的變化為：

$$n(t) = \frac{\eta_i \tau_n}{ed}(J - J_p e^{-t/\tau_n}) = \frac{\eta_i \tau_n}{ed}J_b + \frac{\eta_i \tau_n}{ed}J_p(1 - e^{-t/\tau_n}) = n_b + n_p(1 - e^{-t/\tau_n}) \quad (3\text{-}83)$$

如**圖 3-12** 所示，主動層中的載子濃度隨著時間演進逐漸累積到 $n_b + n_p$ 的值，載子濃度增加的速度和載子生命期 τ_n 有關，若 τ_n 越小，則載子濃度增加的速度越快。

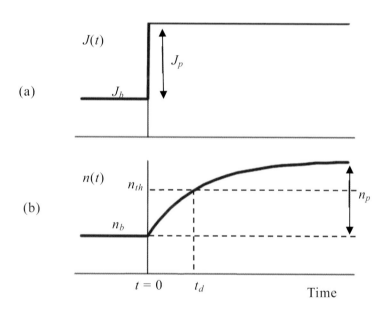

圖 3-12　(a)電流密度的步階變化　(b)載子濃度的步階響應

　　若載子濃度在到達 $n_b + n_p$ 的值之前就先到達了閾值載子濃度 n_{th}，雷射開始操作，大於閾值載子濃度 n_{th} 的部分都會迅速遭遇受激復合放出光子，使得載子濃度不再隨如**圖 3-12(b)**的趨勢增加，而是箝止在

n_{th} 的值，而到達閾值載子濃度 n_{th} 的時間即為雷射的導通延遲時間 τ_d，我們可以由(3-83)式求出 τ_d 為：

$$n(\tau_d) = n_b + n_p(1 - e^{-\tau_d/\tau_n}) = n_{th} \tag{3-84}$$

用電流密度來表示為：

$$J_b + J_p(1 - e^{-\tau_d/\tau_n}) = J_{th} \tag{3-85}$$

因此

$$\tau_d = \tau_n \ln(\frac{J - J_b}{J - J_{th}}) \tag{3-86}$$

我們可以藉由量測在不同電流操作下的 τ_d 值，由(3-86)式將 τ_d 值和 $\ln[(J - J_b)/(J - J_{th})]$ 作圖將可以得到載子生命期 τ_n；若 J_b 趨近於零，式(3-86)可以簡化為：

$$\tau_d = \tau_n \ln(\frac{1}{1 - J_{th}/J}) \tag{3-87}$$

由此可知，若要減少導通延遲時間，電流密度要遠大於閾值電流密度。最後要注意的是如果半導體雷射一開始是偏壓在閾值電流密度以上，就不會出現導通延遲的現象，因為主動層的載子濃度早已箝止在閾值載子濃度，因此雷射在實際的調制應用上，都會避免將雷射偏壓在閾值電流密度以下，以減少因導通延遲現象所引入的信號失真；此外，我們以上為了方便介紹起見使用了線性近似，然而載子生命期 τ_n 會隨著載子濃度的變化而改變，也就是 $\tau_n = (A + Bn + Cn^2)^{-1}$，實際上量測到半導體雷射的 τ_d 值和 $\ln[(J - J_b)/(J - J_{th})]$ 作圖可能會偏離線性的關係！

我們可以將載子生命期和載子濃度得關係式代入(3-78)式可得

$$\frac{1}{\eta_i \dfrac{J}{ed} - (An + Bn^2 + Cn^3)} dn = dt \tag{3-88}$$

若雷射的初始偏壓電流是零，將上式兩邊同時積分可得

$$\tau_d = \int_0^{\tau_d} dt = \int_0^{n_{th}} \frac{1}{\eta_i \dfrac{J}{ed} - (An + Bn^2 + Cn^3)} dn \qquad (3\text{-}89)$$

藉由量測到不同輸入電流下的導通延遲時間，使用上式可以擬合出影響載子生命期的參數。

範例 3-4

假設一半導體雷射一開始偏壓在 $J_b = 0.8 J_{th}$，若雷射在 $t = 0$ 時，輸入電流變為 $1.2 J_{th}$，假設載子生命期 $\tau_n = 2.5$ nsec，試求雷射的導通延遲時間。

解：

從(3-86)式可以求得導通延遲時間為

得知弛豫頻率 $\tau_d = \tau_n \ln(\dfrac{J - J_b}{J - J_{th}}) = 2.5 \ln(\dfrac{0.4 J_{th}}{0.2 J_{th}}) = 1.7\,\mathrm{n\,sec}$

3.2.2 大信號調制之數值解

為了要解半導體雷射的大信號響應，我們先針對單模雷射的速率方程式求解，我們將使用線性增益近似以及考慮到增益抑制因子，而將載子濃度與光子密度對時間的變化方程式如下所列：

$$\frac{dn}{dt} = \eta_i \frac{J}{ed} - \left(\frac{n}{\tau_r} + \frac{n}{\tau_{nr}}\right) - \upsilon_g \frac{a(n-n_{tr})}{1+\varepsilon n_p} n_p \tag{3-90}$$

$$\frac{dn_p}{dt} = \Gamma \upsilon_g \frac{a(n-n_{tr})}{1+\varepsilon n_p} n_p - \frac{n_p}{\tau_p} + \Gamma \beta_{sp} \cdot \frac{n}{\tau_r} \tag{3-91}$$

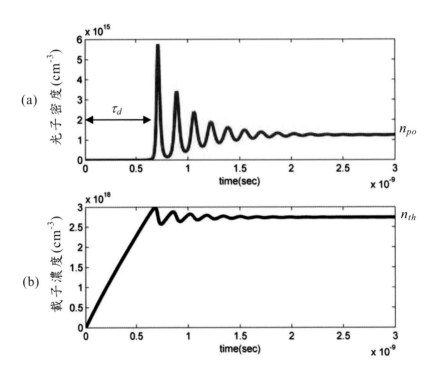

圖 3-13　(a)光子密度的大信號響應　(b)載子濃度的大信號響應

　　接下來要設定雷射的起始條件，也就是載子濃度與光子密度的值，並設定所計算的時間長度，從起始條件開始，每增加一小段的時間 Δt，再計算一次載子濃度與光子密度的值，直到我們設定的時間長度為止，其中迭代演算的數值方法可以用簡單的 Euler 法或是 Runge Kutta 法等都可以用來數值計算(3-90)與(3-91)的耦合常微分方程式。關於 Euler 法或是 Runge Kutta 法的推導，我們不在這裡介紹，有興趣的讀者可以參閱一般的數值方法教科書，或是直接使用套裝的數學軟體，如 Matlab 已經發展出簡單使用的指令(見本章習題)，可以快速套用。

　　圖 **3-13** 為使用 Runge Kutta 法所解的載子濃度與光子密度的大信號響應，其中輸入電流從 $t = 0$ 開始以步階的方式從 0 增加到閾值電流以上，我們可以看到載子濃度即隨之增加，但是此時因為還未達到閾值載子濃度，因此光子密度為 0，直到載子濃度到達閾值載子濃度後，光子密度開始有急速的上升，這段時間差就是前面一小節所介紹的導通延遲時間；在達到閾值條件之後光子密度與載子濃度開始出現弛豫振盪的現象，但是因為系統中具有阻尼的關係，弛豫振盪的現象會逐漸衰減，最後光子密度與載子濃度將會達到穩態值。要注意的是圖 **3-13** 的時間軸都是 nsec，這些動態現象都是在很短的時間內發生的。

　　若半導體雷射不是單模操作，則(3-90)式與(3-91)式就要改寫成：

$$\frac{dn}{dt} = \eta_i \frac{J}{ed} - \left(\frac{n}{\tau_r} + \frac{n}{\tau_{nr}} \right) - \sum_m \upsilon_{gm} \gamma_m n_{pm} \tag{3-92}$$

$$\frac{dn_{pm}}{dt} = \Gamma_m \upsilon_{gm} \gamma_m n_{pm} - \frac{n_{pm}}{\tau_{pm}} + \Gamma_m \beta_{spm} \cdot \frac{n}{\tau_r} \tag{3-93}$$

其中 m 為可容許的雷射模態數，而 γ_m 可以近似成 Lorentzian 的增益譜線，其中增益頻譜的最大值對應到其中一個雷射模態，$2M$ 為此增益頻譜中可容許的雷射模態總數，因此 γ 可以表示為：

$$\gamma(n, n_{pm}, m) = \frac{1}{1 + \Delta m / M^2} \frac{a(n - n_{tr})}{1 + \sum_n \varepsilon_{mn} n_{pn}} \qquad (3\text{-}94)$$

其中 Δm 是表示距中央最大增益的模態數。

　　半導體雷射應用在數位光纖通訊系統中，通常要產生大信號的快速數位脈衝，前面所提到的導通延遲時間以及弛豫振盪都會使得雷射光輸出的數位脈衝變形，而使得位元錯誤率(bit-error-rate)增加，我們通常會使用眼圖(eye diagram)來評估半導體雷射在高速調制的下的表現，由**偽隨機二進位序列產生器**(pseudo-random binary sequence (PRBS) generator)產生出高速信號驅動雷射二極體，然後在示波器中疊加這些信號，如**圖 3-14** 所示，我們可以看到雷射光的信號在時間中**抖動**(jitter)的動態行為，因此影響信號圖形的行為都可以在眼圖中被觀察到，一般我們會定義在特定調制速度下，眼圖中央乾淨的部分開口的大小，以判定其信號是否合乎此調制速度下的傳輸規範。

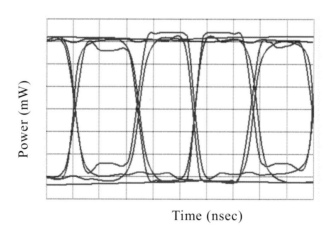

圖 3-14　半導體雷射在直接調制下的眼圖

3.3 線寬增強因子與啁啾

從圖 **3-13** 中可以看到半導體雷射即使操作在閾值條件以上,其載子濃度與光子密度會隨著時間變化,尤其是在直接電流調制的情況下,在產生雷射脈衝的期間,載子濃度會隨之振盪變化,由於主動層中的載子濃度若隨著時間變化時,增益項也會隨之變化,然而根據 Kramers-Kronig 關係式(詳見附錄 A),增益項的改變會造成主動層折射率的改變,這將使得雷射共振腔中的模態頻率產生變化,形成**頻率啁啾**(frequency chirping)的現象,這種現象是存在於半導體雷射中特有的行為,使得在半導體雷射直接調制時,雷射模態的譜線會變寬,若光脈衝在光纖中傳遞時,光脈衝的波形很容易受到扭曲,而升高了位元錯誤率。因此,這一節裡我們要推導出半導體雷射在動態操作下頻率啁啾的現象、介紹**線寬增強因子**(linewidth enhancement factor)以及其在半導體雷射穩態操作時對發光線寬的影響。

3.3.1 頻率啁啾與頻率調制

假設在一單模操作的雷射中,雷射光在共振腔中沿著 z 方向行進,我們可以將雷射光的電場表示為:

$$E(z,t) = E(t)e^{j(kz-\omega t)} \tag{3-95}$$

其中 $E(t)$ 代表了電場對時間變化較緩慢的包絡,而 ω 為雷射光的振盪角頻率,將上式代入波動方程式:

$$\frac{\partial^2 E(z,t)}{\partial z^2} = \frac{1}{c^2}\frac{\partial^2 \varepsilon_r E(z,t)}{\partial t^2} \tag{3-96}$$

其中相對介電常數(relative dielectric constant) $\varepsilon_r = \varepsilon / \varepsilon_0$,我們可以獲得:

$$-k^2 E(t) e^{j(kz-\omega t)} = [-2j\omega \frac{dE(t)}{dt} - \omega^2 E(t) + \frac{d^2 E(t)}{dt^2}] \frac{\varepsilon_r}{c^2} e^{j(kz-\omega t)} \quad (3\text{-}97)$$

其中 $d^2 E(t)/dt^2$ 變化很小可以視作零，因此上式可以整理為：

$$2j\omega \frac{\varepsilon_r}{c^2} \frac{dE(t)}{dt} = -(\frac{\omega^2}{c^2}\varepsilon_r - k^2) E(t) \quad (3\text{-}98)$$

因為相對介電常數的根號即為複數表示的折射率，我們可以表示成：

$$\sqrt{\varepsilon_r} = n_r + jn_i \quad (3\text{-}99)$$

其中折射率實部的部分和傳播常數 k 有關(在許多文獻裡，複數表示的折射率使用 $\tilde{n} = n_r + j\kappa$，本書為了不和傳播常數 k 混淆，使用 n_i 來代表折射率的虛部項)，因此

$$k = \frac{\omega}{c} n_r \quad (3\text{-}100)$$

而折射率虛部的部分和主動層中的淨增益有關，因此

$$\frac{1}{2}(\gamma - \alpha_i) = -\frac{\omega}{c} n_i \quad (3\text{-}101)$$

由於相對介電常數是載子濃度的函數，若是在閾值條件以上的穩定狀況下，由於淨增益為零，即 $\frac{1}{2}(\gamma_{th} - \alpha_i) = \frac{\omega}{c} n_i = 0$，因此：

$$\varepsilon_r(n) = n_r^2 \quad (3\text{-}102)$$

若載子濃度有變化，則相對介電常數也會隨之變動：

$$\varepsilon_r(n + \Delta n) = (n_r + \Delta n_r + j\Delta n_i)^2 \cong n_r^2 + 2jn_r\Delta n_i(1 - i\alpha_e) \quad (3\text{-}103)$$

其中我們定義**線寬增強因子**(linewidth enhancement factor) α_e 為虛部折射率對載子濃度的變化所引起實部折射率對載子濃度變化的比值 [10]：

$$\alpha_e \equiv \frac{\Delta n_r}{\Delta n_i} = \frac{\partial n_r / \partial n}{\partial n_i / \partial n} \quad (3\text{-}104)$$

將(3-103)式代入(3-98)式的等號右邊可得：

$$-(\frac{\omega^2}{c^2}\varepsilon_r - k^2) = -\frac{\omega^2}{c^2}2jn_r\Delta n_i(1-i\alpha_e) \tag{3-105}$$

並將上式除上(3-98)式等號左邊的係數，使用在閾值條件以上時 $\varepsilon_r = (n_r + jn_i)^2 \cong n_r^2$，可得：

$$\frac{-\frac{\omega^2}{c^2}2jn_r\Delta n_i(1-i\alpha_e)}{\frac{2j\omega}{c^2}\varepsilon_r} = -\frac{\omega}{\varepsilon_r}n_r\Delta n_i(1-j\alpha_e) \cong -\frac{\omega}{n_r}\Delta n_i(1-j\alpha_e) \tag{3-106}$$

因此(3-98)式可以簡化成：

$$\frac{dE(t)}{dt} = -\frac{\omega\Delta n_i}{n_r}(1-j\alpha_e)E(t) \tag{3-107}$$

再將(3-101)式代入(3-107)式可得：

$$\frac{dE(t)}{dt} = (\frac{\gamma-\alpha_i}{2})\frac{c}{n_r}(1-j\alpha_e)E(t) = (\frac{\gamma-\alpha_i}{2})\upsilon_g(1-j\alpha_e)E(t) \tag{3-108}$$

若將 $E(t)$ 表示成光強度的根號 $\sqrt{I(t)}$ 乘上一相位變化 $\phi(t)$ 如下：

$$E(t) = \sqrt{I(t)}e^{j\phi(t)} \tag{3-109}$$

代入(3-108)式整裡可得：

$$j\sqrt{I(t)}\frac{d\phi(t)}{dt}e^{j\phi(t)} + \frac{1}{2}\frac{dI(t)}{dt}e^{j\phi(t)}\frac{1}{\sqrt{I(t)}} = (\frac{\gamma-\alpha_i}{2})\upsilon_g(1-j\alpha_e)\sqrt{I(t)}e^{j\phi(t)} \tag{3-110}$$

將上式的實部整理出來：

$$\frac{1}{2}\frac{dI(t)}{dt} = (\frac{\gamma-\alpha_i}{2})\upsilon_g I(t) \tag{3-111}$$

而虛部為：

$$\frac{d\phi(t)}{dt} = -(\frac{\gamma-\alpha_i}{2})\upsilon_g\alpha_e \tag{3-112}$$

比較(3-111)式與(3-112)式可得到相位變化與光場強度變化的關係：

$$\frac{d\phi(t)}{dt} = -\frac{\alpha_e}{2I(t)}\frac{dI(t)}{dt} \tag{3-113}$$

由於 $\phi(t)$ 是額外加入的相位，而此相位對時間的微分就代表了雷射在原本角頻率 ω 上的變化量 $\Delta\omega$，因此：

$$-2\pi\Delta\nu = -\Delta\omega = \frac{d\phi(t)}{dt} = -\frac{\alpha_e}{2I(t)}\frac{dI(t)}{dt} \tag{3-114}$$

表示雷射原本的振盪頻率會受到光場強度的變化而改變，這種振盪頻率隨時間變化的現象，被稱之為**頻率啁啾**(frequency chirping)，而此改變的量和線寬增強因子成正比。

由於光場強度和光子數目成正比，因此比較(3-114)式和(3-91)式可以得到：

$$\Delta\nu = \frac{1}{4\pi}\alpha_e[\Gamma\upsilon_g\frac{a(n-n_{tr})}{1+\varepsilon n_p} - \frac{1}{\tau_p} + \Gamma\beta_{sp}\cdot\frac{n}{\tau_r n_p}] \tag{3-115}$$

我們可以使用前一節介紹的 Runge Kutta 方法計算出頻率飄移的動態變化。**圖 3-16(a)** 為輸入的電流調制訊號，此信號為 $m=2$ 的 super Gaussian 型式的電流脈衝，表示為：

$$I_m(t) = e^{-\frac{1}{2}(\frac{2t}{T_0})^{2m}} \tag{3-116}$$

其中 T_0 為脈衝的寬度大小，我們可以看到**圖 3-15(b)** 中光子密度隨之變化的情形，在脈衝的開頭和結尾的部分有**過衝**(overshooting)的現象。

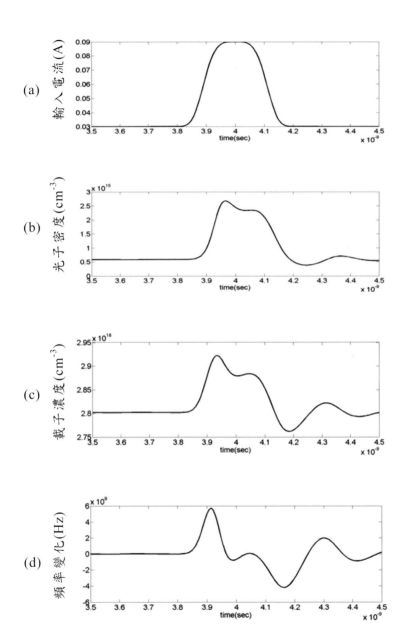

圖 3-15　半導體雷射在直接調制下(a)輸入電流脈衝(b)光子密度(c)載
子濃度(d)頻率變化情形

此外我們也可以看到**圖 3-15(c)**中載子濃度在閾值載子濃度上下變動的現象，而這些情形導致了如**圖 3-15(d)**中頻率變化的啁啾行為，**圖 3-15(d)**中在脈衝的開頭頻率先增加了約 6GHz，隨後回復到原本的頻率，然後又在脈衝的結尾時降低了約 5GHz，之後再逐漸振盪回復到原本的頻率。在光脈衝中，若頻率變化是先增加後減少的狀況，被稱之為**負啁啾** (negative chirping)；反之則被稱為**正啁啾** (positive chirping)。

一般半導體雷射的線寬增強因子 α_e 的大小約為 4 到 6，正的線寬增強因子將會產生負啁啾的光脈衝，線寬增強因子越大啁啾的情況就會越嚴重，若此光脈衝在光纖中傳播，光纖中的色散作用若是導致短波長的光群速度較高時，此光脈衝的領先部分就會越走越快，導致光脈衝的波形越來越寬，峰值強度就會越來越弱，而嚴重扭曲了原本的光脈衝信號！因此，為了解決啁啾的問題，在高速調制的系統中，通常會採用**外部調制**(external modulation)的方法，也就是讓半導體雷射操作在穩定輸出的狀態下，再經由一個外部的高速開關來調制信號；另一方面，若要改善半導體雷射在**直接調制**(direct modulation)下啁啾的問題，就必須要減少半導體雷射的線寬增強因子。若結合(3-101)式與(3-104)式，我們可以得到：

$$\alpha_e = \frac{\partial n_r / \partial n}{\partial n_i / \partial n} = -\frac{4\pi}{\lambda}\frac{\partial n_r / \partial n}{\partial \gamma / \partial n} \tag{3-117}$$

上式中的分母是微分增益，提升微分增益可以改善半導體雷射直接調制所產生的啁啾問題，一般而言，可以透過增加主動層中量子井數目、材料形變(strain)的大小、或是採用量子點的主動層，都有提升微分增益的效果。

我們再回頭討論頻率啁啾在小信號響應近似下的行為，(3-114)式重寫成：

$$\Delta\nu(t) = \frac{\alpha_e}{4\pi n_{p0}} \frac{dn_p(t)}{dt} \tag{3-118}$$

其中光子密度和光強度成正比，且 n_{p0} 遠大於 dn_p。若頻率變化的部分與光子密度變化的部分為以 ω 振盪的弦波函數：

$$\Delta\nu(t) = \Delta\nu(\omega)e^{j\omega t} \tag{3-119}$$

$$n_p(t) = n_{p0} + \Delta n_p(\omega)e^{j\omega t} \tag{3-120}$$

代入(3-118)式可得

$$\frac{\Delta\nu(\omega)}{\nu} = j\frac{\alpha_e}{2}\frac{\Delta n_p(\omega)}{n_{p0}} \tag{3-121}$$

因此小信號頻率變化的響應 $\Delta\nu(\omega)$ 和光子密度小信號響應有關；其中定義 $\Delta n_p(\omega)/n_{p0} \equiv M_I$ 為**強度調制指數**(intensity modulation index, M_I)，而 $\Delta\nu(\omega)/\nu \equiv M_F$ 為**頻率調制指數**(frequency modulation index, M_F)，因此頻率調制指數和強度調制指數的比值正好是線寬增強因子 α_e 的一半：

$$\left|\frac{M_F}{M_I}\right| = \frac{\alpha_e}{2} \tag{3-122}$$

若是小信號輸入的振幅越大，雷射發光的線寬也會越寬，並且還和線寬增強因子成正比。最後，我們可以由(3-20)式代入(3-121)式得到小信號頻率變化的響應 $\Delta\nu(\omega)$：

$$\Delta\nu(\omega) = \frac{\alpha_e}{4\pi}\upsilon_g\frac{\partial\gamma}{\partial n}[\eta_i\frac{J_m(\omega)}{ed}]\frac{j\omega}{-\omega^2 + j\omega\Omega + \omega_r^2} \tag{3-123}$$

小信號雷射譜線變化的頻率響應同樣在弛豫頻率 ω_r 時會有最大的響應。

3.3.2　半導體雷射之發光線寬

　　從前面的例子中，可以知道線寬增強因子會讓半導體雷射在動態操作時譜線變寬，接下來我們要討論的是半導體雷射在穩態操作下的發光線寬。

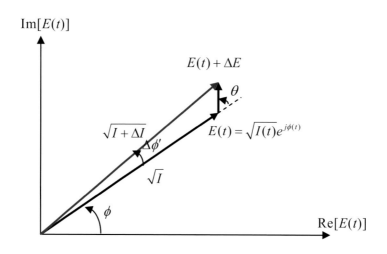

圖 3-16　雷射共振腔中電場在相量圖中的表示

　　同樣的，假設在一單模操作的雷射中，雷射光在共振腔中沿著 z 方向行進，我們可以將雷射光的電場表示為：

$$E(z,t) = E(t)e^{j(kz-\omega t)} \tag{3-124}$$

其中 $E(t)$ 代表了電場對時間變化較緩慢的包絡，可表示為

$$E(t) = \sqrt{I(t)}e^{j\phi(t)} \tag{3-125}$$

ω 為雷射光的振盪角頻率，$I(t)$ 是指光場強度和光子數目成正比，我們可以將其正規化並使其代表雷射共振腔內的平均光子數目，而 $\phi(t)$ 是指此電場包絡的相位，我們可以用相量圖(phasor plot)來表示此電場如圖 **3-16** 所示，$E(t)$ 以 ω 的角頻率在旋轉。假設有一隨機的自發輻射 ΔE

改變了原本 E 的狀態到 $E+\Delta E$，其中

$$\Delta E = e^{j(\phi+\theta)} \tag{3-126}$$

　　為方便起見，ΔE 的大小被正規化為 1。因此電場的相位被改變了 $\Delta\phi$，而影響 $\Delta\phi$ 的因素有兩個，表示成

$$\Delta\phi = \Delta\phi' + \Delta\phi'' \tag{3-127}$$

　　第一個影響 $\Delta\phi$ 的因素是由於自發輻射 ΔE 的加入使得電場相位隨之改變的部分 $\Delta\phi'$，這項自發輻射的因素會對所有種類的雷射產生影響，由圖 **3-16** 可知

$$\Delta\phi' \cong \frac{\sin\theta}{\sqrt{I}} \tag{3-128}$$

　　而第二個影響 $\Delta\phi$ 的因素是光場強度的改變(ΔI)使得相位發生改變 $\Delta\phi''$，這項因素特別會對半導體雷射產生影響，因為增益和折射率都會受到載子濃度與光場強度變化的影響，因此我們可以使用(3-113)式得到：

$$\Delta\phi'' = \frac{\alpha_e}{2I}\Delta I \tag{3-129}$$

在這裡我們忽略(3-113)式中的負號只取其變化量的大小，又由圖 **3-16** 可知 $\Delta I = 1 + 2\sqrt{I}\cos\theta$，因此相位改變量 $\Delta\phi$ 可表示為：

$$\Delta\phi = \Delta\phi' + \Delta\phi'' = \frac{\alpha_e}{2I} + \frac{1}{\sqrt{I}}(\sin\theta + \alpha_e\cos\theta) \tag{3-130}$$

　　(3-130)式只是一個自發輻射所造成的相位改變量，若將上式在時間 t 之內對所有的自發輻射積分並取平均值，我們可以得到平均的總相位變化量：

$$\langle\Delta\phi\rangle_T = R_{sp}\cdot t\cdot\frac{1}{2\pi}\int[\frac{\alpha_e}{2I} + \frac{1}{\sqrt{I}}(\sin\theta + \alpha_e\cos\theta)]d\theta = \frac{\alpha_e}{2I}\cdot R_{sp}\cdot t \tag{3-131}$$

其中 R_{sp} 為貢獻到雷射模態的自發輻射速率(因此我們略掉自發放射因

子 β)。同理：

$$
\begin{aligned}
\left\langle \Delta\phi^2 \right\rangle_T &= R_{sp} \cdot |t| \cdot \frac{1}{2\pi} \int [\frac{\alpha_e}{2I} + \frac{1}{\sqrt{I}} (\sin\theta + \alpha_e \cos\theta)]^2 \, d\theta \\
&= (\frac{\alpha_e^2}{4I^2} + \frac{1+\alpha_e^2}{2I}) \cdot R_{sp} \cdot |t| \cong \frac{1+\alpha_e^2}{2I} \cdot R_{sp} \cdot |t|
\end{aligned}
\tag{3-132}
$$

上式中因為 I 代表雷射共振腔中眾多的光子數目，因此 $\alpha_e^2 / 4I^2$ 趨近於零。

接下來要計算雷射發光的強度頻譜以獲取半導體雷射之發光線寬，我們可以將電場相關函數作傅立葉轉換來計算強度頻譜：

$$
W(\omega) = \int_{-\infty}^{\infty} \left\langle E^*(t)E(0) \right\rangle e^{j\omega t} dt
\tag{3-133}
$$

若換成光強度，則上式變為：

$$
W(\omega) = \int_{-\infty}^{\infty} \left\langle \sqrt{I(t)}e^{-j\phi(t)} \sqrt{I(0)}e^{j\phi(0)} \right\rangle e^{j\omega t} dt \cong I(0) \int_{-\infty}^{\infty} \left\langle e^{-j\Delta\phi(t)} \right\rangle e^{j\omega t} dt \tag{3-134}
$$

因為自發輻射的事件是隨機發生的，我們可以假設相位變化的機率 $P(\Delta\phi)$ 是 Gaussian 形式的機率分佈函數，因此：

$$
\left\langle e^{-j\Delta\phi(t)} \right\rangle = \int_{-\infty}^{\infty} P(\Delta\phi)e^{-j\Delta\phi} d\Delta\phi = e^{-\left\langle \Delta\phi^2 \right\rangle / 2}
\tag{3-135}
$$

若定義同調(coherent)時間 t_c 為

$$
\frac{1}{t_c} \equiv \frac{1+\alpha_e^2}{4I} R_{sp}
\tag{3-136}
$$

將上式和(3-132)式比較可知：

$$
\frac{\left\langle \Delta\phi^2 \right\rangle}{2} = \frac{|t|}{t_c}
\tag{3-137}
$$

因此，(3-134)式可表示為

$$W(\omega) = I(0)\int_{-\infty}^{\infty} e^{-\langle\Delta\phi^2\rangle/2} e^{j\omega t}dt = I(0)\int_{-\infty}^{\infty} e^{-\frac{|t|}{t_c}} e^{j\omega t}dt \cong I(0)\frac{2t_c}{1+\omega^2 t_c^2} \quad (3\text{-}138)$$

上式為 Lorentzain 函數的型式，其半高寬或線寬為：

$$\Delta\omega = \frac{2}{t_c} = \frac{1+\alpha_e^2}{2I}R_{sp} \quad\quad (3\text{-}139)$$

或是

$$\Delta\nu = \frac{R_{sp}}{4\pi I}(1+\alpha_e^2) \quad\quad (3\text{-}140)$$

其中 $R_{sp}/4\pi I$ 為一般雷射線寬的量子極限，被稱為 **Schawlow-Townes 線寬**，而在半導體雷射中線寬增強因子使得原本雷射線寬以平方的倍數來增加線寬，這也是 α_e 這個參數的名稱緣由。

3.4　相對強度雜訊

　　從前面一小節對半導體雷射線寬的討論可以知道，即使半導體雷射操作在穩態的狀況下，還是會有因為自發輻射所引起的相位的雜訊，除此之外，雷射操作的雜訊來源很多，例如雷射共振腔中的載子和光子產生和復合的事件是不斷地發生，而這些瞬間的變化會使得半導體雷射的載子、光子與相位彼此互相影響並產生雜訊。因此，我們可以使用 Langevin 雜訊源於載子與光子的速率方程式中，這些 Langevin 雜訊可以視為在時域上亂數隨機產生的擾動，為 AC 型態的函數，相對的，在頻域中 Langevin 雜訊源為極寬頻的**白雜訊**(white noise)，也就是其強度平均分佈到所有頻率上。若雷射處於穩態狀態，這些由載子的 Langevin 雜訊 $F_n(t)$ 與光子的 Langevin 雜訊 $F_p(t)$ 將會驅動小信號的變化，因此我們可以改寫(3-48)式與(3-49)式的小信號模型並去除外部輸入電流的調制項：

$$\frac{dn_m}{dt} = -(\frac{1}{\tau_{\Delta n}} + \frac{\upsilon_g a n_{p0}}{1+\varepsilon n_{p0}})n_m - (\upsilon_g \gamma - \upsilon_g \frac{\varepsilon n_{p0}}{1+\varepsilon n_{p0}}\gamma)n_{pm} + F_n(t) \quad (3\text{-}141)$$

$$\frac{dn_{pm}}{dt} = (\Gamma \upsilon_g a \frac{n_{p0}}{1+\varepsilon n_{p0}})n_m - (\Gamma \upsilon_g \frac{\varepsilon n_{p0}}{1+\varepsilon n_{p0}}\gamma)n_{pm} + F_p(t) \quad (3\text{-}142)$$

若使用(3-50)式到(3-53)式的定義，可以將上兩式寫成矩陣形式：

$$\frac{d}{dt}\begin{bmatrix} n_m \\ n_{pm} \end{bmatrix} = \begin{bmatrix} -\Omega_{nn} & -\Omega_{np} \\ \Omega_{pn} & -\Omega_{pp} \end{bmatrix}\begin{bmatrix} n_m \\ n_{pm} \end{bmatrix} + \begin{bmatrix} F_n(t) \\ F_p(t) \end{bmatrix} \quad (3\text{-}143)$$

轉換到頻域中，可以得到：

$$\begin{bmatrix} \Omega_{nn} + j\omega & \Omega_{np} \\ -\Omega_{pn} & \Omega_{pp} + j\omega \end{bmatrix}\begin{bmatrix} n_m(\omega) \\ n_{pm}(\omega) \end{bmatrix} = \begin{bmatrix} F_n(\omega) \\ F_p(\omega) \end{bmatrix} \quad (3\text{-}144)$$

由此可以解得 n_m 與 n_{pm}：

$$n_m(\omega) = \frac{H(\omega)}{\omega_r^2}[(\Omega_{pp} + j\omega)F_n(\omega) - \Omega_{np}F_p(\omega)] \quad (3\text{-}145)$$

$$n_{pm}(\omega) = \frac{H(\omega)}{\omega_r^2}[(\Omega_{nn} + j\omega)F_p(\omega) + \Omega_{pn}F_n(\omega)] \quad (3\text{-}146)$$

其中 ω_r 為前面所定義的弛豫頻率，$H(\omega)$同(3-23)式。由於載子變化與光子變化的**頻譜密度**(spectral density)可以表示成：

$$S_n(\omega) = \frac{1}{2\pi}\int \langle n_m(\omega)n_m(\omega')^* \rangle d\omega' \quad (3\text{-}147)$$

$$S_p(\omega) = \frac{1}{2\pi}\int \langle n_{pm}(\omega)n_{pm}(\omega')^* \rangle d\omega' \quad (3\text{-}148)$$

上兩式中的<>括號表示對時間平均，因此將(3-145)式與(3-146)式分別代入(3-147)式與(3-148)式，我們可以得到共振腔中載子濃度與光子密度變化的小信號頻譜密度：

$$S_n(\omega) = \frac{|H(\omega)|^2}{\omega_r^4} [\Omega_{np}^2 < F_p F_p > -2\Omega_{pp} \Omega_{np} < F_p F_n > +(\Omega_{pp}^2 + \omega^2) < F_n F_n >] \quad (3\text{-}149)$$

$$S_p(\omega) = \frac{|H(\omega)|^2}{\omega_r^4} [(\Omega_{nn}^2 + \omega^2) < F_p F_p > +2\Omega_{nn} \Omega_{pn} < F_p F_n > +\Omega_{pn}^2 < F_n F_n >] \quad (3\text{-}150)$$

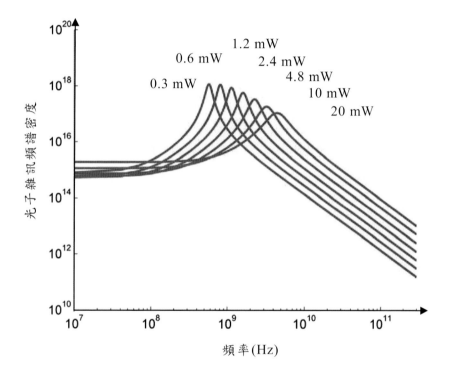

圖 3-17　不同輸出功率下光子密度之雜訊頻譜密度

這些頻譜密度的單位皆為(變化量單位)^2/(頻率 Hz)。由於雜訊的頻譜密度$<F_i F_j>$在頻域中平均分佈，假設光子總數大於 1，這些載子與光子之間的雜訊關聯強度可以估計為[2]：

$$< F_p F_p > = 2\Gamma \beta_{sp} R_{sp} n_p \quad (3\text{-}151)$$

$$< F_n F_n > = 2\beta_{sp} R_{sp} n_p / \Gamma - g n_p / V_a + \eta_i (I + I_{th}) / e V_a^2 \quad (3\text{-}152)$$

$$< F_p F_n >= -2\beta_{sp} R_{sp} n_p + g n_p / V_p \tag{3-153}$$

其中 V_a 為主動層的體積、V_p 為光學共振腔的體積，因此 $V_a / V_p \equiv \Gamma$，g = $\upsilon_g \gamma$，這些雜訊基本上都是來自載子與光子中因隨機產生或復合所造成的**散粒雜訊**(shot noise)。觀察(3-149)式與(3-150)式可知，載子濃度與光子密度的雜訊頻譜密度和 $[a + b\omega^2]|H(\omega)|^2$ 有關，其中 a 和 b 不含頻率項，其頻譜密度會有一峰值位於弛豫頻率處，如**圖 3-17** 所示，我們在前面已經推導出弛豫頻率的大小和輸出功率有關，因此可以看到峰值的頻率位置會隨著輸出功率成根號比例變化。

儘管我們已經推導出雷射共振腔中光子密度的雜訊頻譜密度，對於雷射光輸出功率的雜訊頻譜密度並不是如(1-57)式中光子密度乘上 $V_p \upsilon_g \alpha_m h\nu$ 即可，因為共振腔中光子在通過有限反射率的鏡面時會受到隨機的過程，使得光輸出功率的小信號變化率 $\delta P(t)$ 也要加上 Langevin 雜訊的 AC 變化源，假設光子總數大於 1，由此可以推導出輸出功率的雜訊頻譜密度如下[2]：

$$S_{\delta p}(\omega) = h\nu P_o [\frac{a + b \cdot \omega^2}{\omega_r^4} |H(\omega)|^2 + 1] \tag{3-154}$$

其中

$$a = \frac{8\pi P_o}{h\nu} \Delta\nu \frac{1}{\tau_{\Delta n}^2} + \frac{\alpha_m}{\alpha_i + \alpha_m} \omega_r^4 [\frac{I + I_{th}}{I - I_{th}} - 1] \tag{3-155}$$

$$b = \frac{8\pi P_o}{h\nu} \Delta\nu + \frac{2\alpha_m}{\alpha_i + \alpha_m} \omega_r^2 \frac{\Gamma(\partial\gamma / \partial n_p)}{a} \tag{3-156}$$

而 $\Delta\nu$ 為前一小節介紹的 Schawlow-Townes 線寬。

一般而言要偵測光功率的強度與變化，必須要將光子轉換成電子，再偵測電信號的大小與變化，因此通常會使用 P_o^2 和 $<\delta P(t)^2>$ 來表示光信號和雜訊的強度。而光輸出功率的小信號變化率 $\delta P(t)$ 和輸出功率的雜訊頻譜密度的關係可以近似為：

$$< \delta P(t)^2 >= S_{\delta P}(\omega) \cdot 2\Delta f \qquad (3\text{-}157)$$

其中 Δf 為量測設備的頻寬,因此我們可以定義**相對強度雜訊**(relative intensity noise, RIN)為:

$$\text{RIN} \equiv \frac{< \delta P(t)^2 >}{P_o^2} \cdot \frac{1}{\Delta f} = \frac{2 S_{\delta P}(\omega)}{P_o^2} \qquad (3\text{-}158)$$

通常 RIN 會以 dB/Hz 來表示。因此將(3-154)式代入(3-158)式可得:

$$\text{RIN} = \frac{2hv}{P_o} [\frac{a + b \cdot \omega^2}{\omega_r^4} |H(\omega)|^2 + 1] \qquad (3\text{-}159)$$

其中 a 和 b 常數如(3-155)式與(3-156)式之定義。

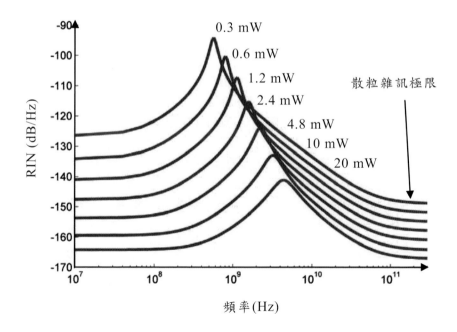

圖 3-18 不同輸出功率下半導體雷射之 RIN 頻譜

　　圖 **3-18** 為半導體雷射在不同輸出功率下的 RIN 頻譜圖，我們首先看到 RIN 頻譜中的峰值位置為弛豫頻率，同樣的峰值的頻率位置會隨著輸出功率成根號比例變化。當 $\omega = \omega_r$ 時，(3-159)式可以近似成：

$$\text{RIN} = \frac{16\pi}{\Omega^2}\Delta\nu \qquad\qquad (3\text{-}160)$$

由於阻尼系數 Ω 大約和輸出功率 P_o 成正比，因此當輸出功率增加時，RIN 會以 $1/P_o^3$ 的比例減少。

　　RIN 會在弛豫頻率達到最大值，在超過弛豫頻率的高頻部分，雜訊會逐漸達到散粒雜訊的量子極限。另一方面，在未達到弛豫頻率的低頻部分，當輸出功率很低時，雜訊會被雷射其他雜訊所主導；然而當雷射功率變大時，雷射雜訊又會逐漸達到散粒雜訊的量子極限。

範例 3-5

在數位光纖通訊中，若要達到位元錯誤率(Bit error rate, BER)<10^{-9}，也就是每 10^9 個位元中，因雜訊等原因使得訊號辨識錯誤的機率要小於 1，要達到這種條件，通常其訊雜比 $\dfrac{P_o^2}{<\delta P(t)^2>} > 11.89^2$，(a)假設此數位光纖通訊系統操作速度為 2 GBits/s(1 GHz)，試求此系統所要求的 RIN。(b)若一單模半導體雷射在輸出功率 1 mW 時的雷射線寬 $\Delta\nu$ 為 1 MHz，阻尼係數 $\Omega = 3\times10^9/\sec$，試求此雷射是否能達到如(a)所要求的 RIN。

解：

(a) 從(3-158)式 RIN 的定義可知

$$\text{RIN} \equiv \frac{<\delta P(t)^2>}{P_o^2}\cdot\frac{1}{\Delta f} = 10\log_{10}(11.89^{-2}\cdot\frac{1}{10^9}) = -111.5\text{dB/Hz}$$

(b) 從(3-160)式可知，在弛豫頻率處 RIN 達到峰值，其值為：

$$\text{RIN} = \frac{16\pi}{\Omega^2}\Delta\nu = 10\log_{10}[\frac{16\pi}{(3\times10^9)^2}10^6] = -112.5\text{dB/Hz}$$

此值小於(a)中所要求的 RIN 水準，而頻率小於弛豫頻率的 RIN 將更小，所以此雷射的雜訊水準將可以達到此數位光纖通訊系統的要求。

本章習題

1. 試從(3-24)式推導出(3-25)式與(3-26)式。

2. 試推導並說明(3-61)式成立。

3. 試推導並說明(3-64)式成立。

4. 試證明最大的截止頻率符合(3-65)式的條件並推導出截止頻率為 (3-66)式。

5. 試證明截止頻率在超過最大值後最後會穩定在 $\pi\sqrt{2}/K$。

6. 下圖為 1.55 um 多重量子井 DFB 雷射的阻尼常數對弛豫頻率的關係圖，其中 N_w 代表量子井的數目，試求不同 N_w 時的 K 參數，並計算對應的最大截止頻率以及微分載子生命期。

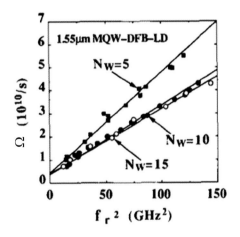

7. 試由(3-58)式與(3-59)式推導出(3-74)式與(3-75)式。

8. 試以範例 3-3 的參數，使用 Runge-Kutta 的數值方法，畫出如圖 3-13 中光子密度與載子濃度對時間變化圖，假設電流從 $t = 0$ 開始由零步階增加到三倍閾值電流。(提示：參考使用 Matlab 的 ODE45 函數)

9. 試繪出小信號雷射光譜頻變化 $\Delta\nu(\omega)$ 的頻率響應圖。

10. 試推導(3-135)式。

11. 試推導 Schawlow-Townes 線寬：

(a) 假設在雷射共振腔中，先不考慮增益和自發放射，光子在此冷 共振腔(cold cavity)中的光子生命期為 τ_p，假設光子密度為 n_p，則光子總數隨時間衰減可以如下表示：

$$n_p(t) = n_{p0}e^{-t/\tau_p} \tag{3-161}$$

則對應的電場可以表示成

$$E(t) = E_0 e^{j\omega_0 t} e^{-t/2\tau_p} u(t) \tag{3-162}$$

其中 $u(t)$表示步階函數。試證明

$$\left|E(\omega)\right|^2 = \frac{\left|E(\omega_0)\right|^2}{1 + (\omega - \omega_0)^2 (2\tau_p)^2} \tag{3-163}$$

以及其頻譜於 ω_0 的線寬為$\Delta\omega = 1/\tau_p$。

(b) 現將增益和自發放射考慮進雷射共振腔中，此時光子生命期修 正為$1/\tau'_p = 1/\tau_p - \Gamma g$，利用(1-63)式證明 Schawlow-Townes 線 寬為：

$$\Delta\nu = \frac{1}{2\pi\tau'_p} = \frac{\Gamma\beta_{sp}R_{sp}}{2\pi n_p} \tag{3-164}$$

並和(3-140)式比較其差異。

12. 試推導(3-149)式與(3-150)式。

參考資料

[1] 盧廷昌、王興宗，*半導體雷射導論*，五南出版社，2008

[2] L. A. Coldren, and S. W. Corzine, *Diode Lasers and Photonic Integrated Circuits*, John Wiley & Sons, Inc., 1995

[3] S. L. Chuang, *Physics of Optoelectronics Devices*, Wiley, 1995

[4] G. P. Agrawal, and N. K. Dutta, *Semiconductor Lasers*, 2nd Ed., Van Nostrand Reinhold, 1993

[5] G. H. B. Thompson, *Physics of Semiconductor Laser Devices*, John Wiley & Sons, 1980

[6] J. T. Verdeyen, *Laser Electronics*, 3rd Ed., Prentice-Hall, 1995

[7] S. A Gurevich, *High Speed Diode Lasers*, World Scientific Publishing Co., 1998

[8] R. Nagarajan, T. Fukushima, J. E. Bowers, R. S. Geels and L. A. Coldren, "Single quantum well strained InGaAs/GaAs lasers with large modulation bandwidth and low damping," Electron. Lett. V27, p1058, 1991

[9] R. Nagarajan, T. Fukushima, M. Ishikawa, J. E. Bowers, R. S. Geels and L. A. Coldren, "Transport limits in high speed quantum well lasers: Experiment and theory," IEEE Photon. Tech. Lett., V4, p121, 1992

[10] C. H. Henry, "Theory of the linewidth of semiconductor lasers," IEEE J. Quantum Electron, V. QE-18, p259, 1982.

4

第四章

垂直共振腔面射型雷射

　　本章主要於介紹垂直共振腔面射型雷射 (vertical-cavity surface-emitting laser, VCSEL)的原理、設計、結構與發展現況，其中包含面射型雷射中重要的高反射率反射鏡 DBR(distributed Bragg reflector)的設計與適當的材料選擇，此外對於垂直共振腔面射型雷射的設計概念與不同波長的面射型雷射發展亦會在本章中作詳細探討。由於垂直共振腔面射型雷射具有低閾值電流、高調變速度、容易製作二維雷射陣列、低雷射發散角與對稱圓形雷射光束等優點，非常適合作為光纖通訊與其他應用的光源。目前紅外光波長 850 nm、980 nm 面射型雷射已發展相當成熟，而 1.3 μm 與 1.55 μm 面射型雷射已有商品化的出現，然而往短波長的藍光、紫光和紫外光氮化鎵面射型雷射發展相對緩慢，其中關鍵的原因亦會在本章中作詳細的說明。

4.1　垂直共振腔面射型雷射的發展

　　相較於傳統邊射型半導體雷射的發展，垂直共振腔面射型雷射 (Vertical-Cavity Surface-Emitting Lasers、以下簡稱 VCSEL)的設計概念直到 1979 年首先被 Iga 等人提出[1]。而 Soda 等人則在同年利用發光在 1300 nm 波段的 InGaAsP-InP 材料實際製作出第一個低溫且脈衝操作的 VCSEL。其後隨著半導體材料**布拉格反射鏡**(Distributed Bragg reflector、以下簡稱 DBR)的使用與改善，Ogura 和 Wang 等人在 1987 年首次成功製作出室溫操作的 GaAs VCSEL[2]，隨後 Lee 等人在 1989 年改善 DBR 的反射率到達約 99.9%而成功製作出低閾值電流密度(J_{th} ~ 1.8 KA/cm^2)的 VCSEL[3]。半導體材料的 DBR 是用兩種不同折射率的材料交互堆疊而成，其介面上能隙的不連續往往會造成電阻過大的情形發生，Geels 等人在 DBR 介面上使用超晶格的方式減少能帶不連續而降低操作電壓以及閾值電流密度到 0.6 kA/cm^2 [4]。接下來，

VCSEL 在電流與光學侷限的結構上持續改善，其中**氧化侷限** (oxide-confined)VCSEL[5]，使得閾值電流密度與操作特性更進一步獲得優化，VCSEL 的總功率轉換效率可以達到 57%以上[6-7]。現今，VCSEL 已成為 Gigabit 乙太網路的主要光源，VCSEL 的調變速度可以到達 25 Gb/s 以上[8]，此外許多不同發光波長的 VCSEL 已實際商品化，雷射滑鼠也是目前 VCSEL 的應用之一。另外，多波長 VCSEL 陣列或元件也可以應用到**分波多工**(wavelength division multiplexing, WDM) 通訊系統上，例如使用 MBE 成長特性製作出的二維多波長陣列[9]，或是使用**微機電**(MEMS)的方式來製作波長可調式的 VCSEL[10-13]都已有相當不錯的成果。

　　從元件結構的差異上比較，傳統的邊射型雷射和垂直共振腔面射型雷射結構如**圖 2-1** 所示，由於傳統的邊射型雷射其橫面方向上光學侷限機制在垂直與平行異質接面方向上不同，故雷射光的遠場發散角為橢圓型，造成與光纖耦合的困難，相關邊射型雷射的二維橫模介紹已在第二章詳細討論。相反地，VCSEL 在橫面方向上對光學的侷限較小且成對稱結構，因此具有低發散角的圓型雷射光點的特性，為光纖通訊的理想光源，除此之外，製作 VCSEL 的過程中，不需要用劈裂的方式來製作雷射共振腔，因此可以直接在未切過的晶圓上測試，具有提高製作元件的產量與降低製作成本的優點，而 VCSEL 的雷射反射鏡直接由磊晶成長時製作，不像傳統邊射型雷射需要後續的晶片劈裂與側向的鍍膜，在製作上需要花費更高的時間與成本。

　　我們將**圖 2-1(b)**的 VCSEL 結構簡化如**圖 4-1** 所示，R_1 和 R_2 分別為上下 DBR 的反射率，若不考慮**穿透深度**(penetration depth)的效應，則 VCSEL 的共振腔長 L 包括了 P, N 披覆層以及主動層厚度 d，若主動層的吸收為 α_a，披覆層中的吸收為 α_c，由來回振盪模型中需保持一致性的原則，我們可以得到：

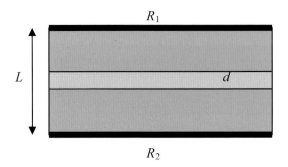

$$R_1$$

$$L \qquad d$$

$$R_2$$

圖 4-1　簡化 VCSEL 共振腔示意圖

$$2\gamma_{th}d = 2\alpha_a d + 2\alpha_c(L-d) + \ln\frac{1}{R_1 R_2} \qquad (4\text{-}1)$$

整理上式可得 VCSEL 的閾值增益為：

$$\gamma_{th} = \alpha_a + \alpha_c(\frac{L-d}{d}) + \frac{1}{2d}\ln\frac{1}{R_1 R_2} \qquad (4\text{-}2)$$

　　由於雷射光為上下來回振盪，雷射光在水平方向的強度分佈會和主動層完全重疊，因此在(4-2)式的左邊不需要再乘上光學侷限因子 Γ，因為水平方向的 $\Gamma \cong 1$。一般使用量子井或多重量子井的 VCSEL，其主動層的厚度若為 $d = 50$ nm，其共振腔長約 500 nm，若 $\alpha_a = \alpha_c = 10$ cm^{-1}，$R_1 = R_2 = R$，則閾值增益為

$$\gamma_{th} = 10 \times \frac{500}{50} + \frac{1}{2 \times 50 \times 10^{-7}}\ln\frac{1}{R^2}$$

$$= 100 + 2 \times 10^5 \ln\frac{1}{R} \text{ (cm}^{-1})$$

　　由於鏡面損耗的前置系數就高達 2×10^5，因此反射率 R 需要趨近於 1 才能使鏡面損耗該項降下來，對一般 GaAs 的 VCSEL，即使其材料增益係數達到 2000 cm^{-1}，DBR 的反射率也必須要大於 99% 才能達

到閾值增益。和邊射型雷射相比，VCSEL 的雷射光經過主動層的長度太短，需要高的反射率讓雷射光能夠盡量停留在共振腔內以達到閾值條件。

範例 4-1

若一 VCSEL 的 $\gamma_{th} = 1000 \text{ cm}^{-1}$，主動層厚度 $d = 2$ μm，共振腔長度為 5 μm，$\alpha_i = \alpha_c = \alpha_a = 20 \text{ cm}^{-1}$，試求所需的 DBR 反射率。

解：

(a) 由(4-2)式：

$$1000 = 20 + 20(\frac{5-2}{2}) + \frac{1}{2 \times 2 \times 10^{-4}} \ln \frac{1}{R^2}$$

$$R = 83\%$$

(b) 若 γ_{th} 降為 500 cm^{-1}，則

$$500 = 20 + 20(\frac{5-2}{2}) + \frac{1}{2 \times 2 \times 10^{-4}} \times \ln \frac{1}{R^2}$$

$$R = 97\%$$

(c) 若主動層的折射率 3.6，披覆層的折射率為 3.3，雷射波長為 0.9 μm，不考慮色散效應則此 VCSEL 的縱模模距為：

$$\Delta\lambda = \frac{\lambda^2}{2\left[n_{ra}d + n_{rc}(L-d)\right]}$$

$$= \frac{0.9^2}{2\left[3.6 \times 2 + 3.3 \times (5-2)\right]}$$

$$\cong 23.7 \text{ nm}$$

　　由於一般的 VCSEL 共振腔長度約為 1 μm，因此縱模模距會比範例 4-1 所計算的值再大五倍以上，而半導體主動層的增益頻寬多在數十奈米以內，在此增益頻寬中僅會有一個縱模位於其中，因此 VCSEL 特別容易達到單一縱模輸出的特性。然而這種短共振腔的特點也讓 VCSEL 結構在設計時需特別注意。由上面的討論可知，VCSEL 中的一個重要結構-布拉格反射鏡(DBR)對雷射的操作有決定性的影響，以下我們將介紹 DBR 的基本原理以及應用到 VCSEL 中的考量。

4.2　布拉格反射鏡

　　早期 VCSEL 的發展是利用高反射率的金屬作為雷射的反射鏡，例如金薄膜受到了高吸收係數的侷限其最高反射率約在 98%左右，因此在雷射功率與閾值電流表現上不甚理想，對於 VCSEL 而言，另一種形式的反射鏡更為理想，即為利用多層膜結構所構成的 DBR，Ogura 等人在 1987 年首次利用 DBR 結構成功製作出 GaAs VCSEL [2]，因此一個正確與適當的 DBR 設計對於 VCSEL 而言甚為重要。DBR 主要由兩種不同的材料所組成，這兩種材料必須具備一定的折射率差異與約 **1/4 光學波長厚度**(optical wavelength thickness)，這裡所謂的光學波長厚度 d 是指光波在真空中的波長(λ)除上在介質中於該波長時的折射率 $n_r(\lambda)$。最常見的 DBR 是用氧化物等介電材料製成，介電質材料已被大量使用在各種光學鍍膜的應用中，雖然利用介電質材料可以提供較大的折射率差異，但是介電質材料不導電且熱導性差，大大限制了雷射元件的操作，因此為了減化 VCSEL 的製作過程並達到具導電性 DBR 的優點，大部份 VCSEL 仍是利用半導體材料來製作 DBR。

　　由於利用半導體製作 DBR 所採用的兩組半導體材料，相對而言具有較小的折射率差異，因此需要較多層的結構以達到較高的反射率。

由磊晶的觀點而言，GaAs 材料的晶格常數與 AlAs 十分接近，因此 AlGaAs 材料系統被廣泛的應用於製作 DBR。此外值得注意的是，用於製作 DBR 所選用的材料對於元件所發出的雷射光波長必須是透明不可吸光的，否則將會造成雷射閾值電流的增加與雷射輸出功率的下降。

4.2.1 傳遞矩陣

為了計算 DBR 的反射率與反射頻譜，可以使用**傳遞矩陣法**(transfer matrix method)來計算光學多層膜結構的問題[14]，這裡要注意的是我們在第二章就已經介紹過傳遞矩陣法，只不過這裡要處理的問題稍有不同；因為這裡要處理的光行進方向與介面垂直，因此邊界條件不同，但是數學矩陣的概念卻是一致的。如**圖 4-2** 所示的多層膜結構共 N 層往 x 方向延伸，折射率與厚度分別為 $n_1, n_2, \cdots, n_N$ 與 $h_1, h_2, \cdots, h_N$，假設一個 TE 極化的入射光平面波可表示為

$$\bar{E}_i = \hat{y}E_0 e^{jk_{0x}x + jk_{0z}z} \tag{4-3}$$

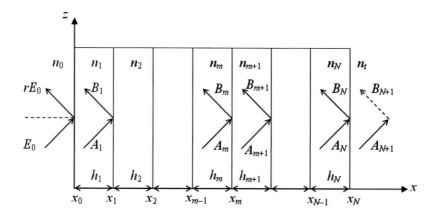

圖 4-2 TE 極化的平面波入射於多層材料分佈示意圖

而反射光可表示為

$$\vec{E}_r = \hat{y} r E_0 \mathrm{e}^{-jk_{0x}x + jk_{0z}z} \tag{4-4}$$

在第 m 層中 $x_{m-1} \le x \le x_m$，其電場與磁場可分別表示為 $\vec{E}_m = \hat{y} E_y^m$ 與

$\vec{H}_m = \hat{z} H_z^m$：

$$E_y^m = \left(A_m \mathrm{e}^{jk_{mx}(x-x_m)} + B_m e^{-jk_{mx}(x-x_m)} \right) e^{jk_{mz}z} \tag{4-5}$$

$$H_z^m = \frac{k_{mx}}{\omega\mu_0} \left(A_m e^{jk_{mx}(x-x_m)} - B_m e^{-jk_{mx}(x-x_m)} \right) e^{jk_{mz}z} \tag{4-6}$$

其中假設 z 方向上沒有結構上的變化，因此 $k_{mz} = k_{0z}$，而在 x 方向上：

$$k_{mx} = \frac{2\pi\, n_m}{\lambda} \cos\theta + j\alpha_m \tag{4-7}$$

α_m 為第 m 層中的散射與吸收損失。利用在 x_m 的邊界條件，我們可以

得到

$$\begin{bmatrix} A_m \\ B_m \end{bmatrix} = M_{m(m+1)} \begin{bmatrix} A_{m+1} \\ B_{m+1} \end{bmatrix} \tag{4-8}$$

其中

$$M_{m(m+1)} = \frac{1}{2} \begin{bmatrix} (1 + P_{m(m+1)})\mathrm{e}^{-jk_{(m+1)x}h_{m+1}} & (1 - P_{m(m+1)})\mathrm{e}^{jk_{(m+1)x}h_{m+1}} \\ (1 - P_{m(m+1)})\mathrm{e}^{-jk_{(m+1)x}h_{m+1}} & (1 + P_{m(m+1)})\mathrm{e}^{jk_{(m+1)x}h_{m+1}} \end{bmatrix} \tag{4-9}$$

我們定義 $h_{m+1} = x_{m+1} - x_m$

$$P_{m(m+1)} = \frac{k_{(m+1)x}}{k_{mx}} \tag{4-10}$$

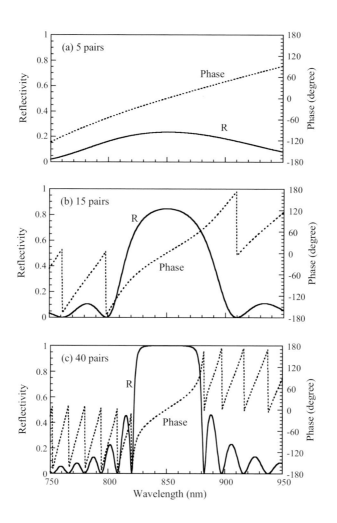

圖 4-3 設計在 850 nm 波長之(a)5 對、(b)15 對與(c)40 對
$Al_{0.15}Ga_{0.85}As/Al_{0.9}Ga_{0.1}As$ DBR 之反射頻譜與相位變化圖。

入射光與反射光的振幅可由矩陣方式連結

$$\begin{bmatrix} E_0 \\ rE_0 \end{bmatrix} = M_{01} M_{12} M_{23} \cdots M_{N(N+1)} \begin{bmatrix} A_{N+1} \\ B_{N+1} \end{bmatrix}$$

$$= \begin{bmatrix} m_{11} & m_{12} \\ m_{21} & m_{22} \end{bmatrix} \begin{bmatrix} tE_0 \\ 0 \end{bmatrix} \tag{4-11}$$

其中由於 $N+1$ 區沒有入射光如**圖 4-2** 所示，故 $B_{N+1} = 0$。因此光學多層膜材料的反射係數可表示為

$$r = \frac{m_{21}}{m_{11}}. \tag{4-12}$$

另一方面，光學多層多層膜材料的穿透係數可表示為

$$t = \frac{1}{m_{11}} \tag{4-13}$$

因此，多層膜材料的總反射率可表示為

$$R = |r|^2 \tag{4-14}$$

　　圖 4-3 為利用傳遞矩陣法計算 5 對、15 對與 40 對 $\mathrm{Al_{0.15}Ga_{0.85}As/Al_{0.9}Ga_{0.1}As}$ DBR 之反射頻譜圖。此組 DBR 材料被廣泛應用於 850 nm 之 VCSEL。由**圖 4-3** 可以發現，當 DBR 的對數增加時，反射率亦隨之提高，因此要達到高反射率的 DBR，其 DBR 的對數要提高，然而反射頻譜的**禁止帶**(stopband)寬度將隨著 DBR 對數的增加而下降。這裡所謂的禁止帶是指反射率高的波段。DBR 反射率與禁止帶的大小與兩種材料的折射率差異成正向的比例關係，而兩種材料的折射率差異對 DBR 的反射率也有正向的比例關係，如**表 4-1** 列出了不同 DBR 材料的折射率差(針對 1550 nm，Δn 是指折射率差，而 n_0 為平均折射率)與製作高反射率所需的對數與對應的穿透深度，因此為了能夠使 DBR 達到較高的反射率和較大的禁止帶，選擇 DBR 的兩種材

料應在不吸光的情況下盡量增加兩種材料的折射率差值。

表 4-1 不同 DBR 材料的折射率差(針對 1550 nm)與製作高反射率所需
的對數與對應的穿透深度表

DBR 材料	$\Delta n/n_o$	R>99.9%所需對數	穿透深度 (L_{pen})
InP/Air	1.038	4	0.11 μm
TiO_2/SiO_2	0.509	7	0.14 μm
GaAs/AlAs	0.153	27	0.79 μm
AlGaAsSb/AlAsSb	0.149	28	0.87 μm
InGaAlAs/InP	0.102	41	1.26 μm
InGaAlAs/InAlAs	0.090	47	1.45 μm
InGaAsP/InP	0.082	51	1.59 μm

　　圖 4-4(a)為 40 對 $Al_{0.15}Ga_{0.85}As$/$Al_{0.9}Ga_{0.1}As$ DBR 在入射角度為 0
度與 10 度時的反射頻譜圖。圖中可以發現當入射角度由 0 度增加為
10 度時，反射頻譜將會出現藍移的現象。由於 DBR 亦被廣泛應用於
共振腔式的發光二極體(Resonant cavity light emitting diode、簡稱
RCLED)，因此對於特定波長在不同入射角度時的反射率亦十分重要。
圖 4-4(b)為 5 對、15 對與 40 對 $Al_{0.15}Ga_{0.85}As$/$Al_{0.9}Ga_{0.1}As$ DBR 反射率
隨著入射角度變化的關係。圖中可以發現，當 DBR 對數增加時，高
反射率角度範圍將縮小。

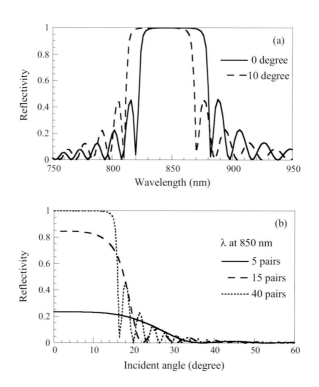

圖 4-4　(a)入射角度分別為 0 度與 10 度時之 40 對 $Al_{0.15}Ga_{0.85}As/$
$Al_{0.9}Ga_{0.1}As$ DBR 反射頻譜。(b)波長設計在 850 nm 之 5 對、15 對與
40 對之 $Al_{0.15}Ga_{0.85}As/Al_{0.9}Ga_{0.1}As$ DBR 反射率隨入射角度變化之關
係。

4.2.2　穿透深度

　　當入射光入射 DBR 時，DBR 的多層介面會出現反射光，這些經過多次的反射光最後再加總一起成為 DBR 的總反射光，因此入射光會有部份穿透入 DBR 中然後再反射出來，因此入射光和反射光在 DBR 的入射面會產生相位差，這種反射鏡和一般固定相位的金屬反射鏡不同，因為對金屬反射鏡而言，因為電場的穿透深度非常短，因此我們可以將反射和入射的位置視為在同一處。假設 DBR 的對數非常多，且所設計的 DBR 單層的光學厚度和入射光的波長相同時(符合 Bragg 條件)，其反射光的相位不會受到改變；然而當入射光波長偏離 DBR 單層的光學厚度而在所設計的 DBR 波長附近時，其反射光的相位將線性地隨著入射光的波長而變化。因此，我們可以將 DBR 近似成一個固定相位的金屬反射鏡，並且位於 DBR 表面內部深度為 L_{pen} 的距離[15]，如圖 **4-5(a)** 所示，而 DBR 的反射系數可以表示為

$$r_{DBR} \approx |r_{DBR}| e^{-j2(\beta - \beta_0) L_{pen}} \tag{4-15}$$

其中 $\beta_0 = 2\pi/\lambda_0$ 為符合 Bragg 條件的傳播常數，而 λ_0 為所設計的 DBR 中心波長，$\beta = 2\pi/\lambda$ 為入射光在入射端的傳播常數，由上式可知若入射光的波長符合 Bragg 波長時，反射的相位等於零。若我們將(4-15)式的相位變化項對 β 微分，可以求得**穿透深度**(penetration depth)：

$$L_{pen} = -\frac{1}{2}\frac{d\phi}{d\beta} \tag{4-16}$$

　　若 DBR 為四分之一波長的結構厚度所組成，其穿透深度可以近似表示為

$$L_{pen} = \frac{L_1 + L_2}{4r}\tanh(2mr) \tag{4-17}$$

其中 L_1 與 L_2 分別為一對 DBR 各層的厚度，r 為只有一對 DBR 並在正向入射時的反射係數：

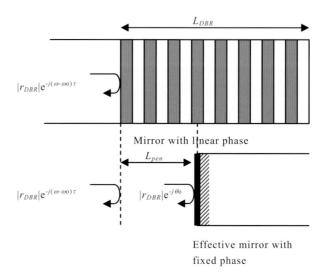

(a)

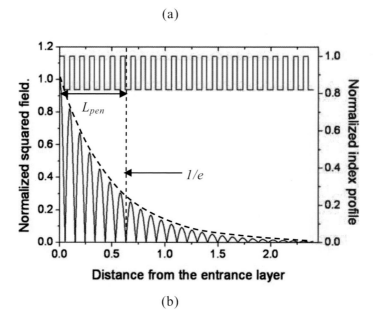

(b)

圖 4-5　(a)穿透深度示意圖。(b) DBR 折射率分佈與電場平方分佈圖

$$r = \frac{n_H - n_L}{n_H + n_L} \qquad (4\text{-}18)$$

其中 n_H 與 n_L 分別表示的 DBR 材料的高折射率與低折射率、m 為 DBR 的對數。當 DBR 對數趨近於無限大時，穿透深度可進一步近似表示為

$$L_{pen} \approx \frac{L_1 + L_2}{4r} \qquad (4\text{-}19)$$

由此可知，折射率差異越大，其穿透深度越短，同時從前小節可以知道，折射率差異越大，DBR 的反射率越高，禁止帶越大。**圖 4-5(b)** 為利用傳遞矩陣法計算入射波穿透進 DBR 之結果，其中穿透深度大約為電場平方的強度降為入射介面時的 $1/e$ 的深度。

由於從**圖 4-3** 可以看到反射係數的相位對波長(或頻率)的變化，由於相位對頻率的微分代表反射光進入到 DBR 中再反彈出來的延遲時間(delay time)：

$$\tau_{delay} = -\frac{d\phi}{d\omega} \qquad (4\text{-}20)$$

我們可以利用上式計算出**圖 4-3** 中在不同波長(或頻率)的延遲時間，由圖中可知在禁止帶中接近中心波長的附近，相位對波長(或頻率)的變化接近線性，因此延遲時間為定值，若知道入射端的反射率，我們可以利用延遲時間來計算穿透深度為：

$$L_{pen} = \frac{1}{2}\frac{c \cdot \tau_{delay}}{n_r} \qquad (4\text{-}21)$$

其中分母的 2 表示延遲時間包含了光來回傳播的次數。

在 VCSEL 的 DBR 設計中，通常會要求短穿透深度的設計，因為長穿透深度的 DBR 會等效地使雷射共振腔加長，讓雷射在縱方向上的光偏限因子下降；同時，因為 DBR 中仍然會有光學損耗產生，其

中包括自由載子吸收、異質介面的散射等，若穿透深度越長，光學損耗就會越大，這些因素都會造成 VCSEL 的閾值條件上升，操作電流增大的不良影響。

4.2.3　布拉格反射鏡結構設計

　　進一步考量到 DBR 的設計時，雖然界面平整的異質結構可以提供較大而明顯的折射率差異以達到較高的 DBR 反射率，然而這樣的設計同時也將造成界面處產生明顯的能隙差異，進而阻礙電流在半導體 DBR 中的傳導，這將容易導致 VCSEL 的串聯電阻增加[16]。此外，由於 p 型半導體的電洞具有較大的有效質量(effective mass)，因此在 p 型半導體的 DBR 更加需要考慮串聯電阻的問題。雖然 DBR 的串聯電阻可以藉由增加摻雜濃度來降低，但是較高的摻雜濃度亦會導致垂直共振的雷射光在 DBR 中傳遞時光被吸收，造成雷射的閾值電流增加。因此，在 DBR 的界面處利用化合物含量的漸變方式或是使用能隙差異較小的材料都能有效降低串聯電阻的產生[17-18]。另一方面，在 DBR 光學駐波(standing wave)的節點處提高摻雜濃度亦是一種可以同時降低串聯電阻與減少光學吸收的有效方法[19]。

　　圖 4-6 表示典型的量子井 VCSEL 結構導電帶能量變化與光學共振光強度的關係圖，圖中深灰色的部份代表光學共振光節點處增加摻雜濃度的位置。雖然在 VCSEL 的製作上考慮這些設計的技巧是相當複雜的過程，尤其在磊晶的過程中，晶體成長速度必須要控制得很好，分子束磊晶(MBE)系統能夠達到非常好的晶體厚度控制能力，但是分子束磊晶系統的特性不適合成長成分漸變的化合物材料，為了達到降低介面能帶不連續的情況，分子束磊晶系統採用週期漸變的**超晶格**(superlattice)的方式同樣可以達到降低串聯電阻的效果；另一方面，金屬有機化學氣相沉積系統(MOCVD)則可以輕易的達成成長成分漸變

的化合物材料，為了達到好的晶體厚度控制能力，通常要在反應器中加裝光學即時監控系統，關於以上這兩種磊晶系統，我們會在後面的章節中再作詳細的討論。值得一提的是，一個高串聯電阻的 VCSEL在連續操作時將會產生大量的熱，在這樣的情況下，將造成主動層中量子井的增益頻譜往長波長移動，並且快於共振腔模態的隨著熱而紅移的速度。這兩項頻譜上的不匹配將導致雷射輸出功率特性的下降，此項特性將在下面的章節中作更詳細的討論。

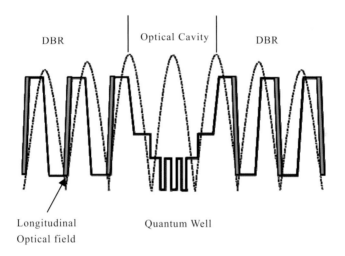

圖 4-6　典型的量子井 VCSEL 結構導電帶能量變化與光學共振光強度的關係圖，圖中兩側 DBR 中的深灰色部份代表光學共振光節點處增加摻雜濃度的位置。

4.3 垂直共振腔面射型雷射之特性

4.3.1 閾值條件

　　由於雷射光在 DBR 中具有部分穿透的效應，VCSEL 共振腔的長度就必須考慮到穿透深度，因此推導 VCSEL 的閾值條件就不能僅使用成長結構中的共振腔為整體 VCSEL 的雷射共振腔長度。如圖 **4-7(a)** 的 VCSEL 結構包含了左右兩邊的 DBR 以及中央的共振腔和主動層。

　　中央的共振腔和主動層的厚度分別為 L 與 d_a，而雷射光場在左右兩邊 DBR 的部分逐漸衰減，我們可以定義其穿透深度分別為 $L_{eff,L}$ 與 $L_{eff,R}$，表示這些逐漸衰減的雷射光場強度可以改用一個固定雷射光場強度的區域來替代，如圖 **4-7(b)** 所示，此時 VCSEL 的結構簡化為兩面固定反射率的反射鏡，其反射率分別為 R_1 和 R_2，共振腔的長度為

$$L_{eff} = L + L_{eff,L} + L_{eff,R} \tag{4-22}$$

而共振腔中只有兩個區域，一是主動層，一是披覆層的區域。儘管共振腔的有效長度變大了，但是本質上 VCSEL 共振腔的有效長度還是在數個光學波長厚度的範圍內，如圖 **4-7(b)** 中的電場平方分佈圖，屬於短共振腔的雷射。

　　假設雷射共振腔的方向是往 z 方向，因此 VCSEL 的閾值條件可表示為：

$$\Gamma_{xy}\xi L_{eff}\gamma_{th} = \Gamma_{xy}\xi L_{eff}\alpha_a + <\alpha_i>(L_{eff} - d_a) + \frac{1}{2}\ln\frac{1}{R_1 R_2} \tag{4-23}$$

其中 Γ_{xy} 代表雷射光在 x-y 水平方向的模態和主動區域之間的重疊比例，也就是在 x-y 水平方向的光學侷限因子，而 ξ 代表雷射光在 z 垂直方向的模態和主動區域之間的重疊比例，也就是在 z 垂直方向的光學侷限因子。

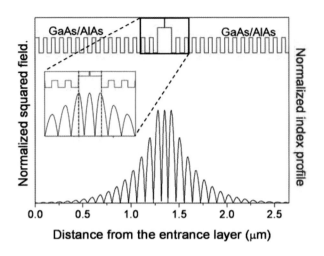

(a)

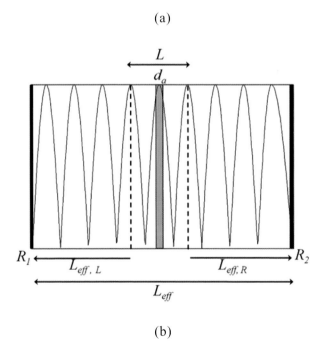

(b)

圖 4-7 (a)典型的 VCSEL 結構之電場平方與折射率分佈圖(b)等效
VCSEL 的電場平方分佈圖。

ξ 可以表示成：

$$\xi = \frac{\int_{d_a} |E(z)|^2 \, dz}{\int_{L_{eff}} |E(z)|^2 \, dz} \tag{4-24}$$

而 α_a 為主動層中的吸收系數，$<\alpha_i>$ 代表在主動層外的平均光學損耗。定義增益增強因子(gain enhancement factor)為：

$$\Gamma_r = \xi \frac{L_{eff}}{d_a} \tag{4-25}$$

則式(4-23)可以整理為：

$$\gamma_{th} = \alpha_a + \frac{1}{\Gamma_{xy}\Gamma_r d_a} <\alpha_i> (L_{eff} - d_a) + \frac{1}{2\Gamma_{xy}\Gamma_r d_a} \ln \frac{1}{R_1 R_2} \tag{4-26}$$

在等效共振腔中的電場可以表示為 $E(z) = E_0 \cos(z \cdot 2n_r \pi / \lambda)$，而等效共振腔中的長度為 $L_{eff} = m\lambda / (2n_r)$，若主動層的中點和電場平方的峰值重合，由(4-24)式可以得到：

$$\Gamma_r = \xi \cdot \frac{L_{eff}}{d_a} = \frac{\int_{-d_a/2}^{d_a/2} \cos^2(\frac{2n_r\pi}{\lambda}z)dz}{\int_{-L_{eff}/2}^{L_{eff}/2} \cos^2(\frac{2n_r\pi}{\lambda}z)dz} \cdot \frac{L_{eff}}{d_a} = 1 + \frac{\sin(\frac{2n_r\pi}{\lambda}d_a)}{\frac{2n_r\pi}{\lambda}d_a} \tag{4-27}$$

由上式可知，增益增強因子 Γ_r 的值在 0 到 2 之間。對 VCSEL 的結構而言，(4-26)式中的 Γ_{xy} 接近於 1，若 d_a 很大則 Γ_r 的值趨近於 1，(4-26)式和一般邊射型雷射的閾值條件表示式相近，只是主動層的長度和共振腔長度不一致；若 d_a 很小則 Γ_r 的值趨近於 2，表示主動層的增益被放大了兩倍之多，這樣的增益放大效應是短共振腔所具備的特性之一！

若等效共振腔中的電場和主動層的中點存在 z_s 的差異，我們可以將電場表示為 $E(z) = E_0 \cos[(z - z_s) \cdot 2n_r \pi / \lambda]$，則計算增益增強因子修正為：

$$\Gamma_r = \xi \cdot \frac{L_{eff}}{d_a} = 1 + \cos(\frac{2n_r\pi}{\lambda} \cdot 2z_s) \frac{\sin(\frac{2n_r\pi}{\lambda} d_a)}{\frac{2n_r\pi}{\lambda} d_a} \tag{4-28}$$

若主動層位於電場平方的谷底，則 $z_s = \lambda / 4n_r$，而 $\cos(2n_r\pi / \lambda \cdot 2z_s) = -1$，則增益增強因子趨近於零，VCSEL 的閾值增益會變得非常大！因此在設計與成長 VCSEL 的主動層時，厚度的控制非常重要；儘管將主動層變薄能使增益增強因子變大，但是主動層變薄的代價還是閾值增益的提升，若將主動層分為好幾個分別置放到電場平方的峰值區域，如圖 **4-8** 所示，可以同時達到主動層的總厚度不變，但是增益增強因子可以趨近於 2 的效果，這種設計稱為**週期性增益結構**(periodic gain structure)，可以有效降低 VCSEL 的閾值電流與提高輸出功率[20]！

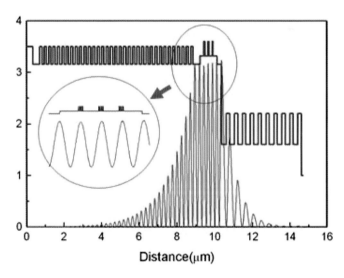

圖 4-8　週期性增益結構電場平方與折射率分佈圖。

4.3.2　溫度效應

　　VCSEL 相較於傳統的邊射型雷射而言，另一項重要的區分在於 VCSEL 具有很短的雷射共振腔。如**圖 4-9(a)**結構所示，一般的邊射型雷射由於具有較長的共振腔，因此**模距**(mode spacing = $c/2n_rL$)非常小，這也導致雷射波長總是落在增益頻譜的峰值上，當元件溫度隨著注入電流增加而升高時，雷射波長亦會隨著增益頻譜的移動而往長波長紅移，使得雷射的波長對於元件溫度的變化相當敏感。然而對於 VCSEL 而言，其雷射共振腔的光學長度大約為雷射發光波長之數量級，因此共振腔中所容許的光學縱向模態間隔增加，有機會讓增益頻譜中只有一個縱向的光學模態存在，如**圖 4-9(b)**所示。在此情形下，雖然主動區的增益頻譜會隨著元件溫度的增加而改變，但是雷射模態卻是被增益頻譜所涵蓋的共振腔模態所決定。因此 VCSEL 的雷射波長就不容易隨著元件溫度的改變而產生變化，此為 VCSEL 作為光纖通訊光源的一項重要特性之一。

　　VCSEL 由於具有非常短的雷射共振腔，因此本質上有許多特性與邊射型雷射完全不同。由上面的介紹我們知道 VCSEL 通常只會有一個共振腔模態落於主動區的增益頻譜中。因此當共振腔模態所對應的波長與增益頻譜峰值所對應的波長存在差異時，便會影響 VCSEL 的特性[21]。**圖 4-10(a)**表示 VCSEL 共振腔模態波長與增益頻譜之間的相對關係[22]，由圖中的關係可以推論，當共振腔模態波長落於增益頻譜的峰值時，雷射會具有最小的閾值電流值；反之，雷射的閾值電流值就會增加。

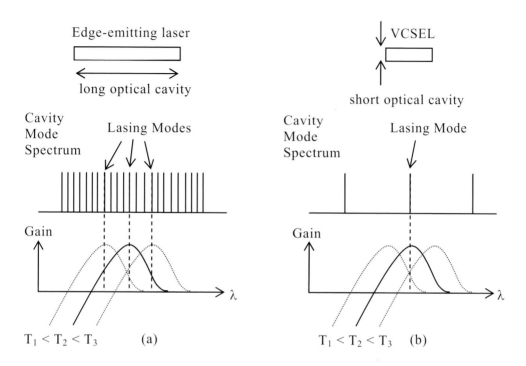

圖 4-9　(a)邊射型雷射之縱模分佈與增益頻譜隨溫度變化的相對關係。
(b)面射型雷射之縱模分佈與增益頻譜隨溫度變化的相對關係。

　　對於一個 Fabry-Perot 光學共振腔而言，共振腔所能容許的共振波長與共振腔的長度直接相關，**圖 4-10(b)**表示一個經過特殊設計使晶片表面具有不同共振腔厚度的 VCSEL 雷射，而當點測晶片上不同位置時所得到的雷射閾值電流關係圖。由於主動區量子井的增益頻譜並不會隨著晶片上的不同位置改變，因此雷射閾值電流會隨著晶片上的不同位置而改變必然是由不同共振腔厚度所造成，這是由於晶片上不同位置改變了共振腔模態波長與增益頻譜峰值之間的相對關係。

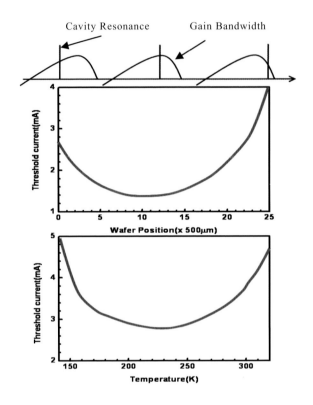

圖 4-10　(a) VCSEL 共振腔模態波長與增益頻譜之間的相對關係。(b)
經過特殊設計使晶片表面具有不同共振腔厚度的 VCSEL 雷射，而當
點測晶片上不同位置時所得到的雷射閾值電流關係圖。(c)利用共振腔
模態波長與增益頻譜的差異設計出在特定的溫度範圍下，雷射的閾值
電流隨著溫度的變化幾乎是無相關性的 VCSEL。

　　對於實際的應用而言，一般 VCSEL 在電激發操作下，元件的溫度
亦會逐漸升高，當溫度升高時會導致共振腔模態波長與增益頻譜都往
長波長移動，然而其移動的機制與幅度並不相同。共振腔模態波長的
紅移主要是由於溫度升高引起半導體材料的折射率改變；而增益頻譜

的紅移主要是由於溫度增加造成半導體能隙變小所導致。一般溫度增加造成的共振腔模態波長紅移大約為 0.8 Å/°C；而增益頻譜的紅移大約為 3.3 Å/°C [23]。因此，利用這種波長紅移的不一致性，加上適當的共振腔模態波長與增益頻譜的差異，實驗上確實可以設計出在特定的溫度範圍下，雷射的閾值電流隨著溫度的變化幾乎是無相關性的 VCSEL，如圖 **4-10(c)**所示。而在實際的應用中，VCSEL 操作環境的溫度較高，因此主動層的增益頻譜峰值的波長通常要較共振腔光學模態的波長要短，以弭補增益頻譜峰值波長隨著熱效應所增加的波長，而達到最佳的雷射輸出特性。

4.3.3　微共振腔效應

由於 VCSEL 共振腔的體積非常小，可以稱之為**微共振腔** (micro-cavity)，因為要達到閾值條件 VCSEL 必須擁有非常高反射率的反射鏡。在這樣的條件下，在共振腔中光子的模態體積不僅小，還被侷限的很好，在這樣的微共振腔中，光子和主動層中的載子會產生非常強的交互作用，形成所謂的微共振腔效應。

一開始，我們先探討自發放射因子 β_{sp} 的意義與在微共振腔中的影響。如圖 **4-11** 所示，在主動層中所放出的光子可分為自發放射的光子和受激放射的光子，其中受激放射的光子即為可用的雷射光，而自發放射的光子其頻率分布很廣，發射的方向為整個 4π 的立體角。但有一小部分的自發放射的光子和受激放射的光子為相同模態，具有一致的頻率、相位和方向，可以貢獻到雷射發光上，這個比率我們定義為自發放射因子。因此我們可以定義：

$$\beta_{sp} = \frac{W^{cav}}{W^{free}+W^{cav}} = \frac{耦合到特定雷射模態的自發放射}{所有自發放射} \tag{4-29}$$

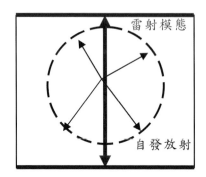

圖 4-11　自發放射耦合到特定雷射模態示意圖

其中 W^{cav} 和 W^{free} 分別代表自發放射到雷射模態的速率與自發放射到自由空間的速率。

假設自發放射的放射頻譜為 Lorentzian 形式，其單位體積下發射到共振腔中某一特定的雷射模態(也就是特定 ω_0)的速率為：

$$r_{sp}(\omega) = r_{sp0} \frac{(\Delta\omega_{sp}/2)^2}{(\omega-\omega_0)^2 + (\Delta\omega_{sp}/2)^2} = W^{cav} \tag{4-30}$$

其中 r_{spo} 為在中心頻率 ω_0 時的放射率，$\Delta\omega_{sp}$ 為自發放射頻譜的線寬。在某一特定的頻率範圍 $d\omega$ 以及立體角範圍 $d\Omega$ 之內，光子模態的數目為 dN，而

$$dN = p(\omega)d\omega \times V \frac{d\Omega}{4\pi} = \frac{n_r^3 \omega^2}{\pi^2 c^3} d\omega \times V \frac{d\Omega}{4\pi} \tag{4-31}$$

其中 $p(\omega)$ 為光子之能態密度而 V 為共振腔體積。因此總自發放射的速率為：

$$R_{sp} = \int r_{sp} dN = r_{sp0} \frac{V}{2\pi} (\frac{n_r^3}{c^3}) \omega_0^2 \Delta\omega_{sp} = W^{cav} + W^{free} \tag{4-32}$$

因此，當雷射模態為 ω_0，則自發放射因子為[24]

$$\beta_{sp} = (\frac{r_{sp}}{R_{sp}}) = \frac{2\pi}{V}(\frac{c}{n_r})^3 \frac{1}{\omega_0^2 \Delta\omega_{sp}} = \frac{(\lambda/n_r)^3}{4\pi^2 V}(\frac{\omega}{\Delta\omega_{sp}}) \qquad (4\text{-}33)$$

由上式可知 β_{sp} 和 V 成反比，因為 VCSEL 的共振腔很小，其 β_{sp} 比較大，約在 10^{-2} 到 10^{-3} 之間，而邊射型雷射的共振腔相對較大，其 β_{sp} 約在 10^{-4} 到 10^{-5} 之間，也就是每放出 10^5 個自發放射的光子，只有一個可以貢獻到雷射光子上。β_{sp} 的最大值是 1，表示所有的自發放射只會放出一種模態的光子，其單一模態的性質和雷射的同調光相似，因為不需要達到閾值條件，我們又稱這種發光元件為**無閾值雷射** (thresholdless laser)。

我們可以定義 **Purcell** 因子為自發放射到共振腔主要模態的速率比上自發放射到自由空間的速率[25]：

$$F_p = \frac{W^{cav}}{W^{free}} = \frac{\tau_r^{free}}{\tau_r^{cav}} \qquad (4\text{-}34)$$

表示在共振腔中的自發放射速率會受到光學模態的影響而改變，在共振條件下：

$$F_p \cong \frac{3Q(\lambda/n_r)^3}{4\pi^2 V} \qquad (4\text{-}35)$$

其中 Q 是共振腔的**品質因子**(quality factor)，代表共振腔儲存能量的能力，若某一共振腔模態 ω 的譜線寬度為 $\Delta\omega$，則：

$$Q \equiv \frac{\omega}{\Delta\omega} \qquad (4\text{-}36)$$

由於共振腔模態的譜線寬度為 $\Delta\omega$ 和該模態的光子生命期成反比，

$$\Delta\omega = \frac{1}{\tau_p} = \Gamma \upsilon_g \gamma_{th} = \frac{\omega}{Q} \qquad (4\text{-}37)$$

因此，共振腔模態的閾值增益和 Q 值成反比。換句話說，Q 值越大，共振腔儲存能量的能力越好，該模態的光子不容易逃出共振腔，所以雷射的閾值增益就可以下降。對 Fabry-Perot 共振腔而言，Q 值和兩平行平面鏡的反射率以及共振腔等效長度有關：

$$Q = \frac{2n_r L_{eff}}{\lambda} \frac{\pi (R_1 R_2)^{1/4}}{1 - \sqrt{R_1 R_2}} \tag{4-38}$$

範例 4-2

若一 GaAs VCSEL 的上下 DBR 反射率都(4-37)為 0.99，共振腔的等效折射率是 3.5，等效共振腔長度為 1 μm，發光波長為 0.85 μm，光學侷限因子為 5%，試計算此 VCSEL 微共振腔的 Q 值、光子生命期與閾值增益。

解：

根據(4-38)式，Q 值為

$$Q = \frac{2 \times 3.5 \times 1}{0.85} \frac{\pi (0.99 \times 0.99)^{1/4}}{1 - \sqrt{0.99 \times 0.99}} = 2574$$

再由(4-37)式，此 VCSEL 微共振腔中的光子生命期為

$$\tau_p = \frac{Q}{\omega} = \frac{Q\lambda}{2\pi c} = \frac{2574 \times 0.85 \times 10^{-6}}{2 \times \pi \times 3 \times 10^8} = 1.16 \times 10^{-12} \, sec = 1.16 \, ps$$

而閾值增益為：

$$\gamma_{th} = \frac{2\pi n_r}{Q\Gamma\lambda} = \frac{2\pi \times 3.5}{2574 \times 0.05 \times 0.85 \times 10^{-4}} = 2010 \, cm^{-1}$$

Purcell 因子若大於 1 表示自發放射速率會被共振腔影響而增快，從上式我們可以知道要達到此條件必須使得共振腔的 Q 值大、體積小(約在 $(\lambda / n_r)^3$ 的等級)以及主動層中的光學躍遷要和共振腔模態在空間

中與頻譜中重合及共振,因為自發放射速率的增強主要是因光學狀態密度受到高 Q 值微共振腔的影響而主要分佈到共振腔模態中;另一方面,若主動層中的光學躍遷處於非共振條件時,自發放射速率將會受到抑制,主要是因缺少光學模態可以讓光子存在,使得光學躍遷的放射受到抑制。比較(4-29)式與(4-34)式,我們可以得到 Purcell 因子和自發放射因子之間的關係:

$$\beta_{sp} = \frac{F_p}{1 + F_p} \tag{4-39}$$

範例 4-3

若一半導體量子點發光在 900 nm 的輻射復合生命期為 1.3 ns,將此量子點置放到 GaAs 的微共振腔中,微共振腔的折射率是 3.5,光學模態體積為 1×10^{-25} cm^{-3},Q = 2000,假設半導體量子點的電偶極和光學模態平行且和光學模態在共振的條件下,試計算在此微共振腔中半導體量子點的輻射復合生命期。

解:

根據(4-35)式,Purcell 因子為

$$F_p = \frac{3 \times 2000 \times (9 \times 10^7 / 3.5)^3}{4\pi^2 \times 10^{-19}} = 26$$

再由(4-34)式,此微共振腔中半導體量子點的輻射復合生命期變為

$$\tau_r^{cav} = \frac{\tau_r^{free}}{F_p} = \frac{1.3\,\text{ns}}{26} = 0.05\,\text{ns}$$

量子點的輻射復合生命期受到了微共振腔的影響而增快許多。關於微共振腔中的光子隨時間變化的研究亦被稱為**共振腔量子電動力學**(cavity quantum electrodynamics, CQED)!

在上面的例子中，我們可以看到微共振腔效應可以改變主動層中的發光特性。我們在第一章的雷射速率方程式推導時，儘管已經介紹了當自發放射因子變大時，雷射輸出在閾值條件時的轉變會變得比較平緩，但是並沒有考慮雷射在高品質因子下的微共振腔效應，因此以下再將單模操作的雷射速率方程式列出：

$$\frac{dn}{dt} = \frac{I}{eV} - (\frac{1}{\tau_{sp}} + \frac{1}{\tau_n})n - \upsilon_g \gamma(n) n_p \tag{4-40}$$

$$\frac{dn_p}{dt} = \upsilon_g \gamma(n) n_p - \frac{n_p}{\tau_p} + \beta_{sp} \cdot \frac{n}{\tau_{sp}} \tag{4-41}$$

其中 $V = A_{eff} \cdot d$，τ_n 是非輻射復合時間常數，並假設載子注入效率與光學侷限因子都是 1，而增益可表示為線性近似：

$$\gamma(n) = \gamma_0 (n - n_{tr}) \tag{4-42}$$

一般來說閾值條件的定義是當淨受激放射的增益等於共振腔的損耗，當電流注入得更多，淨受激放射就會主導而產生雷射的現象，根據 Einstein 的二能階 AB 模型，當雷射模態中若被一個光子填滿時，該模態的自發放射會等於受激放射，因此觀察(4-41)式，我們可以得到微分增益隨著微共振腔的自發放射因子與體積變化的表示式[26]：

$$\gamma_0 = \frac{\beta_{sp} \cdot V}{\upsilon_g \cdot \tau_{sp}} \tag{4-43}$$

因此在閾值條件下，閾值載子濃度為：

$$n_{th} = n_{tr} + \frac{\gamma_{th}}{\gamma_0} = n_{tr} + \frac{1}{\gamma_0 \cdot \upsilon_g \cdot \tau_p} = n_{tr} + \frac{\tau_{sp}}{\beta_{sp} \cdot V \cdot \tau_p} = n_{tr}(1 + \frac{1}{\zeta}) \tag{4-44}$$

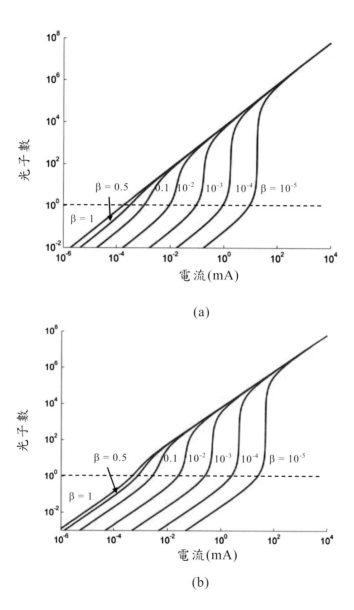

(a)

(b)

圖 4-12 微共振腔注入電流和光子數關係圖,其中 $V=10^{-15}\text{cm}^{-3}$,
$\tau_p=10^{-12}\text{s}$,$\tau_{sp}=10^{-9}\text{s}$,$n_{tr}=10^{18}\text{cm}^{-3}$,但非輻射復合係數不同:(a) $\tau_n=10^{-8}\text{s}$,
(b) $\tau_n=5\times10^{-10}\text{s}$。

其中 ζ 為無因次項，可以代表當 $n = n_{tr}$ 時雷射模態中的光子數目：

$$\zeta = \beta_{sp} V n_{tr} \frac{\tau_p}{\tau_{sp}} \tag{4-45}$$

而從(4-40)式，在閾值條件下 $n_p = 0$，因此閾值電流為：

$$I_{th} = \frac{e}{\beta_{sp}\tau_p}(1+\zeta)(1+\frac{\tau_{sp}}{\tau_n}) \tag{4-46}$$

若整合(4-40)式到(4-43)式可得光子數目對注入電流的關係：

$$I = \frac{e}{\beta_{sp}\tau_p}[\frac{p}{1+p}(1+\zeta)(1+\beta_{sp}p+\frac{\tau_{sp}}{\tau_n}) - \zeta\beta_{sp}p] \tag{4-47}$$

其中 $p = n_p V$ 代表共振腔裡的光子總數。**圖 4-12** 為電流對光子數作圖，**圖 4-12(a)** 中非輻射復合的速率比自發放射的速率還慢，而在**圖 4-12(b)** 中非輻射復合的速率比自發放射的速率還快。我們可以看到在**圖 4-12(a)** 中當微共振腔的 $\beta_{sp} = 1$ 時，自發放射到受激放射的轉變幾乎觀察不到，也無法判斷閾值電流的值。

4.3.4　載子與光學侷限結構

　　典型的 VCSEL 結構主要由 p 型 DBR、n 型 DBR 與光學共振腔所組成。上下 DBR 提供縱向的光學共振腔，然而在橫方向的電流侷限與光學侷限上仍需進一步適當的設計與對應方式。如**圖 4-13** 所示，VCSEL 主要有四種典型的基本結構：蝕刻空氣柱結構(etched air-post)、離子佈植式結構(ion implanted)、再成長掩埋異質結構(regrown buried heterostructure)與氧化侷限結構(oxide-confined)。接下來我們將分別針對這四種結構作介紹，其中由於氧化侷限式 VCSEL 結構可以同時提供橫向的載子與光學侷限，也是目前最常使用的技術。

　　首先，形成橫方向光與電侷限最簡單的方式即是蝕刻出一個柱狀或是平台狀的結構，如圖 **4-13(a)**所示。為了要求製作出橫方向具有微小截面積與平坦的垂直側壁，這種蝕刻製程必須藉由化學輔助離子束蝕刻或是反應離子蝕刻技術[27-30]。由於蝕刻後的結構造成空氣與半導體之間具有很大的折射率差異，因此在橫方向上具有強烈的光學侷限，由於中央和週圍的折射率差異太大，我們在第二章已討論過，高次橫向模態可以存在，因此在這種結構下的 VCSEL 通常在達到閾值電流後會表現出多重橫向模態[31]。除此之外，蝕刻空氣柱結構容易因為蝕刻而造成側壁的破壞形成非輻射復合中心，進而增加閾值電流，此外隨著蝕刻深度的加深將會增加的光學的繞射損失與隨之而來嚴重的熱阻等問題，都是製作蝕刻空氣柱結構時必須考量的重點。

其次，如圖 **4-13(b)**結構所示，利用離子佈植技術來定義出橫方向的電流注入區，其原理是利用高能量的質子或離子束將其佈植於上 DBR 的區域造成晶體結構的破壞而形成絕緣體。因此注入電流將會被侷限在中央主動區的小區域，然而如何避免因為離子佈植而造成主動區的損壞將是製作此種 VCSEL 結構的重點，因為主動區被離子轟擊而破壞後將會導致嚴重的非輻射復合，而增加閾值電流。雖然電流路徑能被離子佈植技術所定義，但是此種結構並不存在橫方向的光學侷限機制，因此橫方向的光學侷限將是由熱引起的正折射率差異與因載子注入所引起的負折射率差異之間的相互競爭所決定[21, 32]，在此情形下，由於空間燒洞 (spatial hole burning)效應的存在使得離子佈植 VCSEL 結構具有非常複雜的多重橫向模態[33]。

第三種 VCSEL 結構是利用再成長掩埋異質結構的 VCSEL，這種結構與蝕刻空氣柱 VCSEL 結構比較，可以有效避免過大的橫向折射率差異所引起的高次模態行為，並可以提高散熱效率，如圖 **4-13(c)** 結構所示。此結構利用蝕刻技術去除共振腔周圍的材料，然後接著利用再成長的方式將被蝕刻的區域取代為高能隙與低折射率的材料，利用此項技術可以同時達到橫方向光與電流侷限的需求。然而製作再成長掩埋異質結構的 VCSEL 需要相當高的技術門檻，這是由於通常再成長的材料必須含有高鋁含量的材料才能達到高能隙與低折射率材料的要求，但是高鋁含量的材料很容易氧化，在再成長前去除自然氧化的部份是相當困難的，所以特殊的蝕刻技術與避免空氣的曝露都是磊晶再成長的重要技術。

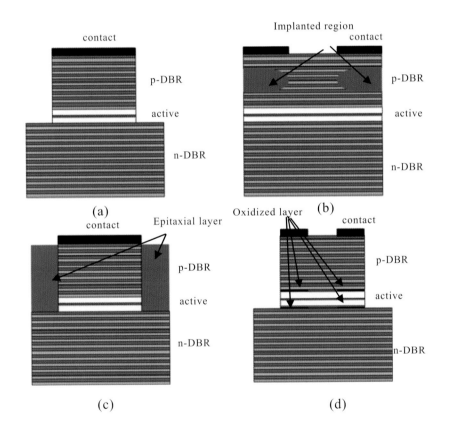

圖 4-13　典型的四種 VCSE 結構。(a)蝕刻空氣柱結構、(b)離子佈植式結構、(c)再成長掩埋異質結構、(d)氧化侷限式結構。

　　至於第四種結構則是相對而言製作上較為方便的方式，利用選擇性氧化的方式可以同時達到橫方向光與電的侷限，如**圖 4-13(d)**結構所示。因為氧化層的形成是利用轉換 DBR 中高鋁含量的 AlGaAs 材料成為絕緣的 AlO$_x$ 氧化物，在 VCSEL 共振腔周圍形成氧化物，可以限制電流往中央的主動區流動，氧化層同時具備低折射率的特性以達到光學侷限的效果。氧化層的位置可以被設計在 VCSEL 的 DBR 內不同位置，越靠近主動層，對於載子與光學的侷限越好，若將氧化層設計在光學共振駐波的峰值位置，光學侷限的效果非常強烈；若設計在光學共振駐波的節點位置，比較容易達到單模操作並可以避免光經過氧化層的散射損失。

4.4　長波長垂直共振腔面射型雷射

　　半導體 VCSEL 具有圓型的雷射光點、低發散角、低閾值電流、高調變速度與頻寬和方便的晶片上即時測試等優點，因此為理想的光纖通訊光源。而在長距離的光纖通訊系統中，其光纖材料一般使用石英光纖(silica fiber)，這是由於石英光纖在長波長紅外光範圍時具有最低的色散(dispersion)與最小的光學損耗(loss)，其所對應的波長分別是 1.3 與 1.55 μm，如**圖 4-14** 所示。長距離的光纖通訊對於訊號在光纖中傳遞的損失必須列為重要的考量之一，由**圖 4-14(a)**中可以觀察到，石英光纖內的光損耗主要是由紅外線吸收以及 Rayleigh 散射這兩個機制所造成。當傳輸的光波長為 1.3 以及 1.55 μm 時，會有一個較低的損耗窗口，特別是在傳輸波長為 1.55 μm 時，其損耗將低至每公里 0.2 dB。因此，在長波長光纖通訊傳輸光源波長的選擇上，1.3 μm 以及 1.55 μm 便是相當重要的光源。

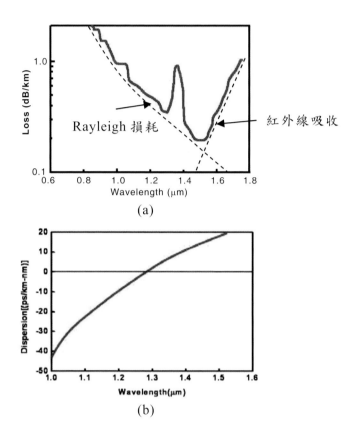

圖 4-14 (a)石英光纖在長波長紅外光範圍之光吸收頻譜圖。(b)石英光纖中材料色散係數對波長的關係圖。

　　除了探討光在光纖傳遞中的損失外，保持訊號波形的完整性也是另一個必須考量的重要因素。**圖 4-14(b)**為在石英光纖中，材料色散係數對波長的關係圖。從圖中我們可以知道在石英光纖內，不同波長的光在其中傳遞會有不同的色散程度，若色散程度過大的話，會容易造成傳輸訊號的波形變形，因而限制了傳輸的距離。**圖 4-14(b)**顯示當傳輸波長在 1.3 μm 附近時，其材料色散係數值為零。因此，雖然從前面光損耗的分析中我們可以知道，傳輸波長為 1.3 μm 的損失值比 1.55 μm 來得大，但由於其色散程度最低，訊號的波形在經過長距離的傳遞後最容易保持其完整性，因此仍然被普遍用來當作中長程光纖通訊的傳輸波長。

4.4.1　長波長面射型雷射的發展

　　以 GaAs 為材料系統的短波長 VCSEL(0.78~0.98 μm)已經發展的相當成熟，並且已有許多商品化的產品出現。然而操作在長波長的 VCSEL(1.3~1.55 μm)，其發展相較於 GaAs 為材料的 VCSEL 緩慢許多，即使第一個 VCSEL(~1.3 μm)已在 1979 年成功在低溫下實現[1]，但是在低溫下操作的元件很難達到商品化。其中導致發展緩慢的重要因素即為長波長 DBR 的製作困難以及在高溫下量子井主動區增益不足的現象，除此之外，長波長 DBR 材料無法利用自然氧化的方式製作光與電流的侷限，以及長波長材料系統的導熱較差等，都是讓長波長 VCSEL 發展緩慢的重要因素。一般而言，長波長 VCSEL 主要成長於 InP 基板上，然而晶格匹配於 InP 基板的 InGaAsP 主動層材料系統卻因為嚴重的 Auger 非輻射復合效應導致相當低的材料增益。此外，晶格匹配於 InP 基板長波長 DBR 材料系統，如 InP/InGaAsP 與 InAlAs/InGaAlAs 只能提供相對小的折射率差異，這也讓長波長的 DBR 必須成長相當高的對數才能達到高反射率的需求，在這樣的 DBR 材料系統下除了大的穿透深度會導致光的吸收外，對於熱的逸散亦是一大問題。因此，對於長波長 VCSEL 而言如何製作高增益的主動區材料、高反射率的 DBR 與設計高散熱性的元件結構都是發展長波長 VCSEL 的問題與挑戰。

　　現今主要應用於長波長 VCSEL 的元件結構主要可以區分為下以三種：(1)使用介質材料作為上下 DBR 的 etched-well VCSEL 結構，(2)

利用介質材料與半導體製作上下 DBR，並配合環狀電極的 VCSEL 結構，(3)利用磊晶的方式製作完成 VCSEL 結構。**圖 4-15** 為此三種結構之示意圖。

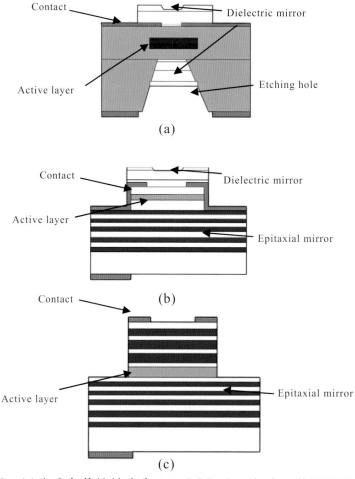

圖 4-15　(a)使用介質材料作為上下 DBR 的 etched-well VCSEL 結構，(b)利用半導體與介質材料製作上下 DBR，並配合環狀電極的 VCSEL 結構，(c)利用磊晶的方式製作完成 VCSEL 結構。

近年來在這三種結構紛紛有許多研究群利用不同的方式成功製作出長波長 VCSEL。首先，利用**晶片接合**(wafer bonding)技術已可整合 InP 系統的主動層結構於 GaAs 材料系統的 DBR 上，藉此達到高效率的長波長 VCSEL[34]。其次，1.3 µm 長波長新材料 InGaNAs 可直接成長於 GaAs 基板上亦有相當不錯的元件表現[35]，但是要將波長推至 1.55 µm 並不容易，可以利用五元化合物 InGaNAsSb 達到更長的發光波長。為了配合現有長波長主動層材料 InGaAsP 與 InGaAlAs，利用磊晶方式成長晶格匹配於 InP 基板的 DBR 仍是研究的重點之一。此外，利用 metamorphic 磊晶技術成長晶格匹配於 InP 基板的 GaAs/AlAs DBR 亦被應用於長波長的 VCSEL[36]，然而由於晶體缺陷的因素，此種雷射元件特性仍有穩定性的問題。使用 Sb 材料系統的 DBR 可提供更大的折射率差異並且已被用在長波長 VCSEL 中[37]，然而此種 DBR 在熱傳導特性上並不佳，DBR 的成長條件更是極具複雜性。

由於長波長 VCSEL 面臨了低主動區增益、高熱阻與嚴重的 Auger 非輻射復合的光損耗，這使得主動層發光材料的選擇更加嚴苛。為了將發光波長操作在 1.3~1.6 µm，其主動層材料對應的能隙值為 0.95 與 0.78 eV 之間。可能的材料系統如**圖 4-16** 所示[38]，其中一項要求是其化合物的晶格常數必須靠近現有的二元化合物基板，例如 GaAs 或 InP。以下我們將介紹幾種主要的長波長主動區材料。

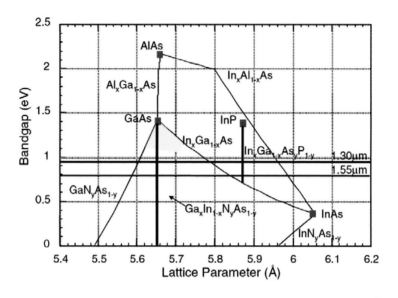

圖 4-16 應用於長波長 1.3~1.6 μm 可能成長於 GaAs 與 InP 基板之主
動層材料。

4.4.2 主動層材料的選擇

InGaAsP/InP 材料系統雖然最早被應用於長波長主動層材料,然而
其導電帶的**導電帶偏移**(conduction band offset)非常小,再加上高的
Auger 係數,使得此材料系統在高溫特性的表現上始終不佳。然而,
具應力量子井(strained QW)結構的使用將有助於減少 Auger 再結合的
損失,不過進一步衍生的問題是應力量子井的數目不能過多,否則將
引起主動層中晶體缺陷的產生。為了增加應力量子井的數目來提高主
動區的光增益,使用應力補償式量子井結構設計將可有效減少淨應力
的產生。因此,使用應力補償式 InGaAsP/InGaAsP 量子井結構有效增
進了高溫下的雷射特性。

為了進一步提升長波長 VCSEL 的高溫特性,有效的將電子侷現於
主動層中,以避免電子溢流出多重量子井結構將是重要的設計考量。

因此許多研究群亦投入於 AlGaInAs 材料系統的研究，這是由於 AlGaInAs 材料系統具有較高的導電帶能帶偏移($\Delta E_c = 0.72 \Delta E_g$)，不但可以有效的侷限電子於多重量子井結構中，更可增進電洞在多重量子井結構中的傳輸。相較於 InGaAsP 量子井結構的導電帶能帶偏移($\Delta E_c = 0.4 \Delta E_g$)，AlGaInAs 主動層材料已被使用於長波長 VCSEL 中，並可在高溫下有良好的操作特性[39]。

上述兩種長波長主動區材料系統均是成長於 InP 基板上，另一種成長於 GaAs 基板的長波長主動區材料為 GaInNAs 材料系統，一般三五族材料其晶格常數和能隙的大小呈反向趨勢，然而 GaInNAs 材料系統則呈現同向的趨勢，也就是能隙會隨著晶格常數減少而變小。這是因為氮元素加入於 GaAs 或 GaInAs 材料系統會引起很大的**能隙彎曲參數**(bandgap bowing parameter)，且隨著氮元素的增加能有效的降低 GaAs 或 GaInAs 的能隙值[40]。然而由於氮元素溶入 GaAs 的含量有先天材料上的限制，因此為了把發光波長推向 1.55 μm，通常要再加入 Sb 元素才有較佳的元件特性表現。使用 GaInNAs 材料系統的優點除了可以使用晶格配匹的 AlGaAs 材料系統作為 DBR 之外，其導電帶能帶偏移更可高於 300 meV，這項條件對於把電子侷限在主動層以達到穩定的高溫操作是非常有利的[41]。

另一項特別的長波長主動層材料是利用 InGaAs 量子點(quantum dot)作為發光層，由於量子點具有類似原子的電子能態密度(density of states)，因此許多光學特性的表現與傳統的量子井結構十分不同，這樣的特性有機會使雷射具有更低的閾值電流與更穩定的溫度特性[42]。

4.4.3 DBR 的組成

除了主動區發光材料是設計長波長 VCSEL 的重要考量之外，適當的 DBR 材料系統選擇亦扮演重要的角色。許多不同的材料系統已被提出用在長波長 VCSEL 中,而每一種作為 DBR 材料都必須考慮到光、熱與電的特性,這些 DBR 材料主要可被分成三個種類:磊晶成長 DBR、介電質材料 DBR 與晶片接合技術 DBR,表 **4-1** 列出適用於 1.5 µm VCSEL 之不同 DBR 材料系統以供比較[43]。利用磊晶成長的 DBR 具有直接整合於發光層的優點,例如典型的 GaAs 材料系統 VCSEL,因此製造過程相對容易。長波長 VCSEL 利用磊晶成長的 DBR 在 InGaAsP/InP 材料系統已發展一段時間。不幸的是,在 InP 與 InGaAsP 兩種材料之間的折射率差異非常小,所以必須成長相當多層的 DBR 才能達到高的反射率,圖 **4-17** 為三種適用於 1.55 µm 波段的 DBR 材料其 DBR 對數與反射率的關係。此外,由於四元化合物容易產生聲子(phonon)的散射,因此 InGaAsP 材料系統的熱導係數相當低,再加上厚的 DBR 層,限制了 InGaAsP VCSEL 的最大操作溫度。

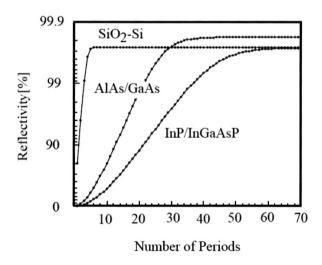

圖 4-17　三種適用於 1.55 µm 波段的 DBR 材料,其 DBR 對數與反射率的關係

　　適用於長波長 VCSEL 的第二種 DBR 材料為介質材料 DBR，這種材料系統的 DBR 典型的組成是利用氧化物材料，因此可以提供相當高的折射率差異，通常小於 8 對就可以達到極高的反射率，短的 DBR 穿透深度亦有減少光損耗的優點。然而由於氧化物材料本身並非結晶性材料，因此在熱傳導效率上並不佳，當雷射在連續操作的情況下容易形成**自熱效應**(self-heating)，此外，這種氧化物類形的 DBR 通常只能用於上 DBR 的部份，因為要在氧化物上成長高品質晶體形態的半導體發光層是非常困難的。

　　第三種利用晶片接合技術來製作長波長 VCSEL 的 DBR 材料通常是 AlAs/GaAs 材料系統，這是由於 AlAs 與 GaAs 具有相當接近的晶格常數與相對較大的折射率差異。而晶片接合技術主要用於成長於 InP 基板的主動層材料，利用此技術可提供不需晶格匹配於 GaAs 或 InP 基板的 DBR 材料，其製作方式是將主動層發光材料與 DBR 材料分開成長，然後再利用高溫與高壓的環境下熔接兩種晶片，這樣的接合界面不但可以達到電傳導，同時亦可達到光穿透的特性。AlAs/GaAs 材料系統雖然適合用來製作長波長 VCSEL 的反射鏡，但其中 p 型 GaAs 材料會造成載子於價電帶內部之間躍遷所產生的光損耗效應 (inter-valence band absorption)，對於 1.3~1.55 μm 波長範圍是不可忽略的。

　　除了上述三種主要應用於長波長 VCSEL 的 DBR 材料系統外，另一種 DBR 材料是使用 InP 與空氣所組成的 DBR 結構，這樣的結構可以提供非常大的折射率差異，因此只需要三對 DBR 數目即可達到 99.9% 的反射率，這樣的 InP 與空氣所組成的 DBR 是利用選擇性蝕刻技術製作而成的，整個 VCSEL 元件結構直接利用磊晶技術成長而成，不需要經過再成長的過程，原始 DBR 結構為 InP 與 GaInAs 所組成，利用選擇性蝕刻將 GaInAs 去除形成空氣，進而製作 InP 與空氣介面的 DBR。

近年來在長波長 VCSEL 的發展方面，Lin 等人利用 InP 與空氣所組成的 DBR 結構配合 InGaAsP/InP 主動層成功製作 1.3~1.55 μm 高溫下連續操作的長波長 VCSEL，他們利用**穿隧接面**(tunnel junction)結構轉換電子成電洞以減少 p 型材料造成的自由載子吸收，高溫連續操作可至 85 °C。2005 年 Cheng 等人使用 AlGaInAs 材料製作 1.3 μm VCSEL，其雷射在連續操作下，並在 120 °C 可輸出 2 mW 雷射功率，且保持在單模態輸出的情況，高速調變其資料傳輸速率可高達 10 Gbs [44]。2009 年 Onishi 等人使用了 GaInNAs 材料並配合穿隧接面結構製作出室溫下可輸出 4.2 mW 之長波長 VCSEL，操作溫度範圍在 25 °C~85 °C 可保持 10 Gb/s 的調制速度[45]。近期長波長 VCSEL 的發展非常迅速，不僅在操作溫度可以更高，雷射波長可以更長，輸出功率提高，閾值電流降低，且調制速度已超過 25 Gb/s。

4.5　藍紫光垂直共振腔面射型雷射

寬能隙藍光氮化鎵材料及其相關的光電元件發展在最近十年內一直是熱門的研究議題，由於氮化鎵材料並無晶格匹配的基板，因此在磊晶成長高品質氮化鎵薄膜始終面臨了高缺陷密度的問題，加上高濃度的 p 型氮化鎵製作不易，使得氮化鎵相關的光電元件發展相較於一般三五族材料緩慢許多。直到 1992 年，Akasaki 等人才製作出第一個氮化鎵發光二極體[46]。而第一個室溫下連續操作的氮化鎵邊射型雷射直到 1996 年才被 Nakamura 等人實現，之後邊射型雷射的發展非常迅速，1998 年邊射型雷射輸出功率已可達 420 mW 以上，且元件壽命長達 10000 小時[47]，這樣的突破主要是由於晶體品質的改善與有效的提高了 p 型氮化鎵的濃度。現今氮化鎵藍光邊射型雷射已發展相當成熟，並且已有商品化的出現，然而相較於藍光邊射型雷射而言，藍光 VCSEL 的發展卻非常緩慢，其中重要的關鍵在於缺少晶格匹配的基板與高反射率的氮化鎵 DBR 反射鏡製作困難。

在氮化鎵發光二極體的發展過程中已受到許許多多的阻礙，其中包含缺少晶格匹配的基板、p 型氮化鎵鎂的低活化率、電子電洞移動率差異大、與 quantum-confined Stark effect(QCSE)現象等。而藍光 VCSEL 除了必須考量到上述的困難之外，DBR 的製作對於藍光 VCSEL 而言更是一大挑戰，一般而言以氮化鎵為材料系統的 DBR 可以分成三種，包含 AlN/GaN、AlGaN/AlGaN 與 AlInN/GaN 三種組合。AlN/GaN DBR 可以提供最大的折射率差異與**禁止帶寬度**(stopband width)，然而 AlN 與 GaN 之晶格常數差異高達 2.4%，因此成長這種材料系統容易遇到應力的累積進而在晶片表面產生裂痕(crack)，這樣的裂痕通常會伴隨著晶體缺陷的出現，並導致 DBR 反射率的降低。為了避免應力的累積效應，AlGaN/AlGaN 材料系統成了第二種選擇，主要是利用調整鋁與鎵的含量來減少晶格不匹配的程度，然而隨之而來的問題是折射率差異的下降導致 DBR 對數的增加。第三種是使用 AlInN/GaN 材料系統，並且調整銦含量使 AlInN 可晶格匹配於 GaN，然而成長高品質的 AlInN 薄膜並不容易，主要是因為高含量的銦容易形成相位分離的現象以及薄膜中銦含量的不均勻分布，而 InN 與 AlN 的最適成長溫度極具差異性更是造成磊晶成長困難的主因之一。

儘管成長氮化物 DBR 極具挑戰性，許多研究群仍致力於高反射率氮化物 DBR 的成長與研究。Ng 等人利用分子束磊晶技術成長 25 對的 AlN/GaN DBR，波長在 467 nm 時最大反射率高達 99%，禁止帶寬度為 45 nm，然而由於 AlN 造成的伸張應力，部份 DBR 表面具有網狀的裂痕[48]。交通大學 Huang 等人利用金屬有機化學氣相沉積系統成長 20 對無裂痕的 AlN/GaN DBR，為了克服應力累積的問題，在 DBR 結構中每 5 對 AlN/GaN DBR 插入一組包含 5 對的 AlN/GaN 超晶格結構 (superlattice)以釋放所累積的應力，整組超晶格結構的厚度對應到四分之一的光學波長，**圖 4-18** 為此 DBR 結構側向之穿透式電子顯示鏡圖，其中顏色較淺的薄膜為 AlN。量測結果顯示，20 對的 AlN/GaN DBR 在波長 399 nm 時反射率可達 97%以上 [49]。

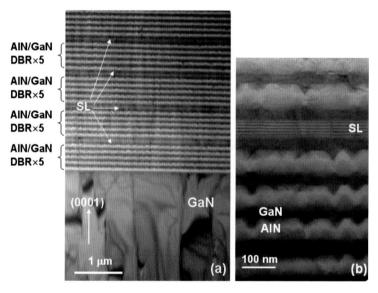

圖 4-18　(a) AlN/GaN DBR 側向穿透式電子顯微鏡圖，圖中可見每隔 5 對 AlN/GaN DBR 會插入 5 對的 AlN/GaN 超晶格結構。(b) AlN/GaN 超晶格結構附近之放大圖[49]。

而在 AlGaN/GaN DBR 材料系統中，Someya 與 Arakawa 利用金屬有機化學氣相沉積系統成長表面無裂痕之 35 對 $Al_{0.34}Ga_{0.66}N$/GaN DBR，其反射率可達 96% [50]。為了進一步控制成長氮化物 DBR 所累積的應力，Waldrip 等人提出在 AlGaN/GaN DBR 中插入 AlN 層來轉換成長 DBR 時的應力，其實驗結果顯示，成長 60 對的 $Al_{0.2}Ga_{0.8}N$/GaN DBR 並無發現表面裂痕，波長在 380 nm 時其反射率可達 99%[51]。

至於晶格匹配的 AlInN/GaN DBR 結構首先由 Carlin 與 Ilegems 所提出，他們利用金屬有機化學氣相沉積系統成長 20 對的 $Al_{0.84}In_{0.16}N$/GaN DBR，其反射率在波長 515 nm 時可達 90%與 35 nm 的禁止帶寬度[52]。另外，此研究群更進一步成長紫外光波段晶格匹配的 $Al_{0.85}In_{0.15}N$/$Al_{0.2}Ga_{0.8}N$ DBR，在成長此 DBR 結構前，必須先成長一層幾乎沒有應力的 $Al_{0.2}Ga_{0.8}N$ 層以避免之後磊晶時應力的形成，其實驗結果顯示，35 對的 DBR 結構在波長 340 nm 時其反射率可達 99%與大約 20 nm 的禁止帶寬度[53]。

由於高反射率氮化物 DBR 成長的困難性，氮化鎵 VCSEL 所對應的結構設計主要可分為三種類型，如**圖 4-19** 所示。第一種類型為磊晶成長全結構的 VCSEL，包含上下 DBR 與主動層材料，完整磊晶結構的優點是易於控制雷射共振腔的厚度，然而就氮化物材料系統而言，即使有部份研究群能夠實現這樣的磊晶結構[54]，其應力的考量、良好的晶體品質與高反射 DBR 的製作過程卻是十分困難的。第二種氮化物 VCSEL 結構是將上下 DBR 利用介質氧化物所取代，這樣的 DBR 可以提供相當高的反射率和共振腔 Q 值，亦可有效增加 DBR 的禁止帶寬度，然而此種 VCSEL 結構其缺點在於難以準確地控制共振腔的厚，並且需要**雷射剝離**(laser lift-off, LLO)技術和相對複雜的製程過程。除此之外，共振腔中氮化鎵的厚度必須保持一定厚度以上以避免雷射剝離製程時量子井結構受到破壞，較厚的共振腔可能引起閾值電流的增加與微共振腔效應的降低。第三種氮化鎵 VCSEL 結構同時使用了磊晶成長與介質材料的 DBR 系統，因此可中和上述兩種類型的優點與缺點。

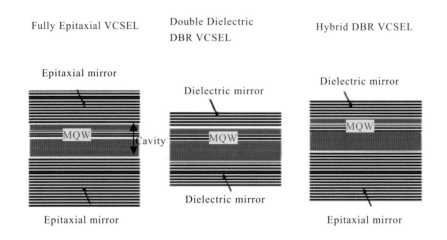

圖 4-19　三種 GaN 面射型雷射之結構設計(a)磊晶成長全結構的 VCSEL 結構(b)介質材料 DBR 的 VCSEL 結構(c)混合式 DBR VCSEL 結構。

　　此種混合式 DBR VCSEL 結構通常使用磊晶的方式成長下 DBR 與共振腔，如此可以有效控制共振腔的厚度，而上 DBR 再利用沉積介質 DBR 的技術完成垂直共振腔的結構，同時也保留了進一步製作成電激發 VCSEL 的彈性。

　　在氮化鎵藍光 VCSEL 發展方面，1996 年 Redwing 等人成功製作了第一個室溫下光激發的氮化鎵 VCSEL[55]，其元件結構由 10 μm 厚的 GaN 主動層與 30 對 $Al_{0.12}Ga_{0.88}N/Al_{0.4}Ga_{0.6}N$ 構成上下 DBR，其反射率大約為 84~93%，因此閾值光激發能量密度高達~2.0 MW/cm^2。其後，Arakawa 等人在 1998 年實現了在低溫 77 K 下觀察到雷射行為[56]，其 3λ光學厚度的共振腔成長於 35 對 $Al_{0.34}Ga_{0.66}N/GaN$ DBR 上，而上 DBR 則為 6 對的 TiO_2/SiO_2 所組成，此即為混合式 DBR VCSEL 結構，其中上下 DBR 的反射率分別為 97%與 98%。而 1999 年 Song 等人則使用雷射剝離技術，成功製作了上下 DBR 皆為 10 對 SiO₂/HfO₂ 所組成的氮化鎵 VCSEL 結構，因此反射率高達 99.9%，所對應的共振腔 Q 值也高達 600 [57]。同年，Someya 等人報導了室溫下混合式 DBR 氮化鎵藍光 VCSEL，在光激發下雷射波長為 399 nm，且雷射光譜半高寬只有 0.1 nm [58]。

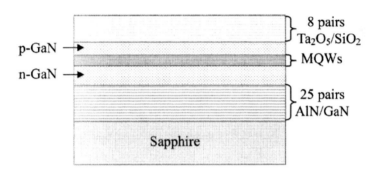

圖 4-20　氮化鎵藍光 VCSEL 結構，包含 25 對 AlN/GaN 下 DBR、3λ 光學共振腔及 8 對的 Ta₂O₅/SiO₂ 上 DBR 所組成

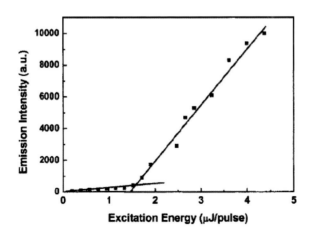

圖 4-21　雷射激發能量與 VCSEL 光輸出強度關係圖

　　上述氮化鎵 VCSEL 發展主要為 2000 年之前的結果，在 2000 年之後的發展主要集中在研究降低光激發的閾值能量密度，以及觀察光激發下的雷射特性[59]。2005 年，交通大學 Kao 等人利用金屬有機化學氣相沉積系統成功製作了室溫下光激發混合式 DBR 氮化鎵藍光 VCSEL，其雷射結構由 25 對 AlN/GaN 下 DBR、3λ光學共振腔及 8 對的 Ta_2O_5/SiO_2 上 DBR 所組成，如**圖 4-20** 所示[60]。其中共振腔由 10 對的 $In_{0.2}Ga_{0.8}N/GaN$ 多重量子井結構所組成，而下 DBR 則每 5 對 AlN/GaN 插入 5 對的 AlN/GaN 超晶格結構以釋放應力，其最大反射率分別為 97.5%(Ta_2O_5/SiO_2 DBR)與 94%(AlN/GaN DBR)。為了進一步觀察雷射特性，他們使用光激發光源為三倍頻之 Nd:YVO4 脈衝式雷射，雷射波長為 355 nm，**圖 4-21** 為雷射激發能量與 VCSEL 光輸出強度關係，由圖中可以發現明顯的光強度非線性轉折點，其對應的閾值激發能量密度約為 53 mJ/cm^2。

　　至於上下 DBR 皆利用介質氧化物製作而成的氮化鎵 VCSEL，交通大學 Chu 等人亦在 2006 年成功製作出此類型的 VCSEL，並在室溫光激發下觀察到雷射的現象[61]。他們先利用金屬有機化學氣相沉積系統成長 10 對 $In_{0.1}Ga_{0.9}N/GaN$ 多量子井結構，接著鍍上 6 對的 SiO_2/TiO_2 DBR 於磊晶結構上，其反射率大約 99.5%。再配合雷射剝離技術去除藍寶石基板與適當的研磨後，再鍍上 8 對的 SiO_2/Ta_2O_5 DBR，其反射率約為 97%，**圖 4-22** 為其製作流程示意圖。

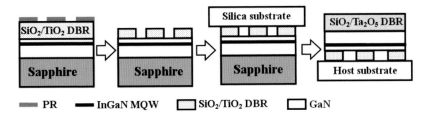

圖 4-22 氮化鎵介質氧化物 DBR VCSEL 結構製作流程示意圖。

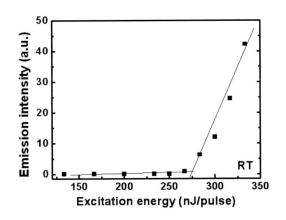

圖 4-23 室溫下量測雷射激發能量與 VCSEL 光輸出強度關係圖。

　　圖 4-23 為室溫下量測雷射激發能量與 VCSEL 光輸出強度關係，當雷射激發功率約為 270 nJ 時可以觀察到雷射現象，其對應的閾值光激發密度約為 21.5 mJ/cm^2。此外，由於利用雷射剝離技術時必須保留適當的共振腔厚度以避免量子井遭受高能量雷射的破壞，因此也造成整體的共振腔厚度大約有 4 μm，這樣的厚度也反應到光激發光譜上，如**圖 4-24** 所示，在達到雷射閾值激發密度之前，光譜中可以觀察到共振腔中的多重縱向模態，然而在激發能量達到雷射之後，只有單一縱向模態會產生雷射，其波長通常落於主動區增益頻譜的最大值附近。

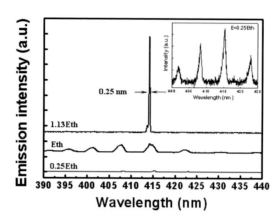

圖 4-24　雷射閾值激發密度前後之光激發光譜圖。

　　上述實驗結果為近年來氮化鎵 VCSEL 的發展，不過都是侷限在光激發的結果，一直到 2008 年，作者實驗室首次在 77 K 下成功製作出第一個電激發氮化鎵 VCSEL，其雷射結構為混合式 DBR VCSEL 結構，如圖 **4-25** 所示[62]。下 DBR 為 29 對 AlN/GaN DBR，之後成長 790 nm 的 n 型氮化鎵與 10 對的 $In_{0.2}Ga_{0.8}N$/GaN 多量子井結構，最後成長 120 nm 的 p 型氮化鎵，整體共振腔厚度約 5λ，其波長設計在 460 nm，這是為了避免表面透明導電層銦錫氧化物(ITO)對光的吸收。完成磊晶成長與 ITO 之後，最後鍍上 8 對的 Ta_2O_5/SiO_2 上 DBR 形成混合式 DBR VCSEL 結構。由於雷射結構中的 AlN/GaN 下 DBR 為未摻雜，故為不導電材料，因此必須將元件設計成 intra cavity 結構，使 n 型與 p 型電極在元件同一側，雷射發光孔徑為 10 μm，ITO 厚度設計為 1λ使其波長在 460 nm 之穿透率高達 98.6%。

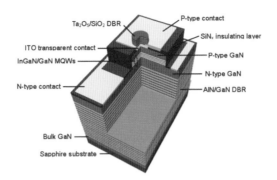

圖 4-25　第一個低溫下電激發氮化鎵 VCSEL 之雷射結構圖

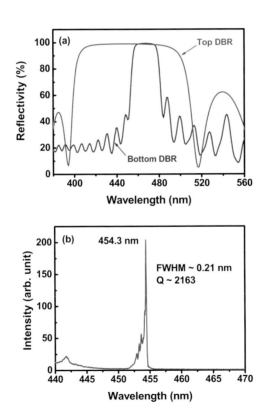

圖 4-26　(a) 29 對 AlN/GaN DBR 與 8 對 Ta$_2$O$_5$/SiO$_2$ DBR 之反射頻譜圖。(b)室溫下利用 He-Cd 雷射激發的氮化鎵 VCSEL 光激發光頻譜。

　　圖 **4-26(a)**為 29 對 AlN/GaN DBR 與 8 對 Ta_2O_5/SiO_2 DBR 之反射頻譜圖，其中平坦的禁止帶表示了高品質的 AlN/GaN DBR 結構，其最高反射率約為 99.4%且禁止帶寬度約為 25 nm，而上 DBR 最高反射率約為 99%。**圖 4-26(b)**為室溫下利用 He-Cd 雷射激發的光激發頻譜，共振腔波長約為 454.3 nm 且 Q 值可高達 2200，再次表示了高品質的晶體結構與上下 DBR 的高反射率。

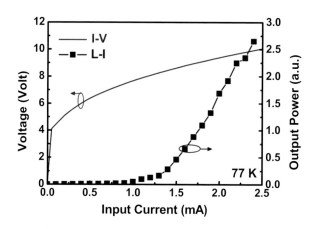

圖 4-27　電激發氮化鎵 VCSEL 於 77 K 下量測的電流、電壓與輸出強
度關係圖。

　　圖 **4-27** 為電激發氮化鎵 VCSEL 於 77 K 下量測的電流、電壓與輸出強度關係圖，元件的起始電壓(turn-on voltage)約為 4.1 V，相對高的電壓值可能由於微小的電流孔徑與 intra cavity 結構所致。而電流與發光強度的關係可觀察到明顯的雷射現象，其雷射閾值電流約為 1.4 mA，所對應的電流密度約為 1.8 kA/cm^2。**圖 4-28** 為不同注入電流下之雷射頻譜圖，當注入電流大於閾值電流時，波長在 462.8 nm 出現單一的

雷射訊號。**圖 4-28** 中的插圖為不同注入電流下的訊號半高寬值，可以發現在閾值電流之後訊號半高寬明顯下降，另一張插圖顯示注入電流為 1 mA 下之元件孔徑強度分佈圖，圖中可以觀察到空間上強度分佈的不均勻，有可能是銦在空間上的分佈不均所導致。

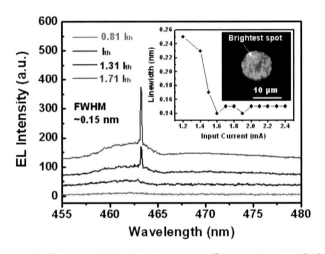

圖 4-28　電激發氮化鎵 VCSEL 於 77 K 下量測不同注入電流下之雷射頻譜圖

　　除了上述低溫下電激發的氮化鎵 VCSEL 之外，在 2008 年末，Nichia 公司發表了室溫下連續操作的氮化鎵 VCSEL[63]，其雷射結構是利用雷射剝離技術製作而成的上下介質 DBR 結構，主動層是由 2 對 InGaN/GaN 多量子井結構所組成，上下 DBR 分別為 7 對與 11.5 對的 SiO_2/Nb_2O_5 DBR，其中 ITO 配合共振腔中的光場分佈設計在光學柱波的節點上，而在共振腔厚度方面，他們更利用化學機械研磨技術 (chemical-mechanical polishing)將 n 型氮化鎵的厚度減薄，使整體共振腔厚度只有約 1.1 μm，相當於 7 倍的光學波長厚度。其雷射的閾值電流約為 7 mA，對應的電流密度約為 13.9 kA/cm²，起始電壓約為 4.3 V，當注入電流為 12 mA 時對應的雷射功率為 0.14 mW。觀察其不同注入電流下之發光頻譜圖,當注入電流小於閾值電流時,可以明顯看到高階橫向模態的分佈,且訊號半高寬約為 0.11 nm,而當注入電流為 1.1倍的閾值電流時,雷射訊號波長為 414.4 nm 且半高寬變窄為 0.03 nm。他們進一步觀察 8 μm 電流孔徑之近場影像,可以發現當注入電流為 0.6 倍的閾值電流時,發光強度均勻地涵蓋整個雷射孔徑,而當達到閾值電流之後,一個直徑大約 2 μm 的亮點出現在靠近孔徑中心的位置,表示雷射光點大小會小於電流孔徑。

雖然於 2008 年研究群成功實現了低溫下與室溫下氮化鎵 VCSEL 的結果,然而氮化鎵 VCSEL 目前仍需面臨許多挑戰,包含電流分佈的改善、輸出功率的提升、雷射模態的控制以及元件生命期長短等。這些問題都是將藍光氮化鎵 VCSEL 進一步推向商品化之前必須努力的目標。正當本書完稿之際,作者實驗室改善了氮化鎵 VCSEL 的磊晶與製程結構,進一步發表了在室溫下連續操作且閾值電流密度更低的藍光 VCSEL [64]!

本章習題

1. 使用傳遞矩陣計算下表所列的 DBR 結構，中心波長$\lambda_0 = 0.85\ \mu m$。
   請畫出反射率頻譜圖、反射相位頻譜圖，並估計在中心波長時的穿透深度。

結構	材料	厚度(μm)	折射率	對數
起始層	air	0.1	1	
高折射率層	$Al_{0.1}Ga_{0.9}As$	$\lambda_0/(4n)$	3.6	30 對
低折射率層	$Al_{0.9}Ga_{0.1}As$	$\lambda_0/(4n)$	3.0	
基板	GaAs	0.1	3.7	

2. 使用傳遞矩陣計算下表所列的 VCSEL 結構，中心波長$\lambda_0 = 0.85\ \mu m$。
   請畫出反射率頻譜圖、反射相位頻譜圖，並找出此 VCSEL 結構的
   共振波長。

結構	材料	厚度(μm)	折射率	對數
起始層	air	0.1	1	
P 高折射率層	$Al_{0.1}Ga_{0.9}As$	$\lambda_0/(4n)$	3.6	25 對 P 型
P 低折射率層	$Al_{0.9}Ga_{0.1}As$	$\lambda_0/(4n)$	3.0	DBR
P 氧化侷限層	$Al_{0.98}Ga_{0.02}As$	0.03	2.95	
P 高折射率層	$Al_{0.1}Ga_{0.9}As$	0.0344	3.6	
P 低折射率層	$Al_{0.9}Ga_{0.1}As$	$\lambda_0/(4n)$	3.0	
P-披覆層	$Al_{0.45}Ga_{0.55}As$	0.1093	3.4	
能障層	$Al_{0.3}Ga_{0.7}As$	0.01	3.5	1 λ 光學
量子井	GaAs	0.01	3.7	厚度
能障層	$Al_{0.3}Ga_{0.7}As$	0.01	3.5	

N-披覆層	Al$_{0.45}$Ga$_{0.55}$As	0.1093	3.4	
N 低折射率層	Al$_{0.9}$Ga$_{0.1}$As	$\lambda_0/(4n)$	3.0	35 對 N 型
N 高折射率層	Al$_{0.1}$Ga$_{0.9}$As	$\lambda_0/(4n)$	3.6	DBR
基板	GaAs	0.1	3.7	

3. 呈上題，若 P 氧化侷限層受到氧化之後，折射率變為 1.5，請再次使用傳遞矩陣計算上述的 VCSEL 結構。請畫出反射率頻譜圖、反射相位頻譜圖，並找出此 VCSEL 結構受到氧化之後的共振波長。

4. 呈上第 2、3 題，對氧化侷限 VCSEL 而言，只有孔徑外圍的區域才會被氧化，試求此氧化侷限 VCSEL 孔徑內外的折射率差($\Delta n/n$)。

5. 呈上第 2、3、4 題，假設此氧化侷限 VCSEL 孔徑的直徑是 10 μm，且孔徑中央的等效射率為 3.45，試問此氧化侷限 VCSEL 會操作在單一模態的情況下嗎？若不是，試問要如何調整氧化侷限 VCSEL 的結構，使其操作在單一模態的情況。(提示: 單模操作條件為

$$V = \frac{2\pi n_{eff} d}{\lambda_0} \sqrt{2\Delta n/n} < 2.405)$$

6. 試推導(4-47)式。

7. 請說明長波長垂直共振腔面射型雷射所遭遇的問題與可能的解決方法。

參考資料

[1] H. Soda, K. Iga, C. Kitahara, and Y. Suematsu, "GaInAsP/InP surface emitting injection lasers," Jpn. J. Appl. Phys., vol. 18, pp. 2329-2330, 1979.

[2] M. Ogura, W. Hsin, M.-C. Wu, S. Wang, J. R. Whinnery, S. C. Wang, and J. J. Yang, "Surface-emitting laser diode with vertical GaAs/GaAlAs quarter-wavelength multilayer and lateral buried heterostructure," Appl. Phys. Lett., vol. 51, pp. 1655-1657, 1987.

[3] Y. H. Lee, J. L. Jewell, A. Scherer, S. L. Mc. Call, J. P. Harbison, and L. T. Florez, "Room-temperature continuous-wave vertical cavity single-quantum-well microlaser diodes," Electron. Lett., vol. 25, pp. 1377-1378, 1989.

[4] R. S. Geels, S. W. Corzine, J. W. Scott, D. B. Young, and L. A. Coldren, "Low threshold planarized vertical-cavity surface-emitting lasers," IEEE Photon. Technol. Lett., vol. 2, pp. 234-236, 1990.

[5] D. L. Huffaker, D. G. Deppe, K. Kumar, and T. J. Rogers, "Native-oxide defined ring contact for low threshold vertical-cavity lasers," Appl. Phys. Lett., vol. 65, no. 1, pp. 97-99, Jul. 1994.

[6] K. L. Lear, K. D. Choquette, R. P. Schneider, Jr., S. P. Kilcoyne, and K. M. Geib, "Selectively oxidized vertical-cavity surface emitting lasers with 50% power conversion efficiency," Electron. Lett., vol. 31, no. 3, pp. 208-209, Feb. 1995.

[7] R. Jmger, M. Grabherr, C. Jung, R. Michalzik, G. Reiner, B. Wigl, and K. J. Ebeling, "57% wallplug efficiency oxide-confined 850 nm wavelength GaAs VCSELs," Electron. Lett., vol. 33, no. 4, pp.

330-331, 1997.

[8] M. Suzuki, H. Hatakeyama, K. Fukatsu, T. Anan, K. Yashiki, and M. Tsuji, "25-Gb/s operation of 1.1 µm-range InGaAs VCSELs for highspeed optical interconnections," presented at the Optical Fiber Commun. Conf., Anaheim, CA, Mar. 2006, OFA4.

[9] C. J. Chang-Hasnain, J. P. Harbison, C. E. Zah, M. W. Maeda, L. T. Florez, N. G. Stoffel, and T. P. Lee, "Multiple wavelength tunable surface-emitting laser arrays," IEEE J. Quantum Electron., vol. 27, no. 6, pp. 1368-1376, 1991.

[10] C. J. Chang-Hasnain, "Tunable VCSEL," IEEE Sel. Topics Quantum Electron., vol. 6, no. 6, pp. 978-987, 2000.

[11] M. S. Wu, E. C. Vail, G. S. Li, W. Yuen, and C. J. Chang-Hasnain, "Tunable micromachined vertical cavity surface emitting laser," Electron. Lett., vol. 31, no. 19, pp. 1671-1672, 1995.

[12] A. Syrbu, V. Iakovlev, G. Suruceanu, A. Caliman, A. Rudra, A. Mircea, A. Mereuta, S. Tadeoni, C.-A. Berseth, M. Achtenhagen, J. Boucart, and E. Kapon, "1.55 µm optically pumped wafer-fused tunable VCSELs with 32-nm tuning range," IEEE Photon Technol. Lett., vol. 16, no. 9, pp. 1991-1993, 2004.

[13] M. Maute, B. Kogel, G. Bohm, P.Meissner, and M.-C. Amann, "MEMStunable 1.55 µm VCSEL with extended tuning range incorporating a buried tunnel junction," IEEE Photon Technol. Lett., vol. 18, no. 5, pp. 688-690, 2006.

[14] S. L. Chuang, *Physics of Optoelectronic Devices*, Wiley, New York, 1995.

[15] Dubravko I. Babic and Scott W. Corzine, "Analytic Expressions for

the Reflection Delay, Penetration Depth, and Absorptance of Quarter-Wave Dielectric Mirrors," IEEE J. Quantum Electron., vol. 28, no. 2, pp. 514-524 1992

[16] K. Tai, L. Yang, Y. H. Wang, J. D. Wynn, and A. Y. Cho, "Drastic reduction of series resistance in doped semiconductor distributed Bragg reflectors for surface-emitting lasers," Appl. Phys. Lett., vol. 56, pp. 2496-2498, 1990.

[17] M. G. Peters, B. J. Thibeault, D. B. Young, J. W. Scott, F. H. Peters, A. C. Gossard, and L. A. Coldren, "Band-gap engineered digital alloy interfaces for lower resistance vertical-cavity surface-emitting lasers," Appl. Phys. Lett., vol. 63, pp. 3411-3413, 1993.

[18] J. M. Fastenau and G. Y. Robinson, "Low-resistance visible wavelength distribute Bragg reflectors using small energy band offset heterojunctions," Appl. Phys. Lett., vol. 74, pp. 3758-3760, 1999.

[19] M. Sugimoto, H. Kosaka, K. Kurihara, I. Ogura, T. Numai, and K. Kasahara, "Very low threshold current density in vertical-cavity surface-emitting laser diodes with periodically doped distributed Bragg reflectors," Electron. Lett., vol. 28, pp. 385-387, 1992.

[20] S. W. Corzine, R. S. Geels, J. W. Scott, R-.H. Yan, and L. A. Coldren, "Design of Fabry-Perot surface-emitting lasers with a periodic gain structure," IEEE J. Quantum Electron., vol. 25, no. 6, pp. 1513-1524 1989

[21] G. Hasnain, K. Tai, L. Yang, Y. H. Wang, R. J. Fischer, J. D. Wynn, B. Weir, N. K. Dutta, and A. Y. Cho, "Performance of gain-guided surface emitting lasers with semiconductor distributed Bragg

reflectors," IEEE J. Quantum Electron., vol. 27, pp. 1377-1385, 1991.

[22] K. D. Choquette and H. Q. Hou, "Vertical-cavity surface emitting lasers: Moving from research to manufacturing," Proc. IEEE, vol. 85, pp. 1730-1739, 1997.

[23] D. B. Young, J. W. Scott, F. H. Peters, M. G. Peters, M. L. Majewski, B. J. Thibeault, S. W. Corzine, and L. A. Coldren, "Enhanced performance of offset-gain high-barrier vertical-cavity surface-emitting lasers," IEEE J. Quantum Electron., vol. 29, pp. 2013-2021, 1993.

[24] M. P. van Exter, G. Nienhuis, and J. P. Woerdman, "Two simple expressions for the spontaneous emission factor β," Phys. Rev. A, vol. 54, no. 4, pp.3553, 19 96

[25] E. M. Purcell, "Spontaneous emission probabilities at radio frequencies," Phys. Rev., vol. 69, pp.681, 1946

[26] G. Bjork and Y. Yamamoto, "Analysis of semiconductor microcavity lasers using rate equations," IEEE J. Quantum Electron., vol. 27, no. 11, pp. 2386-2396, 1991.

[27] A. Sherer, J. L. Jeell, Y. H. Lee, J. P. Harbison, and L. T. Florez, "Fabrication of microlasers and microresonator optical switches," Appl. Phys. Lett., vol. 55, pp. 2724-2726, 1989.

[28] R. S. Geels, S. W. Corzine, J. W. Scott, D. B. Young, and L. A. Coldren, "Low threshold planarized vertical-cavity surface-emitting lasers," IEEE Photon. Technol. Lett., vol. 2, pp. 234-236, 1990.

[29] K. D. Choquette, G. Hasnain, Y. H. Wang, J. D. Wynn, R. S. Freund, A. Y. Cho, and R. E. Leibenguth, "GaAs vertical-cavity

surface-emitting lasers fabricated by reactive ion etching," IEEE Photon. Technol. Lett., vol. 3, pp. 859-862, 1991.

[30] B. J. Thibeault, T. A. Strand, T. Wipiejewski, M. G. Peters, D. B. Young, S. W. Corzine, L. A. Coldren, and J. W. Scott, "Evaluating the effects of optical and carrier osses in etched-post vertical cavity lasers," J. Appl. Phys., vol. 78, pp. 5871-5875, 1995.

[31] C. J. Chang-Hasnain, M. Orenstein, A. Vonlehmen, L. T. Florez, J. P. Harbison, and N. G. Stoffel, "Transverse mode characteristics of vertical cavity surface-emitting lasers," Appl. Phys. Lett., vol. 57, pp. 218-220, 1990.

[32] G. R. Hadley, K. L. Lear, M. E. Warren, K. D. Choquette, J. W. Scott, and S. W. Corzine, "Comprehensive numerical modeling of vertical-cavity surface-emitting lasers," IEEE J. Quantum Electron., vol. 32, pp. 607-616, 1996.

[33] D. Vakhshoori, J. D. Wynn, G. J. Aydzik, R. E. Leibengnth, M. T. Asom, K. Kojima, and R. A. Morgan, "Top-surface emitting lasers with 1.9 V threshold voltage and the effect of spatial hole burning on their transverse mode operation and efficiencies," Appl. Phys. Lett., vol. 62, pp. 1448-1450, 1993.

[34] Y. Ohiso, C. Amano, Y. Itoh, H. Takenouchi, and T. Kurokawa, "Long-wavelength (1.55-μm) vertical-cavity lasers with InGaAsP/InP-GaAs/AlAs DBR's by wafer fusion," IEEE J. Quantum Electron., vol. 34, pp. 1904-1913, 1998.

[35] G. Steinle, F. Mederer, M. Kicherer, R. Michalzik, G. Kristen, A. Y. Egorov, H. Riechert, H. D. Wolf, and K. J. Ebeling, "Data transmission up to 10Gbit/s with 1.3 μm wavelength InGaAsN

VCSELs," Electron. Lett., vol. 37, pp. 632, 2001.

[36] J. Boucart, C. Starck, F. Gaborit, A. Plais, N. Bouché, E. Derouin, J. C. Remy, J. Bonnet-Gamard, L. Goldstein, C. Fortin, D. Carpentier, P. Salet, F. Brillouet, and J. Jacquet, "Metamorphic DBR and tunnel-junction injection: a cw RT monolithic long-wavelength VCSEL," IEEE J. Quantum Electron., vol. 5, pp. 520, 1999.

[37] E. Hall, S. Nakagawa, G. Almuneau, J. K. Kim and L. A. Coldren, "Room-temperature, CW operation of lattice-matched long-wavelength VCSELs," Electron. Lett., vol. 36, pp. 1465, 2000.

[38] J. S. Harris, "GaInNAs long-wavelength lasers: progress and challenges," Semicond. Sci. Technol., vol. 17, pp. 880, 2002.

[39] J. Cheng, C.-L. Shieh, X. Huang, G. Liu, M. V. R Murty, C. C. Lin, and D. X. Xu, "Efficient CW lasing and high-speed modulation of 1.3- m AlGaInAs VCSELs with good high temperature lasing performance," IEEE Photon. Technol. Lett., vol. 17, pp. 7, 2005.

[40] M. Kondow, K. Uomi, A. Niwa, T. Kitatani, S. Watahiki, and Y. Yazawa, "GaInNAs: a novel material for long-wavelength-range laser diodes with excellent high-temperature performance," Jpn. J. Appl. Phys., vol. 35, pp. 1273, 1996.

[41] M. Kondow, T. Kitatani, S. Nakatsuka, M. Larson, K. Nakahara, Y. Yazawa, M. Okai, and K. Uomi, "GaInNAs: a novel material for long-wavelength semiconductor lasers," IEEE J. Select. Topics Quantum Electron., vol. 3, pp. 719-730, 1997.

[42] D. L. Huffaker, H. Deng, and D. G. Deppe, "1.15-μm wavelength oxide-confined quantum-dot vertical-cavity surface-emitting laser," IEEE Photon. Technol. Lett., vol. 10, pp. 185, 1998.

[43] C.-K. Lin, D. P. Bour, J. Zhu, W. H. Perez, M. H. Leary, A. Tandon, S. W. Corzine, and M. R. Tan, "High temperature continuous-wave operation of 1.3-and 1.55-μm VCSELs with InP/air-gap DBRs," IEEE J. Select. Topics Quantum Electron., vol. 9, pp. 1415, 2003.

[44] J. Cheng, C.-L. Shieh, X. Huang, G. Liu, M. V. R Murty, C. C. Lin, and D. X. Xu, "Efficient CW lasing and high-speed modulation of 1.3-μm AlGaInAs VCSELs with good high temperature lasing performance," IEEE Photon. Technol. Lett., vol. 17, pp. 7, 2005.

[45] Y. Onishi, N. Saga, K. Koyama, H. Doi, T. Ishizuka, T. Yamada, K. Fujii, H. Mori, J. I. Hasimoto, M. Shimazu, A. Yamaguchi, and T. Katsuyama, "Long-wavelength GaInNAs vertical-cavity surface-emitting laser with buried tunnel junction," IEEE J. Select. Topics Quantum Electron., vol. 15, pp. 838, 2009.

[46] I. Akasaki, H. Amano, K. Itoh, N. Koide, and K. Manabe, "GaN based UV/blue light-emitting devices," Inst. Phys. Conf. Ser., vol. 129, pp. 851-856, 1992.

[47] S. Nakamura, M. Senoh, S.-I. Nagahama, N. Iwasa, T. Yamada, T. Matsushita, H. Kiyoku, Y. Sugimoto, T. Kozaki, H. Umemoto, M. Sano, and K. Chocho, "Violet InGaN/GaN/AlGaN-based laser diodes with an output power of 420 mW," Jpn. J. Appl. Phys., vol. 37, pp. L627-L629, 1998.

[48] H. M. Ng, T. D. Moustakas, and S. N. G. Chu, "High reflectivity and broad bandwidth AlN/GaN distributed Bragg reflectors grown by molecular-beam epitaxy," Appl. Phys. Lett., vol. 76, pp. 2818, 2000.

[49] G. S. Huang, T. C. Lu, H. H. Yao, H. C. Kuo, S. C. Wang, C.-W. Lin, and L. Chang, "Crack-free GaN/AlN distributed Bragg reflectors

incorporated with GaN/AlN superlattices grown by metalorganic chemical vapor deposition," Appl. Phys. Lett., vol. 88, pp. 061904, 2006.

[50] T. Someya and Y. Arakawa, "Highly reflective GaN/Al$_{0.34}$Ga$_{0.66}$N quarter-wave reflectors grown by metal organic chemical vapor deposition," Appl. Phys. Lett., vol. 73, pp. 3653, 1998.

[51] K. E. Waldrip, J. Han, J. J. Figiel, H. Zhou, E. Makarona, and A. V. Nurmikko, "Stress engineering during metalorganic chemical vapor deposition of AlGaN/GaN distributed Bragg reflectors," Appl. Phys. Lett., vol. 78, pp. 3205, 2001.

[52] J.-F. Carlin and M. Ilegems, "High-quality AlInN for high index contrast Bragg mirrors lattice matched to GaN," Appl. Phys. Lett., vol. 83, pp. 668-670, 2003.

[53] E. Feltin, J.-F. Carlin, J. Dorsaz, G. Christmann, R. Butté, M.Laügt, M. llegems, and N. Grandjean, "Crack-free highly reflective AlInN/AlGaN Bragg mirrors for UV applications," Appl. Phys. Lett. 88 pp. 051108, 2006

[54] X. H. Zhang, S. J. Chua, W. Liu, L. S. Wang, A. M. Yong, and S. Y. Chow, "Crack-free fully epitaxial nitride microcavity with AlGaN/GaN distributed Bragg reflectors and InGaN/GaN quantum wells," Appl. Phys. Lett., vol. 88, pp. 191111, 2006.

[55] J. M. Redwing, D. A. S. Loeber, N. G. Anderson, M. A. Tischler, and J. S. Flynn, "An optically pumped GaN-AlGaN vertical cavity surface emitting laser," Appl. Phys. Lett., vol. 69, pp. 1-3, 1996.

[56] T. Someya, K. Tachibana, J. Lee, T. Kamiya, and Y. Arakawa, "Lasing emission from an In0.1Ga0.9N vertical cavity surface

emitting laser," Jpn. J. Appl. Phys., vol. 37, pp. L1424-L1426, 1998.

[57] Y.-K. Song, H. Zhou, M. Diagne, I. Ozden, A. Vertikov, A. V. Nurmikko, C. Carter-Coman, R. S. Kern, F. A. Kish, and M. R. Krames, "A vertical cavity light emitting InGaN quantum well heterostructure," Appl. Phys. Lett., vol. 74, pp. 3441-3443, 1999.

[58] T. Someya, R. Werner, A. Forchel, M. Catalano, R. Cingolani, and Y. Arakawa, "Room temperature lasing at blue wavelengths in gallium nitride microcavities," Science, vol. 285, pp. 1905-1906, 1999.

[59] T. Tawara, H. Gotoh, T. Akasaka, N. Kobayashi, and T. Saitoh, "Low-threshold lasing of InGaN vertical-cavity surface-emitting lasers with dielectric distributed Bragg reflectors," Appl. Phys. Lett., vol. 83, pp. 830-832, 2003.

[60] C.-C. Kao, Y. C. Peng, H. H. Yao, J. Y. Tsai, Y. H. Chang, J. T. Chu, H. W. Huang, T. T. Kao, T. C. Lu, H. C. Kuo, and S. C. Wang, "Fabrication and performance of blue GaN-based vertical-cavity surface emitting laser employing AlN/GaN and Ta2O5/SiO2 distributed Bragg reflector," Appl. Phys. Lett., vol. 87, pp. 081105, 2005.

[61] J.-T. Chu, T.-C. Lu, M. You, B.-J. Su, C.-C. Kao, H.-C. Kuo, and S.-C. Wang, "Emission characteristics of optically pumped GaN-based vertical-cavity surface-emitting lasers," Appl. Phys. Lett., vol. 89, pp. 121112, 2006.

[62] T-C. Lu, C.-C. Kuo, H.-C. Kuo, G.-S. Huang, and S.-C. Wang, "CW lasing of current injection blue GaN-based vertical cavity surface emitting laser," Appl. Phys. Lett., vol. 92, pp. 141102, 2008.

[63] Y. Higuchi, K. Omae, H. Matsumura, T. Mukai, "Room-temperature

CW lasing of a GaN-based vertical-cavity surface-emitting laser by current injection," Appl. Phys. Express vol. 1, pp. 121102, 2008

[64] T-C. Lu, S.-W Chen, C.-K. Chen, T.-T Wu, C.-H Chen, P.-M. Tu, Z.-Y Li, H.-C. Kuo, and S.-C. Wang "CW Operation of Current Injected GaN Vertical Cavity Surface Emitting Lasers at Room Temperature," Appl. Phys. Lett., vol. 97, pp. 071114, 2010

5

第五章

DFB 與 DBR 雷射

我們將在本章中介紹以邊射型雷射結構為主的單模操作雷射。我們在前一章已介紹過垂直共振腔面射型雷射因為其特有的短共振腔而形成單縱模操作的特性，相對地，**DFB**(distributed feedback)雷射與**DBR**(distributed Bragg reflector)雷射都是在平行於異質接面的方向上製作類似光柵的周期性變化結構來達成單模操作的功能。我們將會在本章一開始簡單介紹 DFB 雷射與 DBR 雷射的發展與構造，接下來介紹**微擾**(perturbation)理論來討論在平行於異質接面的方向上製作類似光柵的週期變化結構，對雷射光的波導模態所引起的效應，我們稱之為與雷射光**耦合**(couple)的效應，然後我們使用這個耦合係數推導出雷射光在這種週期變化結構來回傳遞的**耦合模態理論**(couple mode theory)。使用耦合模態理論並應用傳遞矩陣的技巧可以推導出 DFB 雷射的閾值特性與週期變化結構之間的關係，因此我們可以探討不同 DFB 雷射的閾值條件；此外，同樣的技巧可以適用於推導出 DBR 雷射的閾值條件。最後，我們將介紹**波長可調式雷射**(wavelength tunable laser)的結構與特性。

5.1 DFB 雷射簡介與雷射結構

我們在第一章的時候就介紹了一般的 FP(Fabry-Perot)共振腔型式的邊射型半導體雷射通常會發出多縱模的雷射光，其中雷射輸出光強度最強的模態通常會最靠近主動層增益頻譜最大值附近，然而其他的雷射模態的強度還是會佔有雷射輸出的一定比例，尤其是當半導體雷射在脈衝操作時，這些**旁模**(side mode)的比例會更為提高；我們在第三章時討論過，在光通訊系統裡，將半導體雷射以**直接調制**(direct modulation)的方式操作在 GHz 的範圍是很常見的情況，因此雷射幾乎都是在脈衝的情況下操作，由於光纖具有色散的特性，這些旁模將會限制光纖系統的傳輸頻寬，因此在高速直接調制的情況下，使用單模操作的半導體雷射是非常必要的。我們在第二章討論過，在雷射橫切面上的二維橫向模態要達到單模的條件可以藉由調整主動區域的大小以及與週圍披覆區域的折射率差來達成；而對雷射共振腔的縱方向上要達到單模操作較為不易，在 1980 年代開始有許多的所謂單縱模雷射的報告出現，而在 1990 年代才廣泛的使用在光通訊系統中[1]。

由於在傳統的 FP 共振腔型式的邊射型半導體雷射中，雷射光振盪反饋的機制是由共振腔兩端的反射鏡所提供，其反射係數的大小對所有的縱模都相同，因此所有縱模在共振腔中的光學損耗可視為一致，因此能夠用來選擇雷射模態的機制只有依賴主動層中增益頻譜的大小，然而對一般半導體而言，增益頻譜的譜線寬度都遠大於雷射的縱模**模距**(mode spacing)，(注意這只對傳統的邊射型雷射的狀況，若是垂直共振腔面射型雷射則情況剛好相反)，使得選擇雷射模態的效果不佳而容易形成多縱模輸出。要增進選擇雷射模態的效果，可以讓不同的雷射縱模產生不同的反饋效果，換句話說就是讓不同雷射縱模的光學損耗不同；而最常見的方法就是利用**分佈回饋**(distributed feedback, DFB)的機制。

傳統 FP 共振腔型式的邊射型半導體雷射中，雷射光產生回饋的位置是在共振腔兩端的反射鏡端面，相對地，利用分佈回饋的機制其雷射光產生回饋的地方就不只是侷限在兩端反射鏡面，而可能是分佈在整個共振腔中。這種分佈回饋的機制可以藉由在主動層附近沿著共振腔的方向製作出類似光柵的週期性變化的結構來達成，這些週期性折射率的微擾變化可以藉由耦合在共振腔中的順向傳播與逆向傳播的模態而達到回饋的效果。通常 DFB 機制的模態選擇建立在**布拉格條件**(Bragg condition)上，根據布拉格條件，要使得行進方向相反的兩個模

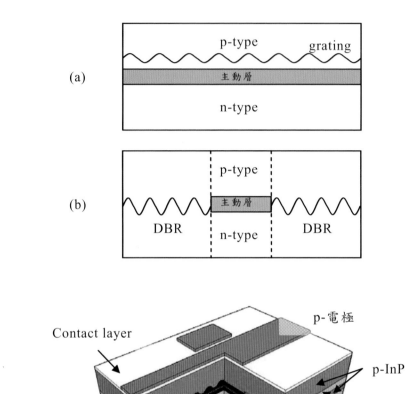

圖 5-1　(a)DFB 雷射與(b)DBR 雷射結構示意圖(c)埋藏式異質結構

DFB 雷射構造示意圖

態互相耦合的效應最大，其光柵結構(grating)的週期 $\Lambda = m\lambda_m / 2$，其中 λ_m 是在共振腔材料中的波長，而 m 是布拉格條件的階次。因此我們可以藉由製作適當的光柵週期來達到只有特定的波長才能有分佈回饋的作用，而製作出單模操作的半導體雷射。Kogelnik 和 Shank 等人發表了第一個在週期性結構中利用分佈回饋的作用觀察到雷射現象的報告[7]，自此之後相關的研究包括理論與實驗開始蓬勃發展，儘管初期的研究以 GaAs 材料為主，後來在 InGaAsP 材料上也陸續實現了優異特性的光纖通訊用的單模操作雷射。

一般而言，利用分佈回饋作用的雷射結構可以分為兩種，一種是 DFB 雷射，其結構如**圖 5-1(a)**所示，其光柵結構位於主動層的上方，沿著雷射共振腔的方向製作出週期性的結構變化；另一種是 DBR 雷射，其結構如**圖 5-1(b)**所示，其具有增益的主動層區域沒有結構上的變化，而週期性結構變化的區域則在主動層兩側，形成等效的 DBR 反射鏡，這個結構就像是橫躺的垂直共振腔面射型雷射一般，只是此等效 DBR 反射鏡的禁止帶很小，高反射率的波長也是由布拉格條件所決定，因此也具有模態選擇的效果。

通常 DFB 雷射的光柵結構會製作在主動層上或下的披覆層或分開侷限層中，因為直接將週期性的光柵結構製作在主動層中會產生一些問題。例如製作光柵結構牽涉到額外的蝕刻製程，不管是溼蝕刻或是乾蝕刻製程都免不了會在主動層中引入缺陷，而造成非輻射復合的機率，這將提高雷射的閾值電流。由於在主動層中的雷射模態必須要和光柵結構耦合作用，而光柵結構又不能製作在主動層中，因此光柵結構的位置越靠近主動層，其產生的耦合效應會越高!而光柵的結構如蝕刻深度、光柵形狀等也會影響耦合效應，相關的討論我們將在下一節中的微擾理論介紹。光柵結構的週期Λ是由雷射模態在主動層中的波長以及設計所需要的布拉格繞射的階所決定的，根據布拉格條件：

$$\Lambda = m\frac{\lambda_0}{2n_{reff}} \tag{5-1}$$

其中 n_{reff} 為雷射模態的等效折射率，λ_0 為真空波長；若以 1.55 μm 的 InGaAsP DFB 雷射為例，n_{reff} 約為 3.4，如果使用一階繞射的光柵結構 ($m = 1$)，光柵結構的週期 Λ 約為 0.23 μm，如果使用二階繞射的光柵結構($m = 2$)，則光柵的週期 Λ 約為 0.46 μm。

由上面的例子可以知道，1.55 μm 的 InGaAsP DFB 雷射的光柵週期已經小於微米製程，更短波長如 1.3 μm 或 980 nm 甚至是可見光 DFB 雷射的光柵週期更小，一般的黃光微影製程無法達到此要求。因此製作 DFB 雷射的光柵結構通常使用兩種方法，一是使用紫外光的全像干涉技術，調整兩道雷射光入射角度，使其干涉條紋的週期符合我們所設計的光柵週期，並照射到半導體表面的光阻上使其曝光，而製作出次微米的光柵結構；另一個常用的方式是使用**電子束微影**(electron beam lithography)技術，利用高空間解析度的電子束在半導體表面的電子束光阻上寫出或掃描出我們要的光柵圖案。製作完光柵圖案後，再用乾式蝕刻或是溼式蝕刻的方式在披覆層中蝕刻到設計的深度形成如**圖 5-1(a)**的光柵結構，接下來再使用 MOCVD 或是 MBE 系統在光柵結構進行**再成長**(regrowth)的步驟，完成整體的磊晶結構，之後經過雷射波導的製程以確保橫向模態為單模的情況，並製作出 p 與 n 型電極，經過兩端的晶面劈裂的手續，完成 DFB 雷射的製作如**圖 5-1(c)**結構所示。

相對的，DBR 雷射的製程就相當的複雜，由**圖 5-1(b)**可知光柵結構的區域以及主動層的區域都要在平面上分別定義出來，此外，主動層區域中的雷射模態還必須和光柵結構區域的耦合條件匹配，以達到良好的反射回饋條件，因此在製造的過程中不僅需要精準的微影技術以及蝕刻技術，還要使用到多次的再成長技術，使得 DBR 雷射大多

設計在特定的應用上，其中最主要的應用是製作**波長可調式雷射**
(wavelength tunable laser)或簡稱**可調式雷射**(tunable laser)，由於 DBR
雷射的波長是由 DBR 區域所決定的，我們可以分別以電流注入的方
式來改變 DBR 區域的等效折射率來達到調整不同波長反射率的目的，
或者是可以在主動層與 DBR 區域之間插入被動的光波導區域，此區
域也可以藉由電流注入的方式來改變其等效折射率以達到控制相位的
目的，這些改變都可以讓我們得以調整雷射的發光波長，更進一步，
這些製程技術與元件可以實現所謂**光子積體迴路**(photonic integrated
circuits, PIC)或**光電積體迴路**(optoelectronic integrated circuits. OEIC)
的複雜系統。

5.2　微擾理論

我們在第二章介紹了雷射的橫向結構，並假設雷射在共振腔的縱
方向沒有結構上的變化可以推導出的模態，然而 DFB 雷射與 DBR 雷
射在縱方向上具有折射率的週期變化，若這些變化的幅度不大，我們
可以使用**微擾理論**(perturbation theory)來計算出加入這些微小變化之
後的傳播常數，並用於下一節所要介紹的耦合模態理論中。

微擾理論奠基於在已知的簡單波導結構中所求出的一組在空間中
互相正交的模態解,若在此簡單的波導結構中加入了微小的結構變化,
正如前面所提的折射率的週期變化，則新的複雜結構的模態解可以用
原來簡單結構的模態解以線性疊加的方式逼近出新的近似解。因此我
們可以先假設在一波導結構中，第 m 個模態其電場可以表示為：

$$\bar{E}_m(x,y,z,t) = \hat{e}_i E_{0m} u_m(x,y) e^{j(\omega t - \beta_m z)} \tag{5-2}$$

其中 $\hat{e}_i$ 為電場的極化方向， E_{0m} 為電場強度， $u_m(x,y)$ 為正規化後的橫

面模態的場型分佈，由於這些模態彼此正交，因此

$$\int u_m^* \cdot u_n dA = \delta_{mn} \tag{5-3}$$

其中只有當 $m=n$ 時，δ_{mn} 為 1；當 $m \neq n$ 時，δ_{mn} 為 0，這也表示正交的模態彼此之間不會耦合。因此對此波導而言，總電場可以表示成：

$$\vec{E}(x,y,z,t) - \sum_m \vec{E}_m(x,y,z,t) \tag{5-4}$$

而不管是(5-2)式或是(5-4)式都要符合下面這道波動方程式的解：

$$\nabla^2 \vec{E} + \varepsilon_r(x,y,z)k_0^2 \vec{E} = 0 \tag{5-5}$$

其中 $\varepsilon_r(x,y,z)$ 為**相對介電常數**(relative dielectric constant)，而 k_0 為真空中的傳播常數。我們可以將(5-5)式中的 Laplace 運算子 ∇^2 拆成沿 z 傳遞方向與 xy 平面的橫方向之運算，因此可以表示成 $\nabla^2 \vec{E} = \dfrac{\partial^2}{\partial z^2}\vec{E} + \nabla_T^2 \vec{E}$，將(5-2)式代入(5-5)式可以得：

$$\nabla_T^2 u + [\varepsilon_r(x,y,z)k_0^2 - \beta^2]u = 0 \tag{5-6}$$

假設在一個簡單的平行於 z 方向的三層波導中，特徵模態 u_m 和對應的傳播常數 β_m 為已知，微擾通常可以用相對介電常數 $\Delta\varepsilon_r$ 來表示，$\Delta\varepsilon_r$ 可以是複數或者也可以是沿著 z 方向的週期變化。我們先考慮 $\Delta\varepsilon_r$ 發生在 xy 平面，而在 z 方向是均勻分佈的情況，因此(5-6)式中相對介電常數 $\varepsilon_r \to \varepsilon_r + \Delta\varepsilon_r$，將使得 $\beta \to \beta + \Delta\beta$ 以及 $u \to u + \Delta u$，(5-6)式可以重新整理得：

$$\nabla_T^2(u + \Delta u) + [(\varepsilon_r + \Delta\varepsilon_r)k_0^2 - (\beta + \Delta\beta)^2](u + \Delta u) = 0 \tag{5-7}$$

將上式展開並消去穩態項與二階微擾項，可以得到：

$$\nabla_T^2 \Delta u + \varepsilon_r k_0^2 \Delta u + \Delta\varepsilon_r k_0^2 u - 2\beta\Delta\beta u - \beta^2 \Delta u = 0 \tag{5-8}$$

再將上式乘上共軛項 u^* 以及對 xy 平面積分，可以得到：

$$2\beta\Delta\beta\int|u|^2\,dA = \int\Delta\varepsilon_r k_0^2|u|^2\,dA + \int[(\nabla_T^2\Delta u)\cdot u^* + \varepsilon_r k_0^2\Delta u\cdot u^* - \beta^2\Delta u\cdot u^*]dA \quad (5\text{-}9)$$

若對(5-6)式取共軛並乘上 Δu 可以得到：

$$\Delta u(\nabla_T^2 u^*) + \Delta u[\varepsilon_r^* k_0^2 - \beta^{*2}]u^* = 0 \quad (5\text{-}10)$$

代入在(5-9)式中，其最後兩項可以替換成：

$$-\Delta u(\nabla_T^2 u^*) + (\varepsilon_r - \varepsilon_r^*)k_0^2 u^* - (\beta^2 - \beta^{*2})u^* \quad (5\text{-}11)$$

因此(5-9)式中的最後一個積分式可以改寫成：

$$\int[(\nabla_T^2\Delta u)\cdot u^* + \varepsilon_r k_0^2\Delta u\cdot u^* - \beta^2\Delta u\cdot u^*]dA$$
$$= \int[(\nabla_T^2\Delta u)\cdot u^* - \Delta u(\nabla_T^2 u^*)]dA + \int[(\varepsilon_r - \varepsilon_r^*)k_0^2\Delta u\cdot u^* - (\beta^2 - \beta^{*2})\Delta u\cdot u^*]dA \quad (5\text{-}12)$$

而根據 divergence 理論，(5-12)式中第一項面積分可轉換為線積分：

$$\int[(\nabla_T^2\Delta u)\cdot u^* - \Delta u(\nabla_T^2 u^*)]dA = \int\nabla_T\cdot[(\nabla_T\Delta u)\cdot u^* - \Delta u(\nabla_T u^*)]dA$$
$$= \oint_\infty \hat{e}_n\cdot[(\nabla_T\Delta u)\cdot u^* - \Delta u(\nabla_T u^*)]ds \equiv 0 \quad (5\text{-}13)$$

由於 u 或 Δu 在 xy 平面上在無窮大處趨近於零，因此(5-13)式等於零。另外由於在一般狀況下波導的增益或損耗的值為零或很小，ε_r 和 ε_r^* 與 β 和 β^* 的差異不大，因此(5-12)式可視為零。所以重新整理(5-9)式，我們可以因此得到傳播常數的微擾項：

$$\Delta\beta = \frac{\int\Delta\varepsilon_r k_0^2|u|^2\,dA}{2\beta\int|u|^2\,dA} \quad (5\text{-}14)$$

接下來，我們可以用前面第二章所介紹的分開偏限量子井雷射的結構來介紹微擾理論的實例應用。**圖 5-2(b)** 為分開偏限量子井雷射的結構示意圖，由於量子井的厚度很薄，我們可以將量子井視為如**圖 5-2(a)** 三層對稱型波導結構的微擾變化。

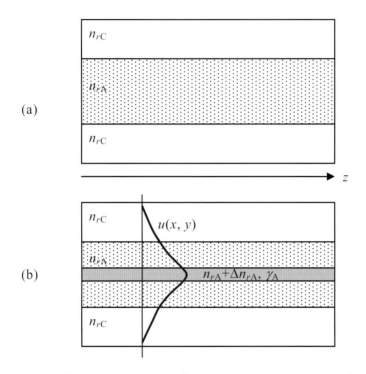

圖 5-2　(a)基本三層對稱型波導結構與(b)分開侷限量子井雷射結構示意圖，分開侷限量子井雷射結構可將量子井視為三層對稱型波導結構的微擾變化

　　由於量子井具有增益，因此相對介電常數與其折射率皆須以複數表示。則相對介電常數的變化量為 $\Delta\varepsilon_r = \Delta\varepsilon_r' + j\Delta\varepsilon_r''$，因為 $\tilde{n} = n_r + jn_i = \sqrt{\tilde{\varepsilon}_r} = \sqrt{\varepsilon_r' + j\varepsilon_r''}$，因此：

$$n_r^2 - n_i^2 = \varepsilon_r' \tag{5-15}$$

$$2n_r n_i = \varepsilon_r'' \tag{5-16}$$

當折射率加入微小變化時，讓 $n_r \to n_r + \Delta n_r$ 以及 $n_i \to n_i + \Delta n_i$，代入(5-15)式可得：

$$(n_r + \Delta n_r)^2 - (n_i + \Delta n_i)^2 = \varepsilon_r' + \Delta\varepsilon_r' \tag{5-17}$$

由於此結構在還沒加入量子井前不具增益項，因此 n_i 為零；接下來展開上式並忽略二次項可以得到：

$$n_r^2 + 2n_r \Delta n_r = \varepsilon_r' + \Delta \varepsilon_r' \tag{5-18}$$

由於在此結構中 $n_r = n_{rA}$，因此相對介電常數的實部變化量為：

$$\Delta \varepsilon_r' = 2n_{rA} \Delta n_{rA} \tag{5-19}$$

相同的，我們可以利用(5-16)式求得相對介電常數的虛部變化量為：

$$\Delta \varepsilon_r'' = 2n_{rA} \Delta n_{iA} \tag{5-20}$$

由於增益係數和虛部折射率有關：

$$\gamma_A = \frac{4\pi}{\lambda} \Delta n_{iA} \tag{5-21}$$

因此使用(5-19)式、(5-20)式與(5-21)式，相對介電常數的變化量可以表示為

$$\Delta \varepsilon_r = \Delta \varepsilon_r' + j\Delta \varepsilon_r'' = 2n_{rA} \cdot \Delta n_{rA} + j2n_{rA} \cdot \frac{\lambda \cdot \gamma_A}{4\pi} \tag{5-22}$$

由於波導中的模態傳播常數 $\beta = \overline{n}_r k_0$，其中 $\overline{n}_r$ 為等效折射率，則因加入量子井使得模態傳播常數所對應的變化為：

$$\Delta \beta = \frac{2\pi}{\lambda} \Delta \overline{n}_r = \frac{2\pi}{\lambda}(\Delta \overline{n}_r + j\Delta \overline{n}_i) = \frac{2\pi}{\lambda} \Delta \overline{n}_r + j\frac{<\gamma>_{xy}}{2} \tag{5-23}$$

根據微擾理論，將(5-22)式代入(5-14)式，可得：

$$\Delta \beta = \frac{\int \Delta \varepsilon_r k_0^2 |u|^2 \, dA}{2\beta \int |u|^2 \, dA} = \frac{k_0^2}{2\beta} \frac{2n_{rA} \int_{QW} (\Delta n_{rA} + j\frac{\lambda \gamma_A}{4\pi})|u|^2 \, dA}{\int |u|^2 \, dA} \tag{5-24}$$

上式分子中的積分只要考慮量子井的部分，因為量子井外的 $\Delta \varepsilon_r$ 為零。比較(5-23)式與(5-24)式可知：

$$< \gamma >_{xy} = \gamma_{A} \cdot \frac{n_{rA}}{\overline{n}_r} \cdot \frac{\int_{QW} |u|^2 \, dA}{\int |u|^2 \, dA} \equiv \Gamma_{xy} \cdot \gamma_{A} \qquad (5\text{-}25)$$

$$\Delta \overline{n}_r = \Delta n_{rA} \cdot \frac{n_{rA}}{\overline{n}_r} \cdot \frac{\int_{QW} |u|^2 \, dA}{\int |u|^2 \, dA} \equiv \Gamma_{xy} \cdot \Delta n_{rA} \qquad (5\text{-}26)$$

其中二維平面上的光學侷限因子Γ_{xy}和在第二章我們所介紹的定義相同，表示電場分佈的平方在量子井中所佔的比例。因此(5-25)式中的$< \gamma >_{xy}$為**模態增益**(model gain)，在第一章時就介紹了模態增益要達到共振腔中的**閾值增益**(threshold gain)時，雷射才會達到閾值條件。而(5-26)式則說明了因加入了量子井的結構，使得原本模態等效折射率的改變量等於量子井和光學侷限層折射率的差異乘上光學侷限因子。

5.3 耦合模態理論

接下來我們要討論若在模態傳播的方向上引入實部折射率或是虛部折射率(增益或是損耗)的週期性變化時，在波導結構中原來是正交的模態會彼此耦合，由此我們必須使用耦合模態理論來討論這些模態彼此耦合的效果。耦合模態理論也可以應用於兩個相同的波導若靠得很近時，未受微擾影響的基本模態之電場會延伸到另一個波導結構中，使得其模態傳播常數受到影響而產生耦合，由於只有往相同方向傳播且具有相近的傳播群速度的模態才會彼此耦合，因此又稱為方向**耦合器**(directional coupler)，常見的應用如濾波器或是光開關或高速光調制器等。相反的，在 DFB 或 DBR 結構中，通常我們所討論的光波是在同一個波導結構下行進，往兩個方向(順逆方向)傳播的模態彼此之間的耦合，因此又被稱為反正耦合(contradirectional coupling)。

5.3.1　光柵結構中的反正耦合

　　在光柵結構中的反正耦合對半導體雷射共振腔而言特別的重要，因為它提供了雷射反饋的機制；為了簡化討論起見，接下來的推導我們假設雷射模態的波前和傳播方向垂直。我們將在光柵結構中正反方向傳播的電場加起來，其總電場可以表示為：

$$\bar{E}(x, y, z, t) = \bar{u}(x, y)[E_f e^{j(\omega t - \beta z)} + E_b e^{j(\omega t + \beta z)}] \tag{5-27}$$

其中 E_f 和 E_b 分別是往正反方向傳播電場的振幅大小。接下來將(5-27)式代入波動方程式(5-5)式，並假設在波導的相對介電常數在 z 傳播方向上有微擾的變化，如圖 **5-3** 所示，即 $\varepsilon_r \rightarrow \varepsilon_r + \Delta\varepsilon_r(z)$，若這項微擾變化會使得正反方向傳播的電場互相耦合，則 E_f 和 E_b 分別會隨 z 變化，若耦合效應不大，則 E_f 和 E_b 隨 z 的變化幅度會較為緩慢；另外二維電場的分佈也會受到變化 $\bar{u} \rightarrow \bar{u} + \Delta\bar{u}$，但 $\Delta\bar{u}$ 的幅度很小，因此將波動方程式中未受微擾的項以及二次微擾的項去除，我們可以得到：

$$-2j\beta(\bar{u} + \Delta\bar{u})\frac{dE_f}{dz}e^{-j\beta z} + 2j\beta(\bar{u} + \Delta\bar{u})\frac{dE_b}{dz}e^{j\beta z}$$
$$= -[\nabla_T^2 \Delta\bar{u} + (\varepsilon_r k_0^2 - \beta^2)\Delta\bar{u}][E_f e^{-j\beta z} + E_b e^{j\beta z}] \tag{5-28}$$
$$- \Delta\varepsilon_r(z)k_0^2 \bar{u}[E_f e^{-j\beta z)} + E_b e^{j\beta z}]$$

將(5-28)式乘上 $\bar{u}^*$ 並對 xy 平面積分，其中等式右邊第一項根據前一節的(5-12)式會趨近於零，而 $\Delta\bar{u} \cdot dE_i / dz$ 也屬於二次微擾項可以消去，則積分後可以整理成：

$$\frac{dE_f}{dz}e^{-j\beta z} - \frac{dE_b}{dz}e^{j\beta z} = -j\frac{k_0^2}{2\beta}[E_f e^{-j\beta z} + E_b e^{j\beta z}]\frac{\int \Delta\varepsilon_r(z)|\bar{u}|^2 dA}{\int |\bar{u}|^2 dA} \tag{5-29}$$

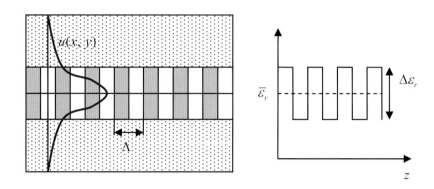

圖 5-3 在波導中沿 z 軸製作週期性折射率變化的光柵結構可以產生
反正耦合的效果

觀察(5-29)式，若 $\Delta\varepsilon_r(z)$ 沿著 z 方向沒有變化，則正反方向傳播的波彼此不會互相影響，即 $\dfrac{dE_f}{dz} = -j\Delta\beta E_f$ 與 $\dfrac{dE_b}{dz} = j\Delta\beta E_b$，因此 $\Delta\varepsilon_r(z)$ 必須包含 $e^{\pm 2j\beta z}$ 項，正反方向傳播的才會互相耦合。

若 $\Delta\varepsilon_r$ 可視作 xy 二維平面上的分佈再乘上傅立葉級數：

$$\Delta\varepsilon_r(x,y,z) = \sum_{m\neq 0}\Delta\varepsilon_m(x,y)e^{-jm\frac{2\pi}{\Lambda}z} \tag{5-30}$$

其中 Λ 為光柵結構中的基本週期，則 $m2\pi/\Lambda$ 為週期性微擾的高階項，將(5-30)式代入(5-29)式，若下列的條件成立時：

$$m\frac{2\pi}{\Lambda} \cong 2\beta = \frac{4\pi\overline{n}_r}{\lambda} \tag{5-31}$$

我們可以比較相近的指數項而得到一組正反方向傳播互相耦合的方程式：

$$\frac{dE_f}{dz}e^{-j\beta z} = -j\frac{k_0^2}{2\beta}E_b e^{j\beta z}e^{-jm\frac{2\pi}{\Lambda}z}\frac{\int \Delta\varepsilon_m(x,y)|\overline{u}|^2\,dA}{\int |\overline{u}|^2\,dA} \tag{5-32}$$

$$\frac{dE_b}{dz}e^{j\beta z} = j\frac{k_0^2}{2\beta}E_f e^{-j\beta z}e^{jm\frac{2\pi}{\Lambda}z}\frac{\int \Delta\varepsilon_{-m}(x,y)|\bar{u}|^2 dA}{\int |\bar{u}|^2 dA} \tag{5-33}$$

(5-31)式即為**布拉格條件**(Bragg condition)，表示只有在趨近布拉格條件下，正反方向傳播的光會同調耦合。若定義 $\beta_0 = m\pi/\Lambda$，則布拉格波長為 $\lambda_0 = 2\bar{n}_r\Lambda/m$，由此可以決定特定波長雷射所需要的光柵週期$\Lambda$，若使用的繞射階 m 越高，光柵結構的週期就可以越長。我們可以定義**耦合係數**(coupling coefficient)為：

$$\kappa_{\pm m} = \frac{k_0^2}{2\beta}\frac{\int \Delta\varepsilon_{\pm m}(x,y)|\bar{u}|^2 dA}{\int |\bar{u}|^2 dA} = \frac{k_0^2}{2\beta}\int \Delta\varepsilon_{\pm m}(x,y)|\bar{u}|^2 dA \tag{5-34}$$

其中假設 u 已經正規化，所以上式分母的積分為 1，從(5-34)式可知模態與光柵結構之間的重疊積分越大的話，耦合係數越大。在這裡要注意 $\Delta\varepsilon_{\pm m}$ 不代表相對介電係數變化的幅度，而是(5-30)式中的傅立葉係數。

範例 5-1

若波導中的光柵相對介電係數變化可以表示成 $\delta\varepsilon\cos(2\pi z/\Lambda - \phi)$，試求此光柵結構所引起的耦合係數。

解：

若相對介電係數變化可以表示成 $\delta\varepsilon\cos(2\pi z/\Lambda - \phi)$，改用(5-30)式的表示法可知 $m = \pm 1$，以及 $\Delta\varepsilon_{m=\pm 1} = \delta\varepsilon/2$ 來展開，因此：

$$\Delta\varepsilon_r(x,y,z) = \frac{\delta\varepsilon(x,y)}{2}e^{-j\phi}e^{j\frac{2\pi}{\Lambda}z} + \frac{\delta\varepsilon(x,y)}{2}e^{j\phi}e^{-j\frac{2\pi}{\Lambda}z} \tag{5-35}$$

根據(5-19)式，$\delta\varepsilon(x,y) = 2n_g\delta n_g(x,y)$，其中 n_g 代表在光柵結構中的平均折射率，而δn_g 代表折射率變化以弦波振盪的振幅，因此由(5-34)式耦合係數為：

$$\kappa_{\pm 1} = \kappa e^{\pm j\phi} = \frac{k_0^2}{2\beta} \frac{\int_g \frac{\delta\varepsilon(x,y)}{2}|\bar{u}|^2 dA}{\int |\bar{u}|^2 dA} e^{\pm j\phi}$$

$$= \frac{k_0^2}{2\beta} \frac{\int_g n_g \delta n_g(x,y)|\bar{u}|^2 dA}{\int |\bar{u}|^2 dA} e^{\pm j\phi} \qquad (5\text{-}36)$$

$$= \frac{k_0}{2\bar{n}k_0} \cdot \frac{2\pi}{\lambda} \cdot n_g \cdot \delta n_g \cdot \Gamma_{xyg} \cdot e^{\pm j\phi}$$

$$= \frac{n_g \delta n_g}{\bar{n}} \frac{\pi}{\lambda} \Gamma_{xyg} \cdot e^{\pm j\phi}$$

其中 Γ_{xyg} 為 xy 二維平面上波導模態在光柵結構中的光學侷限因子。而 ϕ 為光柵結構週期變化的起始相位。

由於我們感興趣的波長都接近於布拉格波長，因此可以定義一個失調參數(detuning parameter)δ為：

$$\delta \equiv \beta - \beta_0 \qquad (5\text{-}37)$$

整理(5-32)式與(5-33)式：

$$\frac{dE_f(z)}{dz} = -j\kappa_m E_b(z)e^{j2\delta z} \qquad (5\text{-}38)$$

$$\frac{dE_b(z)}{dz} = j\kappa_{-m} E_f(z)e^{-j2\delta z} \qquad (5\text{-}39)$$

(5-38)式與(5-39)式很清楚地說明了正反方向傳播的波互相耦合的情形，此二式同時說明了其中一個方向波的強度隨距離的變化和另一個方向波的強度成正比，同時也和耦合係數成正比，以及與去相因子(dephasing factor)有關，這裡的去相因子與失調參數有關，當失調參數 $\delta=0$ 也就是達到布拉格條件時，去相因子達到最大值。值得一提的是，若 $\Delta\varepsilon(z)$ 與 β 為實數的話，由(5-34)式可知 $\kappa_{-m} = \kappa_m^*$，而這個條件即使是

在 $\Delta\varepsilon(z)$ 與 β 有些微增益或損耗的複數情況下一樣成立。

通常在使用(5-27)式時，用布拉格波數 $\beta_0 = m\pi/\Lambda$ 會比使用 β 方便，因此可以改寫(5-27)式以及不考慮時間項：

$$\bar{E}(x,y,z) = \bar{u}(x,y)[E_f(z)e^{-j\beta z} + E_b(z)e^{j\beta z}]$$
$$= \bar{u}(x,y)[A(z)e^{-j\beta_0 z} + B(z)e^{j\beta_0 z}] \tag{5-40}$$

其中 $A(z)$ 與 $B(z)$ 定義為：

$$A(z) = E_f(z)e^{-j\delta z} \tag{5-41}$$

$$B(z) = E_b(z)e^{j\delta z} \tag{5-42}$$

將上兩式帶入(5-38)式與(5-39)式，可以推導出使用 $A(z)$ 與 $B(z)$ 的耦合方程式為：

$$\frac{dA}{dz} = -j\kappa_m B - j\delta A \tag{5-43}$$

$$\frac{dB}{dz} = j\kappa_{-m} A + j\delta B \tag{5-44}$$

此耦合方程式的一般解可以表示成：

$$A(z) = A_1 e^{-\sigma z} + A_2 e^{\sigma z} \tag{5-45}$$

$$B(z) = B_1 e^{-\sigma z} + B_2 e^{\sigma z} \tag{5-46}$$

其中 σ 為可以從邊界條件中解得的複數波數，A_1、A_2、B_1 以及 B_2 為彼此獨立的係數。將(5-45)式與(5-46)式代入(5-43)式與(5-44)式，分別找出 $e^{\pm\sigma z}$ 指數相等的係數，我們可以得到：

$$(\sigma - j\delta)A_1 = j\kappa_m B_1 \tag{5-47}$$

$$(\sigma + j\delta)B_1 = -j\kappa_{-m} A_1 \tag{5-48}$$

$$(\sigma + j\delta)A_2 = -j\kappa_m B_2 \tag{5-49}$$

$$(\sigma - j\delta)B_2 = j\kappa_{-m} A_2 \tag{5-50}$$

要解得 A_1、A_2、B_1 以及 B_2 為非零的值，可以令上四式的行列式為零，得到以下的關係式：

$$\sigma^2 = \kappa_m \kappa_{-m} - \delta^2 = \kappa_m^2 - \delta^2 \tag{5-51}$$

其中最後一個等式是假設 $\Delta\varepsilon(z)$ 與 β 為實數。若波導中具有增益或損耗，也就是 β 為複數，失調參數 δ 也為複數，則(5-51)式可以表示成：

$$\tilde{\sigma}^2 = \kappa_m^2 - \tilde{\delta}^2 \tag{5-52}$$

其中

$$\tilde{\delta} \equiv \tilde{\beta} - \beta_0 = \frac{2\pi\bar{n}_r}{\lambda} + j\frac{<\gamma>_{xy} - \alpha_i}{2} - m\frac{\pi}{\Lambda} \tag{5-53}$$

其中 $<\gamma>_{xy} = \Gamma_{xy} \cdot \gamma_A$ 為模態增益，而 α_i 為共振腔中的平均內部損耗。

另一方面若 $\Delta\varepsilon(z)$ 為複數，(5-52)式仍然成立。若一光柵結構的折射率與增益變化如範例 5-1 中的弦波函數，$\delta\gamma_g$ 為增益變化的弦波振幅，則耦合係數可表示成：

$$\kappa = \frac{n_g}{\bar{n}}\frac{\pi}{\lambda}(\delta n_g + j\frac{\delta\gamma_g}{2k_0})\Gamma_{xyg} \tag{5-54}$$

將 $\sigma = j\sqrt{\delta^2 - \kappa_m^2}$ 代入(5-40)式中可以得到四個不同的相位變化：

$$\begin{aligned}
\vec{E}(x,y,z) &= \vec{u}(x,y)[A(z)e^{-j\beta_0 z} + B(z)e^{j\beta_0 z}] \\
&= \vec{u}(x,y)[(A_1 e^{-\sigma z} + A_2 e^{\sigma z})e^{-j\beta_0 z} + (B_1 e^{-\sigma z} + B_2 e^{\sigma z})e^{j\beta_0 z}] \\
&= \vec{u}(x,y)[A_1 e^{(-j\beta_0-\sigma)z} + A_2 e^{(-j\beta_0+\sigma)z} + B_1 e^{(j\beta_0-\sigma)z} + B_2 e^{(j\beta_0+\sigma)z}]
\end{aligned} \tag{5-55}$$

因此我們可以定義在光柵結構中分別對應到 A_1、A_2、B_1 以及 B_2 的四個傳播常數 β_g 為：

$$\beta_g = \pm(\beta_0 \pm \sqrt{\delta^2 - \kappa_m^2}) \tag{5-56}$$

由 $\delta = \beta - \beta_0 = (\omega - \omega_0)/\upsilon_g$，這四個傳播常數 β_g 將會有對應的頻率或光子能量，若取 $m=1$，讓 $\kappa_m = \kappa_1 = \kappa$，我們可以畫出頻率與傳播常數的 ω-β 關係如**圖 5-4** 所示。

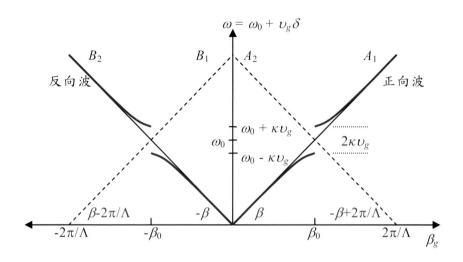

圖 5-4 反正耦合效果的光柵結構中之 ω-β 關係圖

當傳播常數 β_g 遠離布拉格條件 β_0 時,造成 $|\delta| \gg \kappa$,(5-56)式中的傳播常數 β_g 有四種解,分別為 $\pm\beta$ 以及 $\pm(\beta-2\beta_0)$,**圖 5-4** 中細的黑色實線代表沒有受到耦合的正向波 $+\beta$ 與反向波 $-\beta$ 的解,因此暗紅色的傳播常數 β_g 在遠離布拉格條件 β_0 時都會趨近 $\pm\beta$,其模態的群速度也就是 ω-β 關係圖中的斜率為 $\pm\upsilon_g$;而細的黑色虛線代表正向波與反向波受到了以 Λ 為週期的光柵結構所產生的折疊或複製平移 $\pm2\pi/\Lambda$ 的效果,其中 $+(\beta-2\beta_0)$ 為正向波的複製平移,而 $-(\beta-2\beta_0)$ 為反向波的複製平移,這些複製平移的模態所具有的電場強度非常小,由(5-48)式與(5-49)式可知 $A_2, B_1 \cong 0$。

當傳播常數 β_g 恰為布拉格條件 β_0 時,使得 $|\delta| = 0$ 以及 $\omega_0 = \upsilon_g\pi/\Lambda$,(5-56)式中的傳播常數 β_g 也有四種解,分別為 $\beta_g = \pm(\beta_0 \pm j\kappa)$,因此所有模態的傳播常數皆為 β_0,但是模態的強度會隨著傳遞方向表現出以 κ 的常數呈現指數遞減或增強,這說明了在光柵結構中到達布拉格條

件時，耦合效應最強，此時 A_1、A_2、B_1 以及 B_2 皆有值，正向波會將能量轉移給反向波，使得從一個方向入射到光柵結構的光最後一定會被反射出去；不僅是只有在布拉格條件會有這種現象，當 $\delta^2 - \kappa^2 < 0$ 時傳播常數 β_g 會有虛部產生，使得正反向波會互相能量轉移，使得光波無法在光柵結構中存在，因此 ω_0 在 $2\kappa\upsilon_g$ 的範圍中被稱為禁止帶 (stopband)，其現象和我們在第四章所介紹的 DBR 的禁止帶意義與原理是相同的。

當 $|\delta| = \kappa$ 或 $\omega = \omega_0 \pm \upsilon_g\kappa$，恰好脫離禁止帶的範圍，傳播常數 β_g 為純實數 $\pm\beta_0$，偏離 $\pm\beta$ 的程度達到最大，由於模態的群速度 $\upsilon_g = \partial\omega / \partial\beta_g$，我們可以從圖 5-4 中發現，此時的群速度趨近於零，因為從(5-47)式與(5-50)式可知，$A_1 = B_1$ 以及 $A_2 = B_2$，再由(5-55)式可知，由於正反方向波的振幅相同，行進方向相反加上波數相同，因此形成駐波，使得電場在原地振盪，因此其等效的群速度趨近於零。而當失調條件進一步增加時，正反方向波的振幅大小又逐漸變異，使得模態又恢復到群速度分別為 $\pm\upsilon_g$ 的正反方向波。

5.3.2　有限長度光柵結構的反射與穿透

接下來我們要看一個實際例子：有限長度的光柵結構如圖 5-5 所示。我們假設一道正向光從光柵結構的左邊 $z = 0$ 處入射並往+z 方向傳播，在傳播的過程中受到了光柵結構的作用，將能量耦合到往-z 方向傳播的反向波，光柵結構的長度為 L_g，若在光柵結構之後沒有其他的介面足以引起反射光，則在 $z = L_g$ 時沒有反向波，因此 $E_b(L_g)=0$。

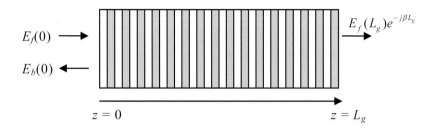

圖 5-5 有限長度(L_g)的光柵結構圖，在 $z = L_g$ 時沒有反向波，因此 $E_b(L_g)=0$

因為在 $z = L_g$ 時沒有反向波，因此我們可以使用這個邊界條件，也就是 B($z = L_g$)=0，因此由(5-46)式，$B(L_g) = B_1 e^{-\sigma L_g} + B_2 e^{\sigma L_g} = 0$，因此

$$B_2 = -B_1 e^{-2\sigma L_g} \tag{5-57}$$

由於光柵結構的反射係數可以表示成：

$$r_g = \frac{E_b(0)}{E_f(0)} = \frac{B(0)}{A(0)} = \frac{B_1 + B_2}{A_1 + A_2} \tag{5-58}$$

將(5-48)式、(5-50)式與(5-57)式代入上式，光柵結構的反射係數可以整理成：

$$r_g = -j \frac{\kappa_{-m} \sinh(\sigma L_g)}{\sigma \cosh(\sigma L_g) + j\delta \sinh(\sigma L_g)} = -j \frac{\kappa_{-m} \tanh(\sigma L_g)}{\sigma + j\delta \tanh(\sigma L_g)} \tag{5-59}$$

相同的，光柵結構的穿透係數可以表示成：

$$t_g = \frac{E_f(L_g)e^{-j\beta L_g}}{E_f(0)} = \frac{A(L_g)e^{-j\beta_0 L_g}}{A(0)} \tag{5-60}$$

將(5-45)式、(5-48)式、(5-50)式與(5-57)式代入上式，光柵結構的穿透係數可以整理成：

$$t_g = \frac{\sigma}{\sigma \cosh(\sigma L_g) + j\delta \sinh(\sigma L_g)} e^{-j\beta_0 L_g} = \frac{\sigma \sec h(\sigma L_g)}{\sigma + j\delta \tanh(\sigma L_g)} e^{-j\beta_0 L_g} \quad (5\text{-}61)$$

在布拉格條件時，$\delta = 0$ 以及 $\sigma = \kappa_{-m}$，因此反射係數簡化為：

$$r_g = -j\frac{\kappa_{-m} \tanh(\kappa_{-m} L_g)}{\kappa_{-m}} = -j \tanh(\kappa_{-m} L_g) \quad (5\text{-}62)$$

此時若光柵結構的折射率變化為實數，因此 κ_{-m} 為實數，此時反射係數的相位為 $\pi/2$；然而此相位會隨著我們所選擇的 $z = 0$ 起始點與光柵結構週期變化的相對相位有關。

光柵結構的反射率頻譜可以取(5-59)式的絕對值平方得到：

$$R = \left|r_g\right|^2 = \frac{\kappa^2 \tanh^2(\sigma L_g)}{\sigma^2 + \delta^2 \tanh^2(\sigma L_g)} \quad (5\text{-}63)$$

圖 5-6 為不同耦合係數下的有限長度光柵結構的反射率頻譜圖，其中耦合係數與失調參數已對光柵長度正規化，當耦合係數或光柵長度越大時，反射率就越高。而虛線代表$|\delta|=\kappa$ 時的反射率，在 2κ 的範圍內，$|\delta| < \kappa$，正反耦合的效應很強，形成高反射率的禁止帶；而在虛線範圍以外的區域，$|\delta| > \kappa$，正反耦合的效應變弱，反射率迅速下降。考慮布拉格條件下，$\delta = 0$ 以及 $\sigma = \kappa$，若 κL_g 很小，則由(5-62)式：

$$\left|r_g\right| \cong \kappa L_g \quad (5\text{-}64)$$

而 κ 可以視為光柵結構中單位長度的反射係數。

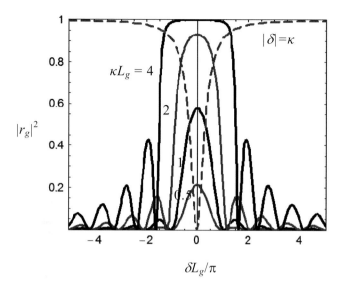

圖 5-6 不同耦合係數下的有限長度光柵結構的反射率頻譜圖，其中耦合係數與失調參數已對光柵長度正規化，而虛線代表 $|\delta|=\kappa$ 時的反射率。

範例 **5-2**

若在**圖 5-5** 光柵結構中 $E_f(0)=1$，試求在布拉格條件下的 $E_f(z)$ 與 $E_b(z)$。若 $L_g = 300\ \mu m$，試分別畫出 $\kappa L_g = 1$ 與 $\kappa L_g = 0.5$ 的正向波與反向波強度分佈圖。

解：

在布拉格條件下 $\delta = 0$ 以及 $\sigma = \kappa$，因此正向波可以寫成：

$$E_f(z) = A_1 e^{-\kappa z} + A_2 e^{\kappa z} \tag{5-65}$$

因為邊界條件 $E_f(0)=1$，所以 $A_1+A_2=1$，並由(5-48)式以及使用布拉格條件可以知道 $A_1 = jB_1$，(5-65)式可以整理為：

$$E_f(z) = e^{\kappa z} + jB_1(e^{-\kappa z} - e^{\kappa z}) \tag{5-66}$$

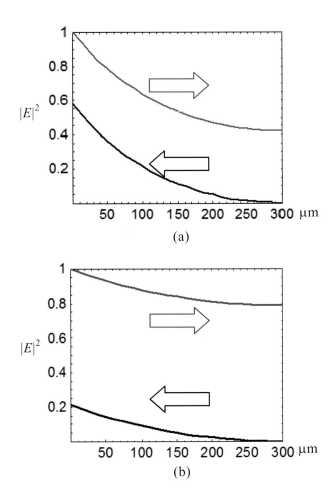

圖 5-7　不同耦合係數下的有限長度光柵結構的正反方向波強度分佈
圖，其中 (a) $\kappa L_g = 1$ 與 (b) $\kappa L_g = 0.5$。

由另一個邊界條件 $E_b(0) = B_1 + B_2 = r_g = -j\tanh\kappa L_g$，並使用(5-57)式可得：

$$B_1 = -j\frac{\tanh\kappa L_g}{1 - e^{-2\kappa L_g}} \tag{5-67}$$

將(5-67)式代入(5-66)式可得：

$$E_f(z) = e^{\kappa z} + \frac{\tanh\kappa L_g}{1 - e^{-2\kappa L_g}}(e^{-\kappa z} - e^{\kappa z}) = \frac{\cosh[\kappa(L_g - z)]}{\cosh\kappa L_g} \tag{5-68}$$

同樣的，反向波可以寫成：

$$E_b(z) = B_1 e^{-\kappa z} + B_2 e^{\kappa z} \tag{5-69}$$

使用(5-57)式與(5-67)式代入上式可以得到：

$$E_b(z) = -j\frac{\sinh[\kappa(L_g - z)]}{\cosh\kappa L_g} \tag{5-70}$$

圖 **5-7** 則畫出了在不同耦合係數下的有限長度光柵結構的正反方向波強度分佈圖，我們可以清楚看到耦合係數較大的光柵結構將正向波的強度耦合到反向波的比例較大。

5.4　DFB 雷射之特性

接下來我們要討論 DFB 雷射的特性，首先是推導 DFB 雷射的閾值條件。若考慮如圖 **5-1(a)**的 DFB 雷射，其結構非常類似我們在上一節所討論的光柵結構，因此我們可以運用上一節所推導出的結果。然而我們在上一節中並沒有考慮光柵結構的兩端有相位或反射的影響，在此我們要把這些效應一併考慮進去，我們將會使用傳遞矩陣法來推導更為複雜的 DFB 雷射結構。

5.4.1　DFB 雷射振盪條件之解析

　　首先，我們先考慮如**圖 5-1(a)**的 DFB 雷射結構，其兩端鏡面的反射率為零，在實際的雷射鏡面製程上可以使用抗反射膜的方式達成，另一方面，DFB 雷射結構和**圖 5-5** 的光柵結構相比，又有雷射增益與內部損耗的效應產生，因此其模態傳播常數為複數。在雷射閾值條件下，雷射增益若能克服內部損耗與傳輸損耗的話，將會發生只有輸出光卻沒有輸入光的情況，運用前一節的討論結果，這樣的情形只有發生在反射係數(5-59)式或穿透係數(5-61)式產生極值時，也就是讓分母為零的狀況下，雷射可以達到閾值條件。因此雷射閾值條件的特徵方程式為：

$$\tilde{\sigma}_{th} = -j\tilde{\delta}_{th}\tanh(\tilde{\sigma}_{th}L_g) \tag{5-71}$$

其中

$$\tilde{\sigma}_{th}^2 = \kappa^2 - \tilde{\delta}_{th}^2 \tag{5-72}$$

$$\tilde{\delta}_{th} = \tilde{\beta}_{th} - \beta_0 \tag{5-73}$$

因為模態傳播常數為複數可以寫成：

$$\tilde{\beta}_{th} = \beta_{th} + j\frac{<\gamma>_{xyth} - <\alpha_i>_{xy}}{2} = \beta_{th} + j\frac{<g>_{th}}{2} \tag{5-74}$$

其中$<g>_{th}$為扣掉內部損耗之後的淨閾值增益，而

$$\beta_{th} = \frac{2\pi\overline{n}}{\lambda_{th}} \tag{5-75}$$

$$\beta_0 = m\frac{\pi}{\Lambda} \tag{5-76}$$

因此，我們還是可以定義一個實數的失調參數為：

$$\delta = \beta_{th} - \beta_0 \tag{5-77}$$

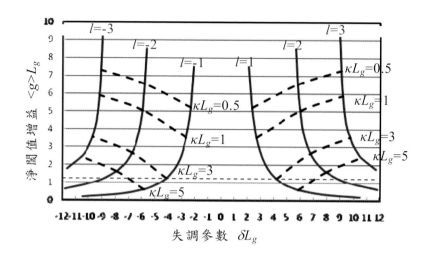

圖 5-8　在不同的耦合係數下，淨閾值增益與失調參數的關係圖。圖
中的耦合係數、淨增益與失調參數均已乘上光柵長度成為無因次的參
數。不同的 l 值代表共振腔中的縱模數，此圖只畫出 l=-3 到 l=3 的縱
模數。$<g>L_g$=1.1 的橫虛線代表 FP 雷射的淨閾值增益值。

　　由於(5-71)式為超越方程式，因此需要使用數值解來找出對不同的
耦合係數所對應的閾值增益以及閾值頻率；通常為了方便起見，我們
會除去雷射共振腔長度的影響，考慮無因次的耦合係數 κL_g，並畫出
$<g>L_g$ 對上 δL_g 的關係圖如**圖 5-8** 所示。

　　由**圖 5-8** 可知，在固定的耦合係數的光柵結構中，會有許多縱模
出現，我們以 l 來標記，當 l 越大時，淨閾值增益值越大，這就是 DFB
雷射之所以能夠選擇雷射模態的機制；而這些模態的閾值頻率在布拉
格頻率的兩側具有對稱的淨閾值增益值，表示 DFB 雷射會至少同時出
現一對相同的雷射模態，我們會在之後說明這樣的現象和前面所假設
的 DFB 雷射兩端無反射率有關。此外，光柵結構的耦合係數越大，會
使得淨閾值增益值下降，也會使得最靠近布拉格頻率兩側的閾值頻率

之間的距離拉大。重新整理(5-74)式，並乘上 L_g：

$$<g>_{th} L_g = -2j(\tilde{\beta}_{th} - \beta_{th})L_g \tag{5-78}$$

和一般的 FP 雷射比較，$-2j(\tilde{\beta}_{th} - \beta_{th})L_g$ 即等同於 DFB 雷射的鏡面損耗。由於 FP 雷射的鏡面損耗為 $<g>_{th} L_g = 1/2 \cdot \ln(1/R_1/R_2)$，對於直接劈裂的雷射鏡面而言，$R_1 = R_2 \cong 0.32$，因此 FP 雷射的鏡面損耗為 1.1，因此圖 **5-8** 中小於 $<g>_{th} L_g = 1.1$ 的雷射模態(例如 $\kappa L_g = 5$、$l=1$)，其閾值條件將會比 FP 雷射還低。

若考慮弱耦合的情況，假設 $\kappa L_g << 1$ 或 $<g>_{th} >> \kappa$，因為 $\tilde{\delta}_{th} = \delta + j <g>_{th} /2$，則(5-72)式可以近似成

$$\tilde{\sigma}_{th} = \sqrt{|\kappa|^2 - \tilde{\delta}_{th}^2} = j\tilde{\delta}_{th}\sqrt{1 - \frac{|\kappa|^2}{\tilde{\delta}_{th}^2}} = j\tilde{\delta}_{th}(1 - \frac{1}{2}\frac{|\kappa|^2}{\tilde{\delta}_{th}^2}) \tag{5-79}$$

因此(5-71)式可以寫成：

$$j\tilde{\delta}_{th}(1 - \frac{1}{2}\frac{|\kappa|^2}{\tilde{\delta}_{th}^2}) + j\tilde{\delta}_{th}\tanh(\tilde{\sigma}_{th}L_g) = 0 \tag{5-80}$$

所以，

$$1 + \tanh(\tilde{\sigma}_{th}L_g) = \frac{1}{2}\frac{|\kappa|^2}{\tilde{\delta}_{th}^2} \tag{5-81}$$

若 $\tilde{\sigma}_{th}L_g$ 很大，則 $\tanh(\tilde{\sigma}_{th}L_g) \cong 1 - 2e^{-2\tilde{\sigma}_{th}L_g}$，因此(5-81)式整理得：

$$2e^{-2\tilde{\sigma}_{th}L_g} = \frac{1}{2}\frac{|\kappa|^2}{\tilde{\delta}_{th}^2} \tag{5-82}$$

因為 $<g>_{th} >> \kappa$，因此在(5-79)式中 $\tilde{\sigma}_{th} = j\tilde{\delta}_{th}(1 - \frac{1}{2}\frac{|\kappa|^2}{\tilde{\delta}_{th}^2}) \cong j\tilde{\delta}_{th}$，帶入(5-82)式中整理得：

$$|\kappa|^2 e^{(2j\delta - <g>_{th})L_g} = -(2j\delta - <g>_{th})^2 \tag{5-83}$$

經過比較等號兩端的振幅與相位項，可得：

$$<g>_{th}^2 + 4\delta^2 = |\kappa|^2 e^{-<g>_{th} L_g}$$ (5-84)

$$\delta L_g = (l + \frac{1}{2})\pi - \tan^{-1}(\frac{2\delta}{<g>_{th}})$$ (5-85)

其中 l 即為**圖 5-8** 中的縱模模數。若先忽略(5-85)式中的最後一項，則達到閾值條件時的雷射模態頻率為：

$$\nu_{th} = \nu_0 + (l + \frac{1}{2})\frac{c}{2\bar{n}L_g}$$ (5-86)

則 DFB 雷射的縱模模距仍是如 FP 雷射般的 $c / 2\bar{n}L_g$，但是會以布拉格頻率為中心向兩側延伸；另一方面，由(5-84)式可知在耦合係數 κ 固定的條件下，δ增加會使得淨閾值增益值增加，因此說明了高縱模數的閾值增益條件較高。

範例 5-3

若一 DFB 雷射的兩端為抗反射膜，共振腔長度為 300 μm，其光柵結構的耦合係數使得 κL_g=5，若此雷射的內部損耗為 10 cm^{-1}，光學侷限因子Γ_{xy} 為 0.1，(a) 試求此 DFB 雷射的閾值材料增益，並與相同長度、內部損耗與光學侷限因子、且兩端反射鏡反射率為 0.32 的 FP 雷射比較。(b) 若此兩種雷射的主動層厚度為 0.1 μm，寬度為 3 μm，雷射的增益線性近似可表示為：

$$\gamma_{max} = a(n - n_{tr}) = 3\times10^{-16}(n - 1\times10^{18})\,(cm^{-1})$$

主動層中輻射復合生命期為 1.5 nsec，內部量子效率 $\eta_i = 0.8$，試求此兩種雷射的閾值電流。

解：

(a) 因為 DFB 雷射中的 $\kappa L_g=5$，由**圖 5-8** 可知 $<g>_{th} L_g$ 的最小值為 0.604，使用(5-74)式可知：

$$\Gamma_{xy} \cdot \gamma_{th} = \frac{0.604}{L_g} + <\alpha_i> = \frac{0.604}{300 \times 10^{-4}} + <\alpha_i> = 30.13 \, \text{cm}^{-1}$$

因此 DFB 雷射的閾值材料增益為

$$\gamma_{th} = 30.13 / \Gamma_{xy} = 301.3 \, \text{cm}^{-1}$$

相對的，對 FP 雷射而言：

$$\Gamma_{xy} \cdot \gamma_{th} = <\alpha_i> + \frac{1}{L}\ln\frac{1}{R} = 10 + \frac{1}{300 \times 10^{-4}}\ln\frac{1}{0.32} = 47.98 \, \text{cm}^{-1}$$

因此 FP 雷射的閾值材料增益為

$$\gamma_{th} = 47.98 / \Gamma_{xy} = 479.8 \, \text{cm}^{-1}$$

(b) 我們已在第一章時推導出閾值增益與閾值電流之間的關係如下：

$$I_{th} = \frac{eV_a}{\eta_i \tau_n}(\frac{\gamma_{th}}{a} + n_{tr})$$

其中 V_a 為主動層體積，τ_n 為載子復合生命期，η_i 為內部量子效率，a 為微分增益，n_{tr} 為透明載子濃度，因此對 DFB 雷射而言，其閾值電流為：

$$I_{th} = \frac{1.6 \times 10^{-19} \times 300 \times 3 \times 0.1 \times 10^{-12}}{0.8 \times 1.5 \times 10^{-9}}(\frac{301.3}{3 \times 10^{-16}} + 1 \times 10^{18}) = 24 \, \text{mA}$$

同樣的，對 FP 雷射而言，其閾值電流為：

$$I_{th} = \frac{1.6 \times 10^{-19} \times 300 \times 3 \times 0.1 \times 10^{-12}}{0.8 \times 1.5 \times 10^{-9}}(\frac{479.8}{3 \times 10^{-16}} + 1 \times 10^{18}) = 31.2 \, \text{mA}$$

由第一章對 FP 雷射縱模的介紹中我們知道：

$$n_{pl} = \frac{R_{sp}}{1/\tau_{pl} - g_l} = \frac{R_{sp}}{\gamma_l - g_l} \qquad (5\text{-}87)$$

其中 $1/\tau_{pl} = \gamma_l$ $1/\tau_{pl}$ 為模態 l 之光子損失的速率，而 g_l 為光子增加的速率，R_{sp} 為自發放射率。而**旁模抑制比**(SMSR)定義為：

$$\text{SMSR} = \frac{n_{p0}}{n_{p1}} = \frac{P_0}{P_1} = \frac{1/\tau_{p1} - g_1}{1/\tau_{p0} - g_0} \equiv \frac{\gamma_1 - g_1}{\gamma_0 - g_0} \qquad (5\text{-}88)$$

其中下標 0 代表強度最強的模態，而下標 1 代表最強模態旁側邊次強的模態。若定義 $\Delta\gamma = \gamma_1 - \gamma_0$ 與 $\Delta g = g_0 - g_1$，則重新整理(5-88)式為：

$$\text{SMSR} = 1 + \frac{\Delta\gamma + \Delta g}{\gamma_0 \cdot \chi} \qquad (5\text{-}89)$$

其中 $\chi \equiv 1 - g_0/\gamma_0 \approx 10^{-4}$。對 FP 雷射而言，其光子損失與增益的曲線如**圖 5-9(a)**所示，由於雷射的回饋是由兩端鏡面所提供，此鏡面的對所有縱模的反射率都相同，因此光子損失都一樣，所以 $\Delta\gamma = 0$，因此模態的選擇機制完全交由雷射增益曲線的差異來提供，因為對邊射型半導體雷射而言，縱模的模距小且增益曲線的半高寬大，因此 $\Delta g/g_0 \approx 5 \times 10^{-3}$，由(5-89)式計算，FP 雷射的 SMSR 會小於 17dB，如**圖 5-9(b)**所示。

另一方面，由於 DFB 雷射中的光柵結構使不同的縱模感受到不同的回饋效應，因此不同縱模的光子損耗會不同，如**圖 5-9(c)**所示，其中光子損耗最低的頻率位在布拉格頻率的兩側，由**圖 5-8** 可知，不同縱模的光子損耗差異至少會大於 10%，因此 $\Delta\gamma/\gamma_0 \approx 10^{-1}$，再加上增益曲線的差異，使得 DFB 雷射的 SMSR 至少會大於 30dB 以上！儘管**圖 5-9(d)**中 DFB 雷射的 SMSR 很大，但是此 DFB 雷射的功率頻譜中出現了兩個雷射模態，仍不可以被稱為單模雷射，接下來我們要討論 DFB 雷射中如何達到單模雷射操作。

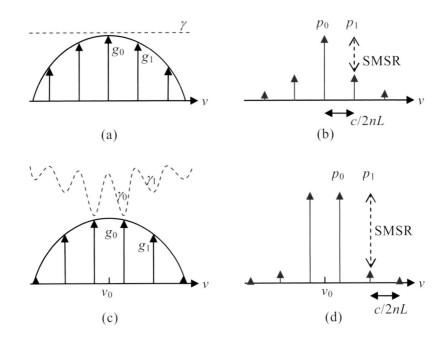

圖 5-9 　(a) FP 雷射的增益曲線與共振腔光子損耗線(為一定值的虛線)。
(b) FP 雷射的功率頻譜。(c) DFB 雷射的增益曲線與共振腔光子損耗線
(為一起伏的虛線，其中光子損耗最低的地方為布拉格頻率的兩側)。
(d) DFB 雷射的功率頻譜。

5.4.2　傳遞矩陣法計算 DFB 雷射之振盪條件

　　為了要將 DFB 雷射兩端鏡面的反射、相位等考慮進去，甚至是更
複雜的 DFB 雷射結構，接下來我們將介紹傳遞矩陣法，將複雜的 DFB

雷射結構分解成對應的矩陣，以方便使用電腦進行數值運算。

　　正如我們在第二章與第四章曾經介紹過的傳遞矩陣法，我們要先推導出一個 2×2 的矩陣型式，為了方便推導起見，我們將光柵結構中 $z = 0$ 的平面放在右邊如圖 **5-10(a)** 所示。

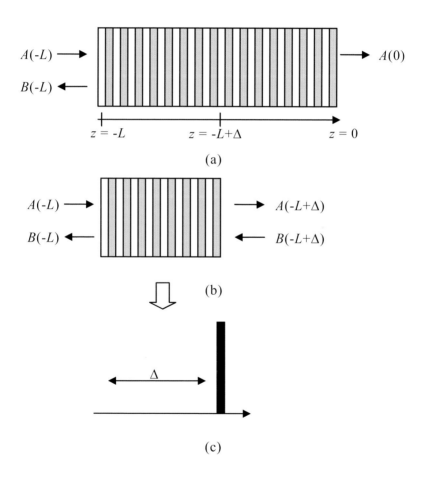

(a)

(b)

(c)

圖 5-10　(a) 光柵結構示意圖，其中 $z = 0$ 的平面放在右邊。(b)將(a)
　　　光柵中的一小段截取出來，長度為Δ。(c) 等效反射鏡模型。

因為 $B(0) = 0$，因此：

$$B_1 + B_2 = 0 \tag{5-90}$$

而(5-46)式可以寫成：

$$B(z) = B_1(e^{-\sigma z} - e^{\sigma z}) = -2B_1 \sinh \sigma z \tag{5-91}$$

利用(5-48)式與(5-50)式以及(5-90)式代入(5-45)式整理得：

$$
\begin{aligned}
A(z) &= A_1 e^{-\sigma z} + A_2 e^{\sigma z} = \frac{-\sigma - j\delta}{j\kappa_{-m}} B_1 e^{-\sigma z} - \frac{\sigma - j\delta}{j\kappa_{-m}} B_1 e^{\sigma z} \\
&= -j2B_1(-\frac{\sigma}{\kappa_{-m}} \cosh \sigma z + j\frac{\delta}{\kappa_{-m}} \sinh \sigma z)
\end{aligned}
\tag{5-92}
$$

因此，在光柵結構中的任一點 $z = -L$ 處，$A(-L)$ 與 $B(-L)$ 分別為

$$A(-L) = j2B_1(\frac{\sigma}{\kappa_{-m}} \cosh \sigma L + j\frac{\delta}{\kappa_{-m}} \sinh \sigma L) \tag{5-93}$$

$$B(-L) = 2B_1 \sinh \sigma L \tag{5-94}$$

此時若我們取出光柵結構中的一段從 $z = -L$ 處到 $z = -L+\Delta$，如**圖 9-10(b)**所示，則在 $z = -L+\Delta$ 處，$A(-L+\Delta)$ 與 $B(-L+\Delta)$ 分別為

$$A(-L+\Delta) = j2B_1[\frac{\sigma}{\kappa_{-m}} \cosh \sigma(L-\Delta) + j\frac{\delta}{\kappa_{-m}} \sinh \sigma(L-\Delta)] \tag{5-95}$$

$$B(-L+\Delta) = 2B_1 \sinh \sigma(L-\Delta) \tag{5-96}$$

使用下兩恆等式：

$$\sinh(x \pm y) = \sinh x \cosh y \pm \cosh x \sinh y \tag{5-97}$$

$$\cosh(x \pm y) = \cosh x \cosh y \pm \sinh x \sinh y \tag{5-98}$$

則(5-96)式可以展開並整理成：

$$
\begin{aligned}
B(-L+\Delta) &= 2B_1[\sinh \sigma L \cosh \sigma\Delta - \cosh \sigma L \sinh \sigma\Delta] \\
&= \cosh \sigma\Delta \cdot B(-L) - 2B_1 \cosh \sigma L \sinh \sigma\Delta
\end{aligned}
\tag{5-99}
$$

而由(5-93)式可得：

$$\cosh \sigma L = \frac{\kappa_{-m}}{\sigma}[\frac{A(-L)}{j2B_1} - j\frac{\delta}{\kappa_{-m}}\sinh \sigma L] \qquad (5\text{-}100)$$

代入(5-99)式中整理可得：

$$B(-L+\Delta) = j\frac{\kappa_{-m}}{\sigma}\sinh \sigma\Delta \cdot A(-L) + [\cosh \sigma\Delta + j\frac{\delta}{\sigma}\sinh \sigma\Delta] \cdot B(-L) \qquad (5\text{-}101)$$

我們可以得到在平移了 Δ 後，$B(-L+\Delta)$ 可以由 $A(-L)$ 與 $B(-L)$ 的線性組合計算得。同理，我們也可以用相同方法展開(5-95)式獲得：

$$A(-L+\Delta) = [\cosh \sigma\Delta - j\frac{\delta}{\sigma}\sinh \sigma\Delta] \cdot A(-L) - j\frac{\kappa_m}{\sigma}\sinh \sigma\Delta \cdot B(-L) \qquad (5\text{-}102)$$

因此，由(5-101)式與(5-102)式我們得到一 2×2 的矩陣連結了 $A(-L+\Delta)$、$B(-L+\Delta)$ 與 $A(-L)$、$B(-L)$：

$$\begin{bmatrix} A(-L+\Delta) \\ B(-L+\Delta) \end{bmatrix} = \begin{bmatrix} \cosh \sigma\Delta - j\frac{\delta}{\sigma}\sinh \sigma\Delta & -j\frac{\kappa_m}{\sigma}\sinh \sigma\Delta \\ j\frac{\kappa_m^*}{\sigma}\sinh \sigma\Delta & \cosh \sigma\Delta + j\frac{\delta}{\sigma}\sinh \sigma\Delta \end{bmatrix} \begin{bmatrix} A(-L) \\ B(-L) \end{bmatrix} $$
$$= \begin{bmatrix} T_{11} & T_{12} \\ T_{21} & T_{22} \end{bmatrix} \begin{bmatrix} A(-L) \\ B(-L) \end{bmatrix} = T_{grating} \begin{bmatrix} A(-L) \\ B(-L) \end{bmatrix} \qquad (5\text{-}103)$$

另一方面，我們也可以將此矩陣視為一延遲 Δ 距離的延遲矩陣乘上一固定反射率鏡面的組合，$T = T_{phase} \cdot T_{mirror}$，其概念如**圖 5-10(c)**所示的等效鏡面模型。對一延遲矩陣而言，$\kappa = 0$ 表示沒有光柵的影響，因此只有因傳播了 Δ 後的相位變化，因為 $\sigma = \sqrt{\kappa_m^2 - \delta^2} \cong j\delta$，因此代入(5-103)式整理可得：

$$T_{phase} = \begin{bmatrix} e^{-j\delta\Delta} & 0 \\ 0 & e^{j\delta\Delta} \end{bmatrix} \qquad (5\text{-}104)$$

而對一固定鏡面而言，可以將 κ 視為非常大，並將 $\kappa\Delta$ 設為定值，使得

$\sigma = \sqrt{\left|\kappa_m\right|^2 - \delta^2} \cong \left|\kappa_m\right|$，同樣的代入(5-103)式整理可得：

$$T_{mirror} = \cosh\left|\kappa_m\right|\Delta \begin{bmatrix} 1 & -j\dfrac{\kappa_m}{\left|\kappa_m\right|}\tanh\left|\kappa_m\right|\Delta \\ j\dfrac{\kappa_m^*}{\left|\kappa_m\right|}\tanh\left|\kappa_m\right|\Delta & 1 \end{bmatrix} \tag{5-105}$$

由於上式的矩陣元素近似(5-62)式在布拉格條件下的反射係數，我們可以定義此固定鏡面的反射係數為

$$r \equiv j\frac{\kappa_m}{\left|\kappa_m\right|}\tanh\left|\kappa_m\right|\Delta \tag{5-106}$$

此外：

$$\cosh\left|\kappa_m\right|\Delta = \frac{1}{\sqrt{1-\tanh^2\left|\kappa_m\right|\Delta}} = \frac{1}{\sqrt{1-r^2}} \tag{5-107}$$

因此(5-105)式可以表示成固定鏡面的傳遞矩陣：

$$T_{mirror} = \frac{1}{\sqrt{1-r^2}}\begin{bmatrix} 1 & -r \\ -r^* & 1 \end{bmatrix} \tag{5-108}$$

接下來，我們便開始利用上面所推導出來的傳遞矩陣來計算各種不同的 DFB 雷射結構的特性。如圖 **5-11** 的 DFB 雷射，其左右兩端有固定相位及反射係數的反射鏡面，兩鏡面之間存在一個相位差，因此整體結構的傳遞矩陣可表示成：

$$T = T_{mirror1} \cdot T_{phase} \cdot T_{grating} \cdot T_{mirror2} \tag{5-109}$$

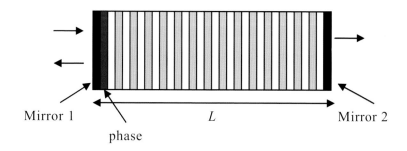

圖 5-11　DFB 雷射結構示意圖，兩端具有固定的反射率，並存在一個
　　　　 相位差。

　　我們可以設右邊鏡面只有出射光沒有反射光，而計算左邊鏡面的
反射率，針對不同的失調參數 δL 與淨閾值增益 $<g>L$，我們可以得到如
圖 5-12 的反射率等高線圖，**圖 5-12** 所計算的 DFB 雷射結構其兩端鏡
面之間的相位差 $\phi = 0$，耦合參數為 $\kappa L=1$，兩端鏡面反射係數為 0，我
們可以看到有六個反射率為峰值的地方，此六個兩兩對稱的峰值即代
表該 DFB 雷射 l=-3 到 l=3 的縱模，這些縱膜的位置和**圖 5-8** 所計算出
來的結果相同，其中淨值增益最低的兩個對稱的縱模代表該 DFB 雷射
最有可能發出雷射的兩個模態。

　　若我們固定該 DFB 雷射的耦合參數為 $\kappa L=1$，兩端鏡面的相位差
為零，並假設兩端鏡面的反射係數相同，我們改變兩端鏡面的反射係
數，計算所得的雷射模態如**圖 5-13** 所示，反射係數分別從 0 增加到
0.5，雷射的閾值增益持續下降，這是因為共振腔中由兩端反射鏡所提
供的回饋機制變好，使得鏡面損耗變小所致；然而由兩端反射鏡所提
供的回饋對所有的縱模而言都相同，使得模態選的機制反而變差。我
們可以看到**圖 5-13** 中當反射係數小於 0.3 時，雷射模態之間的淨閾值
增益仍有差別，由於共振腔中的回饋是由光柵結構所主宰，其中淨閾

值增益最低的兩個模態還是最靠近失調參數為零的地方，由於兩端反射鏡的反射係數相同，因此兩個模態的淨閾值增益相同；然而當反射係數大於 0.3 時，共振腔中的回饋轉為由雷射兩端鏡面所主宰，因此所有縱模的淨閾值增益趨於相同，縱模的模距也不存在所謂的禁止帶，簡單的說就是此雷射的特性和一般的 FP 雷射相同。

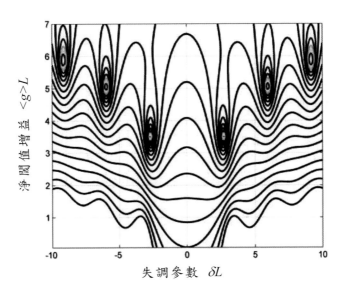

圖 5-12　DFB 雷射在不同淨閾值增益與雷射頻率下的反射率等高線圖，其中 DFB 雷射兩端鏡面之間的相位差 $\phi = 0$，耦合參數為 $\kappa L=1$，兩端鏡面反射係數為 0。此圖只畫出 l=-3 到 l=3 的縱模。

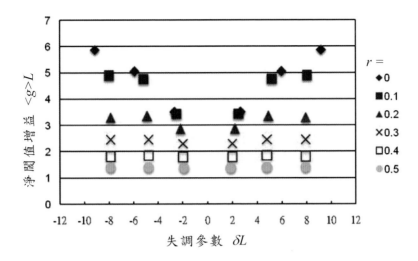

圖 5-13　DFB 雷射淨閾值增益與失調參數的關係圖。DFB 雷射兩端鏡面之間的相位差 $\phi = 0$，耦合參數為 $\kappa L=1$，兩端鏡面反射係數分別為 0、0.1、0.2、0.3、0.4 與 0.5。此圖只畫出 $l=-3$ 到 $l=3$ 的縱模。

接下來若我們固定該 DFB 雷射的耦合參數為 $\kappa L=1$，並假設兩端鏡面的反射係數相同都為 0.1，然而將兩端鏡面的相位差設為 $\pi/2$，我們計算所得的反射率等高線圖如**圖 5-14** 所示。我們可以看到當兩端鏡面的相位差為 $\pi/2$ 時，雷射模態的分佈變得不對稱了，失調參數為負的一側具有較低的淨閾值增益，其中最靠近失調參數為零的模態具有最低的淨閾值增益，使得此雷射可以達到所謂的單模操作！

若我們改變鏡面之間不同的相位差，所得到的雷射模態如**圖 5-15** 所示，由圖可知當相位差從零往 $\pi/2$ 增加時，雷射縱模態的對稱性越來越差，使得最低增益的兩個模態之間的增益差值越來越大，由(5-89)式可知，當 $\Delta\gamma$ 越大時 SMSR 越大，單縱模操作的條件就會越來越好。當鏡面之間的相位差從 $\pi/2$ 再增大時，雷射縱模態的對稱性又會恢復，同時雙雷射模態操作的情形又會出現。

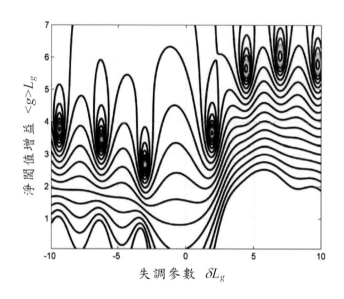

圖 5-14　DFB 雷射在不同淨閾值增益與雷射頻率下之反射率的等高線圖，其中 DFB 雷射兩端鏡面之間的相位差 $\phi = \pi/2$，耦合參數為 $\kappa L = 1$，兩端鏡面反射係數為 0.1。

　　不只是 DFB 雷射兩端鏡面的相位差會改變雷射單模操作的特性，即使雷射兩端鏡面的相位相同但是反射係數不同，也會造成雷射縱模態的不對對稱性發生。一般傳統 DFB 雷射的兩端鏡面會以鏡面鍍膜的方式將鏡面的反射率降低，使其影響 DFB 雷射模態操作的效果受限，然而雷射兩端鏡面的相位卻和鏡面端光柵結構結束的相位有關，在實際製程上要達到如**圖 5-11** 的兩端光柵結構的結束相位一致並不容易，由於 DFB 雷射光柵結構的週期約在 200 nm 到 300 nm 左右，一般雷射鏡面在劈裂時，很難精準控制雷射鏡面剛好結束在我們要求的相位上，使得傳統 DFB 雷射要達到單一縱模操作的良率最高也只有 50% 的可能性，使得製作 DFB 雷射的成本大增，為了克服這樣的問題，下一小節我們將介紹幾種方法來達到製作單縱模操作的 DFB 雷射。

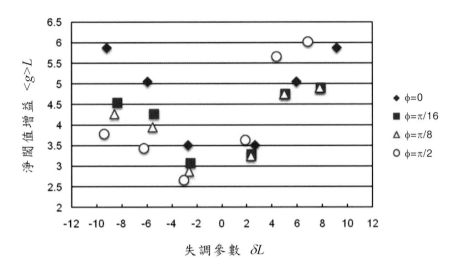

圖 5-15 DFB 雷射兩端鏡面之間的相位差 ϕ 對淨閾值增益與雷射頻率的影響，其中耦合參數為 $\kappa L=1$，兩端鏡面反射係數為 0.1。

5.4.3 單模操作的 DFB 雷射結構

一般的 DFB 雷射結構可以如圖 **5-16(a)** 所示，我們可以任取中央一段 $\Lambda/4$ 當成共振腔，若以布拉格條件的雷射模態來回一趟的相位為 π，而此共振腔的左右兩側的光柵結構可視為左右兩端的 DBR 反射鏡，布拉格條件下此反射鏡的相位皆為 π，分析此共振腔中的光來回一趟的相位為 3π，無法滿足駐波條件，因此在傳統的 DFB 雷射中，雷射模態並不會操作在布拉格條件上，也就是失調參數不為零。

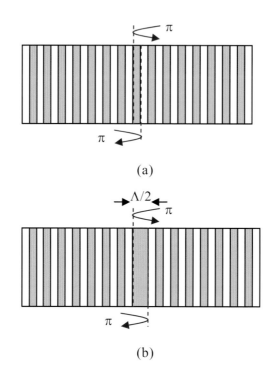

圖 5-16　(a) DFB 雷射結構示意圖，任意取中央一段視為共振腔，則
在共振腔左右兩側的光柵結構可視為反射鏡，而反射鏡的相位為π。(b)
π/2-相位平移 DFB 雷射之結構示意圖，任意取中央一段再加上Λ/4 的
長度視為共振腔，同樣的在共振腔左右兩側的光柵結構可視為反射鏡，
而反射鏡的相位為π。

　　若我們在一般的 DFB 雷射結構中，將其中一段Λ/4 的長度增加為
Λ/2，如**圖 5-16(b)**所示，由(5-104)式可知，我們可以將此Λ/4 長度的
增加視為在布拉格條件下相位增加了π/2，因此若同樣的去分析**圖
5-16(b)**中共振腔雷射模態來回一趟的相位，我們可以得到4π，正符合
共振條件，因此這樣的 DFB 雷射的結構可以操作在布拉格條件。由於
這種雷射通常需要使用電子束微影的方式製作具有相位平移的光柵結

構，因此被稱為π/2 相位平移 DFB 雷射。**圖 5-17** 為單模操作的 DFB 雷射頻譜圖，其 SMSR 大於 50dB！

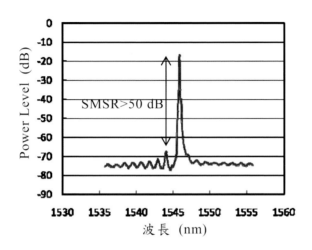

圖 5-17　DFB 雷射單模操作頻譜圖

　　若要分析π/2 相位平移 DFB 雷射的反射率與閾值條件，我們可以將(5-109)式改寫為：

$$T = T_{mirror1} \cdot T_{grating}(L/2) \cdot T_{phase}(\pi/2) \cdot T_{grating}(L/2) \cdot T_{mirror2} \qquad (5\text{-}110)$$

儘管鏡面之間的相位差會影響計算的結果，但由於兩端鏡面的反射率很小，為了減化分析起見，上式中鏡面之間的相位差設為零。我們假設相位平移的位置發生在光柵結構的中央，因此(5-110)式中光柵結構傳遞矩陣的長度參數設為 $L/2$，**圖 5-18** 為π/2 相位平移 DFB 雷射的反射率等高線圖，儘管其中兩端鏡面的反射係數設為 0，我們可以清楚的觀察到在失調參數為 0 處有一最低淨閾值增益的模態。說明了π/2 相位平移 DFB 雷射可以真正操作在單模雷射的共振條件下。

　　若我們改變光柵結構中耦合參數的大小，所計算出的淨閾值增益對失調參數的關係如圖 **5-19** 所示,其中 $\pi/2$ 相位平移 DFB 雷射兩端鏡面之間的相位差 $\phi = 0$,兩端鏡面反射係數為 0。我們可以發現不管是在何種耦合參數的情況下,都可以維持單模操作的條件,此外我們比較圖 **5-8** 傳統 DFB 雷射和圖 **5-19** $\pi/2$ 相位平移 DFB 雷射的閾值大小,可以發現在相同的耦合參數下,$\pi/2$ 相位平移 DFB 雷射的閾值比較低,表示此種雷射的閾值電流較小。除了我們前面所提到的兩端鏡面的反射率與相位差會影響到 $\pi/2$ 相位平移 DFB 雷射的模態分佈外,相位平移在共振腔長度中的相對位置也會影響到雷射的模態分佈,可以很容易理解的是,當相位平移位置兩端的光柵長度之間的比例越趨近於 1,單模雷射操作的條件就越容易達成;相反的,當此兩段光柵的長度比例越遠離 1,就會回到傳統 DFB 雷射的結構,雙模態操作的振盪條件又會出現。

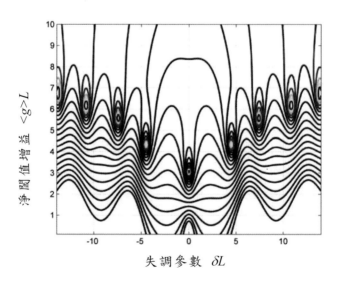

圖 5-18　$\pi/2$-相位平移 DFB 雷射在不同淨閾值增益與雷射頻率之下的反射率等高線圖,其中 DFB 雷射兩端鏡面之間的相位差 $\phi = 0$,兩端鏡面反射係數為 0。

　　當 π/2 相位平移 DFB 雷射操作在閾值條件下時，主動層中的載子分佈相當均勻；然而當雷射操作在閾值條件以上時，雷射共振腔中的光場強度會集中在相位平移的地方如**圖 5-20** 所示，在光場集中的地方會使得載子再結合的速率增加，增益在相位平移的地方會被消耗的很快，增益就像在空間中出現一個類似坑洞的相對低點，因此被稱之為空間燒洞(spatial hole burning)。

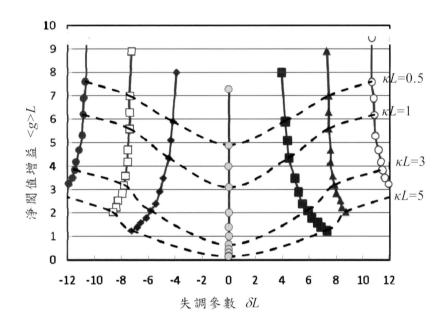

圖 5-19　π/2-相位平移 DFB 雷射在不同的耦合係數下，淨閾值增益與失調參數的關係圖。圖中的耦合係數、淨增益與失調參數均已乘上光柵長度成為無因次的參數。其中 DFB 雷射兩端鏡面之間的相位差 φ = 0，兩端鏡面反射係數為 0。

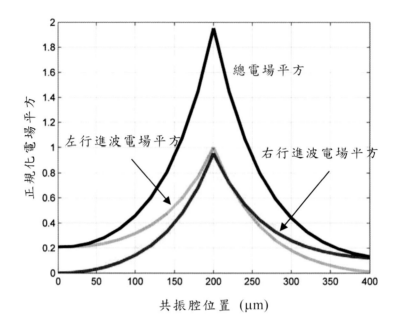

圖 5-20　π/2-相位平移 DFB 雷射之共振腔內部電場平方分佈圖，其中
　　　　耦合參數為 $\kappa L = 3$，兩端鏡面反射係數為 0

　　因此為了維持主動層中的閾值增益，在相位平移週圍的載子必須大量的注入，使得載子在共振腔中的分佈不均勻，由於主動層中的載子密度會影響雷射波導的等效折射率，因此在雷射共振腔的方向上，折射率的分佈也會不均勻，尤其是在高注入的狀況下不均勻的程度更加嚴重，這會更減少主模與旁模間的閾值差異，而形成多模操作的現象。

　　要計算 DFB 雷射沿縱方向的光場分佈，我們可以將雷射結構切成夠密的間隔點，每個間隔點之間再利用傳遞矩陣的方法來計算間隔兩側的正反行進波的電場，我們可以將 DFB 雷射的其中一側視為邊界條件，也就是只有出射光而沒有入射光的情形，依序使用傳遞矩陣，便可以將 DFB 雷射沿縱方向的電場分佈求出來，經過適當的正規化之後，我們就可以畫出如**圖 5-20** 的光場分佈圖。

一 $\pi/2$ 相位平移 DFB 雷射的淨閾值增益與失調參數的關係如下表所示，雷射的兩端為抗反射膜，共振腔長度為 300 μm，忽略共振腔中的內部損耗。若主模與側模的模態增益差異為 1%，且主動層中主模的模態增益與閾值增益的比例保持在 99.9%，請分別求出在耦合參數 $\kappa L = 3$ 與 $\kappa L = 4$ 的條件下之 SMSR。

表 5-1　$\pi/2$ 相位平移 DFB 雷射的淨閾值增益與失調參數

耦合參數	主模		側模	
κL	δL	$<g>L$	δL	$<g>L$
3	0	0.65	5.833	2.083
4	0	0.3	6.533	1.583

解：

(a) 當耦合參數 $\kappa L = 3$ 時，主模的閾值增益為 0.65，因為此數值已經過長度的正規化，因此實際的閾值增益為 0.65 / 300μm = 21.67 cm^{-1}，我們可以設 $\gamma_0 = 21.67$ cm^{-1}，又側模的閾值增益為 $\gamma_1 = 2.083 / 300$μm $= 69.43$ cm^{-1}。又由題目給定主模的模態增益與閾值增益的比例保持在 99.9%，以及主模與側模的模態增益差異為 1%，因此 $g_0 = 21.67 \times 99.9\% = 21.65$ cm^{-1}，$g_1 = 21.65 \times 99\% = 21.43$ cm^{-1}，由(5-88)式，我們可以計算出 SMSR：

$$\text{SMSR} = \frac{\gamma_1 - g_1}{\gamma_0 - g_0} = \frac{69.43 - 21.43}{21.67 - 21.65} = 2400$$

換算成 dB 為 33.8dB。

(b) 同樣地,當耦合參數 $\kappa L = 4$ 時,主模的閾值增益為 0.3,實際的閾值增益為 $\gamma_0 = 0.3/300\mu m = 10\ cm^{-1}$,側模的閾值增益為 $\gamma_1 = 1.583/300\mu m = 52.77\ cm^{-1}$。依照上面給定的條件與計算方式, $g_0 = 10 \times 99.9\% = 9.99\ cm^{-1}$, $g_1 = 9.99 \times 99\% = 9.89\ cm^{-1}$,由(5-88)式,我們可以計算出 SMSR:

$$\text{SMSR} = \frac{\gamma_1 - g_1}{\gamma_0 - g_0} = \frac{52.77 - 9.89}{10 - 9.99} = 4288$$

換算成 dB 為 36.3dB。

由於π/2 相位平移 DFB 雷射的模態會受到空間燒洞的影響,使得 π/2 相位平移 DFB 雷射的操作僅能限制在較低的輸出功率;當然由圖 **5-19** 可知,若將耦合係數降低,將會提高單模操作的穩定度,但是降低耦合係數將會提升閾值增益,使得操作電流上升,這並不是一個好的解決方法。因此,為了要利用高耦合係數的好處,且要避免空間燒洞的現象發生,我們必須將共振腔中的光場強度平均分佈在共振腔的長度中。其中一個簡單的解決辦法是在光柵結構中再多加幾個相位平移點,使得光場強度可以在幾個相位平移點間反折而達到較均勻的分佈。

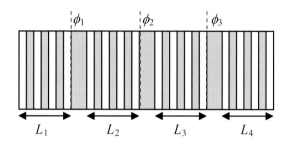

圖 5-21 三相位平移 DFB 雷射結構示意圖，將平移相位分別為 ϕ_1、ϕ_2 與 ϕ_3 的結構設計於光柵結構中，其中被平移相位區隔開的每段長度 L_1 到 L_4 的比例可以優化使得光場在光柵結構中能夠均勻的分佈。

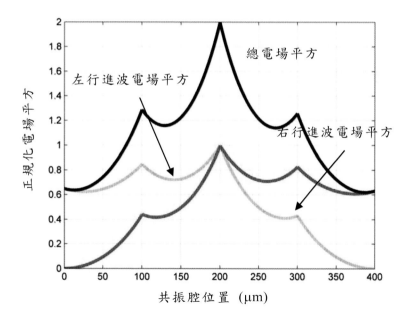

圖 5-22 三相位平移 DFB 雷射之共振腔內部電場平方分佈圖，其中 耦合參數為 $\kappa L = 3$，兩端鏡面反射係數為 0。

　　圖 **5-21** 為一個簡單的三相位平移 DFB 雷射的結構示意圖，其中三個相位平移量分別為 ϕ_1、ϕ_2 與 ϕ_3，被平移相位區隔開的每段長度分別為 L_1、L_2、L_3 與 L_4，相位平移量與相位區隔的長度可藉由優化計算以達到所需要的光場均勻程度。在此，我們舉一個最簡單的例子，若耦合參數設為 $\kappa L = 3$，而相位平移量都設為 $\pi/3$，每段被相位區隔的長度都相等，兩端鏡面的反射係數設為零，在最低閾值模態下所計算出來的光場分佈如圖 **5-22** 所示，我們可以看到在每個相位平移處，總光場強度會被反折，其中最強與最弱的光場強度之間的比例約為 3.3 倍，而圖 **5-20** 的 $\pi/2$ 相位平移 DFB 雷射，其光場強度比例約 10 倍，相較之下改善許多!

5.5　DBR 雷射

　　如圖 **5-1** 所示，DBR 雷射同樣應用了分佈回饋的機制，使得不同頻率縱模的閾值增益或是鏡面損耗有所不同，提供了另一種單模雷射操作的結構。然而和 DFB 雷射不同的是，DBR 的光柵結構是製作在主動層的外面，其雷射共振腔的結構和 FP 類似都由兩端的鏡面提供雷射光回饋的機制，只是 DBR 雷射的鏡面其反射率會隨著頻率變化。事實上，DBR 雷射發展和 DFB 雷射差不多是在同一時期[8]。

　　若以圖 **5-23** 所示的 DBR 雷射為例，中央長度為 L_c 的部分即為可以注入電流產生雷射增益的共振腔，而左右兩邊則為另外蝕刻出來的光柵結構，長度各為 L_{g1} 與 L_{g2}，其中並不會讓電流注入產生增益，其和主動區域連接的端面反射率可以由(5-59)式求出：

$$r_g = \left|r_g\right|e^{i\phi} = -j\frac{\kappa_{-m}\sinh(\sigma L_g)}{\sigma\cosh(\sigma L_g)+j\delta\sinh(\sigma L_g)} = -j\frac{\kappa_{-m}\tanh(\sigma L_g)}{\sigma+j\delta\tanh(\sigma L_g)} \quad (5\text{-}111)$$

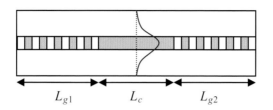

圖 5-23　DBR 雷射結構示意圖。

其中 ϕ 為反射係數的相位。由於主動區域和光柵區域的橫面結構不同造成傳播常數不同，因此由主動區域的波導模態要進入到光柵區域時會有**耦合損失**(coupling loss)，我們可以用一個係數來代表耦合損失，使得有效的反射係數成為：

$$r_{eff} = C_0 r_g \tag{5-112}$$

若假設在主動區域中的傳播常數表示為：

$$\beta = \beta_c + j\frac{<g>}{2} = \beta_c + j\frac{<\gamma>_{xy} - <\alpha_i>_{xy}}{2} \tag{5-113}$$

欲達到雷射操作在閾值條件以上，我們可以令在主動區域中的雷射模態往返一趟之後的變化為 1，則：

$$(r_{eff})^2 e^{-2j\beta_{th}L_c} = 1 \tag{5-114}$$

將上式的振幅與相位分別取出相等項可得 DBR 雷射的閾值條件：

$$C_0^2 \left| r_g \right|^2 e^{<g>L_c} = 1 \tag{5-115}$$

$$-\beta_{th} \cdot L_c + \phi = l \cdot \pi \tag{5-116}$$

其中 l 為縱模的模數。

若對應到 FP 雷射的閾值條件型式，我們可以定義出 DBR 雷射的鏡面損耗為：

$$\alpha_{DBR} = \frac{1}{L_c} \ln \frac{1}{C_0^2 \left| r_g \right|^2} \tag{5-117}$$

　　將(5-111)式代入(5-117)式，我們可以畫出如**圖 5-24** 的鏡面損耗對失調參數的關係圖，在此假設 $C_0=1$，圖中的鏡面損耗已乘上長度正規化，和傳統 FP 雷射相比，當正規化的鏡面損耗小於 1.1 時，其閾值條件就會比 FP 雷射來的低。此外，鏡面損耗的曲線和頻率是相關的，當失調參數等於零時，其鏡面損耗最低，若(5-116)式中的相位條件也成立時，即可以達到閾值條件。不過，因為光柵結構為有限長度，加上光柵結構相位 ϕ 不一定會是 π 的整數倍，因此達到閾值條件的模態通常會稍微偏離布拉格條件！

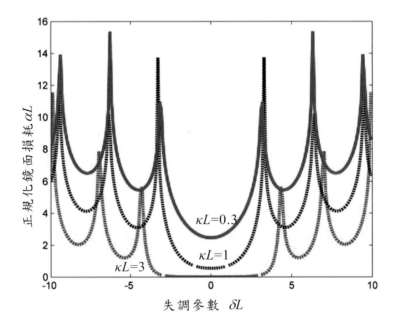

圖 5-24　在不同的耦合參數下，鏡面損耗對失調參數的關係圖，其中鏡面損耗已經被長度正規化。

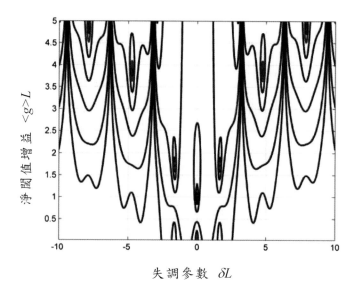

圖 5-25　DBR 雷射在不同淨閾值增益與雷射頻率之下的反射率等高線圖，其中 DBR 雷射兩側光柵結構之間的相位差 $\phi = \pi/2$，光柵結構的耦合參數 $\kappa L = 0.7$。

　　我們也可以使用前面介紹的傳遞矩陣來計算 DBR 雷射的閾值模態，我們可以令主動層區域的傳遞矩陣為：

$$
T_{gain} = \begin{bmatrix} e^{-j(\beta_c + j\frac{<g>}{2})L_c} & 0 \\ 0 & e^{j(\beta_c + j\frac{<g>}{2})L_c} \end{bmatrix}
\tag{5-118}
$$

因此，**圖 5-23** 所表示的 DBR 雷射的傳遞矩陣可以寫成：

$$
T = T_{grating}(L_{g1}) \cdot T_{gain}(L_c) \cdot T_{grating}(L_{g2})
\tag{5-119}
$$

由上式我們可以計算出此 DBR 雷射的反射率和閾值增益與失調參數之間的關係如**圖 5-25** 所示，若 DBR 雷射兩側的光柵結構的反射相位相差 $\pi/2$，我們可以看到在布拉格條件下有一最低閾值增益的單模出現，而在禁止帶之外的縱模其閾值增益都非常大，這是因為在禁止帶之外的反射係數都很低。

5.6 波長可調式雷射

波長可調式雷射(tunable laser)在光纖通訊系統中有許多特殊的應用，特別是在**分波多工**(wavelength division multiplexing)的光通系統中，使用不同波長的雷射光將之調制後的信號放進光纖中傳輸；或是在**同調通訊**(coherent communication)系統中，需要在傳送信號的雷射與**本地振盪器**(local oscillator)之間達到波長的匹配等應用都需要雷射的波長可以即時的加以控制。

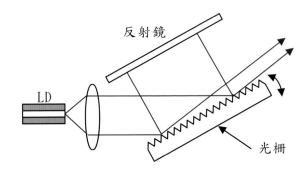

圖 5-26 外腔式波長可調式雷射結構示意圖。

　　最簡單的波長可調式雷射是外腔型式的模組如**圖 5-26** 所示，原本多模操作之半導體雷射的輸出光在入射到外部的光柵後，由光柵來選擇特定波長的光反射回半導體雷射的共振腔中，最後輸出的雷射光為特定波長的單模雷射，我們可以藉由旋轉光柵角度來達到調整波長的目的。然而這種外腔式的雷射體積大，並且使用機械式的光柵角度調整，其波長調動的速度慢，在實際的光通系統中的應用受到不少限制。

　　若將外部的光柵整合到半導體雷射中，即成為我們前面所介紹的受到回饋分佈作用的 DFB 雷射或 DBR 雷射，由於這種雷射的發光波長是由光柵結構的布拉格波長所決定的，也就是 $\lambda_0 = 2\bar{n}\Lambda / m$，其中 m 為繞射階數、Λ 為光柵週期、而 $\bar{n}$ 為模態的等效折射率，雖然光柵週期在製程雷射的時候就已經固定，但是藉由改變注入光柵結構的電流可以調整模態的等效折射率。因為半導體材料的折射率會和載子密度成反向的變化趨勢，由此我們可以調整雷射的波長，當注入電流密度增加時，雷射的波長會藍移到較短的波長。

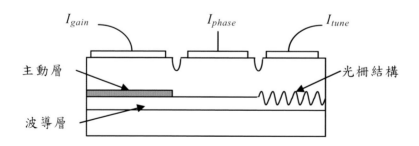

圖 5-27　波長可調式雷射結構示意圖。

　　最簡單的可調式雷射的架構將 DBR 雷射的主動區和光柵區分開使用不同的電極，主動區的電極以固定的電流注入形成穩定的增益結構，而光柵區的電極則以電流注入用以改變雷射的輸出波長。然而這種兩段式的可調式雷射的輸出波長變化並不是連續的，要達到波長可以連續變化，則必須在主動區和光柵區之間再加入相位區，如**圖 5-27**的示意圖，這種三段式的可調式雷射具有三段可以分別注入電流的電極，其中注入光柵區的電流 I_{tune} 是藉由載子密度的變化造成折射率變化以改變布拉格波長，而注入相位區的電流 I_{phase} 也是藉由載子密度的變化造成折射率變化，可以控制從光柵結構反射回來的相位，如此一來，藉由調整不同的 I_{tune} 與 I_{phase} 的比例，便可以達到波長可以連續變化的目的。

本章習題

1. 試證明(5-8)式。

2. 試推導(5-28)式。

3. 試推導(5-59)式。

4. 試推導(5-61)式。

5. 試推導(5-102)式。

6. 試用(5-103)式驗證在兩端無反射的光柵結構中，下式裡的 t_g 與 r_g 與(5-61)式與(5-59)式相同。

$$\begin{bmatrix} t_g e^{j\beta_0 L_g} \\ 0 \end{bmatrix} = \begin{bmatrix} T_{11} & T_{12} \\ T_{21} & T_{22} \end{bmatrix} \begin{bmatrix} 1 \\ r_g \end{bmatrix}$$

7. 若一 DFB 雷射的兩端為抗反射膜，共振腔長度為 400 μm，其光柵結構的耦合係數使得 $\kappa L_g=1$，若此雷射的內部損耗為 15 cm^{-1}，光學侷限因子 Γ_{xy} 為 0.05，(a) 試求此 DFB 雷射的閾值材料增益，(b) 若此雷射的主動層厚度為 0.05 μm，寬度為 2 μm，雷射的增益線性近似可表示為：

$$\gamma_{\max} = a(n - n_{tr}) = 3 \times 10^{-16}(n - 1 \times 10^{18})\ (\text{cm}^{-1})$$

主動層中輻射復合生命期為 1.3 nsec，內部量子效率 $\eta_i = 0.85$，試求此雷射的閾值電流。

8. 利用傳遞矩陣計算 π/2 相位平移 DFB 雷射的反射率並畫出如圖 5-17 中閾值增益對失調參數的反射率等高線圖。

參考資料

[1] G. P. Agrawal, and N. K. Dutta, *Semiconductor Lasers*, 2nd Ed., Van Nostrand Reinhold, 1993.

[2] L. A. Coldren, and S. W. Corzine, *Diode Lasers and Photonic Integrated Circuits*, John Wiley & Sons, Inc., 1995.

[3] S. L. Chuang, *Physics of Optoelectronics Devices*, Wiley, 1995.

[4] H. Ghafouri-Shiraz, B. S. K. Lo, *Distributed feedback laser diodes : principles and physical modeling*, Wiley, 1996.

[5] G. Morthier, P. Vankwikelberge, *Handbook of Distributed Feedback Laser Diodes*, Artech House, 1997.

[6] J. E. Carroll, J. Whiteaway, D. Plumb, *Distributed feedback semiconductor lasers*, The Institution of Electrical Engineers, 1998.

[7] H. Kogelnik and C. V. Shank, "Stimulated emission in a periodic structure," Appl. Phys. Lett., vol. 18, pp. 152, 1971.

[8] H. C. Jr. Casey, S. Somekh, and M. Ilegems, "Room-temperature operation of low-threshold separate-confinement heterostructure injection laser with distributed feedback," Appl. Phys. Lett., vol. 27, pp. 142, 1975.

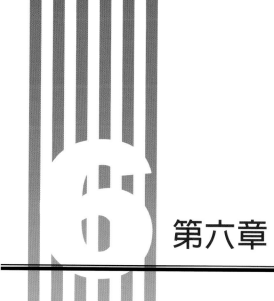

第六章

光子晶體雷射

　　光子晶體雷射(Photonic crystal laser)為新穎的半導體雷射結構，在接續前一章 DFB 與 DBR 雷射之後介紹，是因為光子晶體雷射的操作原理和 DFB 與 DBR 雷射非常近似，以目前光子晶體雷射最常見的型態來說，光子晶體雷射可以說是 DFB 與 DBR 雷射結構的二維拓展，因此本章將針對光子晶體雷射的基本原理、設計概念及歷史發展做一詳細的介紹。首先，我們會先簡介光子晶體(photonic crystal)及色散曲線(dispersion curve)的理論推導及涵意，接著再介紹兩種光子晶體雷射。一般來說，光子晶體雷射可分為光子晶體缺陷型雷射(photonic crystal defect laser)及光子晶體能帶邊緣型雷射(photonic crystal band-edge laser)。光子晶體缺陷型雷射的共振腔模態因為設計在光能隙之中，光無法在缺陷以外的區域存在，因此光會共振於此缺陷區域並且形成光子晶體缺陷型雷射，在雷射共振腔的結構來看，光子晶體缺陷型雷射是 DBR 雷射結構在二維方向上的展開，具有極低的操作功率及非常高的品質因子(qualify factor)等優點，可做為低閾值甚至無閾值雷射以及單光子發射器等應用；而光子晶體能帶邊緣型雷射是將光操作於光能帶中具有對傳播常數微分等於零的平坦能帶邊緣上，在結構上是 DFB 雷射在二維方向上的展開，由於其光子晶體的範圍和增益的區域重合，因此可以製作大面積的雷射結構，所以光子晶體能帶邊緣型雷射具有大面積發光與高功率輸出等優點，未來可應用於高解析度雷射印表機或雷射投影等。目前常見的光子晶體雷射大多為紅外光的波段，並且適合作為光纖通訊的光源，然而由於製程與材料等原因使得藍光或紫光的光子晶體雷射發展相對較慢，相關的原因會在稍後的章節介紹。

6.1 光子晶體簡介

　　所謂光子晶體，主要是讓材料的折射率或介電係數形成週期性排列，尺寸約為調控光波段的二分之一到四分之一大小，因此使用的光子晶體週期從數百奈米一直到二十幾奈米之間都有，早在半個世紀以前，物理學家就知道晶體中的電子由於受到原子晶格的週期排列變化形成能隙，然而光子晶體的概念一直到 1987 年由 E. Yablonovitch 及 S. John 不約而同的提出此種類似的能隙現象，因此共同協議此種具有介電質週期性排列的結構稱為"光子晶體"。在光子晶體結構中，我們必須經由 Maxwell 方程式計算光或電磁波在該結構中的傳播行為；由於光子晶體的特殊結構，會產生光能隙(photonic bandgap)以及光能帶(photonic band)的對應概念。經由特殊設計，可使光或電磁波造成某些頻率或波長往特定方向傳播，而某些方向無法傳播，其光的能帶結構就如同電子於固態晶體中的能帶結構，因而使光的振幅、相位、極化方向或波長具有獨特的性質。在設計光子晶體結構時，我們必須先決定使用的晶格種類、使用的材料折射率及其結構然後再計算出能帶結構，我們常使用平面波展開法(plane wave expansion method)、**傳遞矩陣法** (transfer matrix method)、**有限時域差分法** (finite-difference time-domain, FDTD)或多重散射法(multiple scattering method)計算該光子晶體結構所具有的光能隙或能帶圖，也就是色散曲線；或是得到電磁波在光子晶體結構中場型分佈與對時間的演進與變化，藉由此種能帶圖，我們可以得知光子晶體的週期性排列與波長的關係。常用的光子晶體晶格排列結構如圖 **6-1(a)**中的六角晶格(hexagonal 或稱三角晶格，triangular lattice)、圖 **6-1(b)**中的正方晶格(square lattice)[1]及如圖 **6-1(c)**類光子晶體(quasi-photonic crystal)排列結構中常見的十二重對稱等[2]。此外，依據週期排列的方向維度，光子晶體的結構可分為一維、二維或三維結構，值得一提的是這些結構常見於自然界的植物或生物中，這將會在下一個小節中介紹。

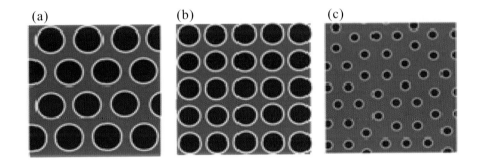

圖 6-1 (a)六角晶格光子晶體；(b)正方晶格光子晶體及(c)12 重對稱之
類光子晶體。

6.1.1 一維、二維與三維光子晶體

圖 **6-2** 為一維、二維及三維光子晶體結構示意圖[3]。所謂的一維光子晶體，也就是在結構的 x、y 或 z 三軸中的其中一軸為奈米等級的尺度變化，常見的布拉格反射鏡、全反射薄膜或多重量子井結構均可以屬於一維光子晶體結構。同理，二維光子晶體結構在 x、y 或 z 三軸中的其中兩軸具有奈米尺度變化，常見的應用為波導元件，分光元件及干涉儀等…。就功能性及製作複雜性而言，以一維和二維的光子晶體應用的最廣。而三維光子晶體最為多樣且複雜，在 x、y 及 z 三軸組成均有奈米尺度變化，常見的例子為量子點結構。在自然界中也有許多三維的光子晶體結構，如蛋白石為奈米尺度且週期地堆積之二氧化矽結構；或是孔雀蛤也有著光子晶體結構，它的結構波長大約是可見光的二分之一左右；甚至蝴蝶翅膀上的璀璨亮麗的色彩也是次微米的光子晶體結構。

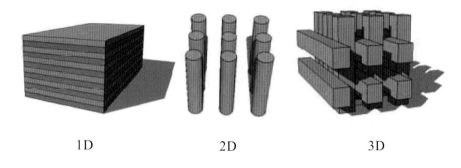

1D   2D   3D

圖 6-2 一維、二維及三維光子晶體示意圖。

　　光在光子晶體中傳播可類比到電子在晶體中的運動行為，而週期性的折射率扮演材料晶體中的原子晶格，然而電子的運動要用 Schrodinger 方程式來描述，在光子晶體中我們可藉由 Maxwell 方程式來求出光子晶體能帶圖或色散曲線。

$$\nabla \times \left(\frac{1}{\varepsilon(r)} \nabla \times H(r) \right) = \left(\frac{\omega}{c} \right)^2 H(r) \tag{6-1}$$

　　上式子中 $\varepsilon(r)$ 表示空間中的折射率變化函式，透過給定的 $\varepsilon(r)$，我們可以解出在不同頻率下的相對應 $H(r)$ 磁場分佈，即特徵向量(eigen vector)及特徵值(eigen value)，藉由特徵向量與特徵值我們可進一步求出光子晶體能帶圖，某些頻率的 $H(r)$ 會形成指數型式的衰減，表示該頻率的光或電磁波是無法在光子晶體結構中傳遞，也就是所謂的光能隙。一般的光子晶體缺陷型雷射或是能帶邊緣型雷射即是將雷射波段設計並操作於光能隙或能帶邊緣中，使光共振於光子晶體結構中形成光子晶體雷射。

6.1.2　平面波展開法

　　在光子晶體的特性上，我們知道光子晶體具有光能隙，當電磁波穿過光子晶體時，會受到週期性結構特性的影響，讓某些頻率的光無法通過，如同電子能帶圖一般，我們可以借助電子能帶圖來了解電子特性；而光子晶體的週期性結構，也可推導出如電子能帶圖的二維色散曲線，利用能帶圖能得出光子晶體的發光波段以及共振方式。一般來說，我們最常用來計算能帶圖的方式為**平面波展開法**(plane wave expansion method)，應用於計算無限延伸的週期性結構之能帶及模態。以下我們將介紹利用平面波展開法推導光子晶體結構之光能帶圖。

首先，假設在沒有電荷及電流源下，也就是 $\rho_f = 0$ 和 $J_f = 0$，我們可以將 Maxwell 方程式寫成：

$$\nabla \cdot \vec{D}(\vec{r},t) = 0 \tag{6-2}$$

$$\nabla \cdot \vec{B}(\vec{r},t) = 0 \tag{6-3}$$

$$\nabla \times \vec{E}(\vec{r},t) = -\frac{\partial}{\partial t}\vec{B}(\vec{r},t) \tag{6-4}$$

$$\nabla \times \vec{H}(\vec{r},t) = \frac{\partial}{\partial t}\vec{D}(\vec{r},t) \tag{6-5}$$

在此不討論電磁材料的影響，換言之，我們假設光子晶體的**磁介電係數**(magnetic permeability)與在自由空間中相同 μ_0。另外，我們假設介電係數 ε 是實數、同向性的(isotropic)，及週期性排列(periodicity)，所以可得以下關係：

$$\vec{B}(\vec{r},t) = \mu_0\vec{H}(\vec{r},t) \tag{6-6}$$

$$\vec{D}(\vec{r},t) = \varepsilon_0\varepsilon(\vec{r})\vec{E}(\vec{r},t) \tag{6-7}$$

其中

$$\varepsilon(\vec{r}+\vec{a_i}) = \varepsilon(\vec{r}) \qquad (i = 1,2,3) \tag{6-8}$$

$\{\vec{a_i}\}$ 是光子晶體的**晶格向量**(lattice vector)基底，但因為這是在空間中的晶格向量，而在解方程式的過程中，常會將介電係數以傅利葉級數

展開的方式來求能帶圖，所以定義一個倒晶格向量(reciprocal lattice)

基底 $\left\{\vec{b}_i; i=1, 2, 3\right\}$ 及倒晶格向量 $\left\{\vec{G}\right\}$，使得：

$$\vec{a}_i \cdot \vec{b}_j = 2\pi\delta_{ij} \tag{6-9}$$

$$\vec{G} = l_1\vec{b}_1 + l_2\vec{b}_2 + l_3\vec{b}_3 \tag{6-10}$$

其中 $\{l_i\}$ 為任意整數，δ_{ij} 是 Kronecker delta 函數，只有當 $i = j$ 時 $\delta_{ij} = 1$，否則 $\delta_{ij} = 0$。當我們將(6-6)式和(6-7)式帶入(6-2)到(6-5)式中，可得：

$$\nabla \cdot \left\{\varepsilon(\vec{r})\vec{E}(\vec{r},t)\right\} = 0 \tag{6-11}$$

$$\nabla \cdot \vec{H}(\vec{r},t) = 0 \tag{6-12}$$

$$\nabla \times \vec{E}(\vec{r},t) = -\mu_0 \frac{\partial}{\partial t}\vec{H}(\vec{r},t) \tag{6-13}$$

$$\nabla \times \vec{H}(\vec{r},t) = \varepsilon_0\varepsilon(r)\frac{\partial}{\partial t}\vec{E}(\vec{r},t) \tag{6-14}$$

經過化簡上式可得

$$\frac{1}{\varepsilon(\vec{r})}\nabla \times \left\{\nabla \times \vec{E}(\vec{r},t)\right\} = -\frac{1}{c^2}\frac{\partial^2}{\partial t^2}\vec{E}(\vec{r},t) \tag{6-15}$$

$$\nabla \times \left\{\frac{1}{\varepsilon(\vec{r})}\nabla \times \vec{H}(\vec{r},t)\right\} = -\frac{1}{c^2}\frac{\partial^2}{\partial t^2}\vec{H}(\vec{r},t) \tag{6-16}$$

其中真空中的光速定義為

$$c = \frac{1}{\sqrt{\varepsilon_0\mu_0}} \tag{6-17}$$

$$\vec{E}(\vec{r},t) = \vec{E}(\vec{r})e^{-j\omega t} \tag{6-18}$$

$$\vec{H}(\vec{r},t) = \vec{H}(\vec{r})e^{-j\omega t} \tag{6-19}$$

將(6-18)式及(6-19)式帶入(6-15)式及(6-16)式，化簡如下：

$$\frac{1}{\varepsilon(\vec{r})}\nabla \times \left\{\nabla \times \vec{E}(\vec{r})\right\} = \frac{\omega^2}{c^2}\vec{E}(\vec{r}) \tag{6-20}$$

$$\nabla \times \left\{ \frac{1}{\varepsilon(\vec{r})} \nabla \times \vec{H}(\vec{r}) \right\} = \frac{\omega^2}{c^2} \vec{H}(\vec{r}) \tag{6-21}$$

通常我們將電磁場分解成 E 偏振波(E-polarized wave，電場平行於 z 軸的波，或稱 TM 模態)與 H 偏振波(H-polarized wave，磁場平行於 z 軸的波，或稱 TE 模態)的疊加。由於 E 和 H 互相垂直，因此 TE 模態及 TM 模態波不耦合，它們彼此互不影響，所以可以分開討論。我們可以利用 Bloch 理論，將 TE 模態及 TM 模態分別表示成：

$$\vec{H}_{\vec{k}}(\vec{r}) = \frac{1}{\sqrt{\Omega}} e^{-j\vec{k} \cdot \vec{r}} \vec{u}_{\vec{k}}(\vec{r}) \tag{6-22}$$

$$\vec{E}_{\vec{k}}(\vec{r}) = \frac{1}{\sqrt{\Omega}} e^{-j\vec{k} \cdot \vec{r}} \vec{u}_{\vec{k}}(\vec{r}) \tag{6-23}$$

其中 $1/\sqrt{\Omega}$ 為正規化係數，而 $\vec{u}_{\vec{k}}(\vec{r})$ 為周期性函數，$e^{-j\vec{k} \cdot \vec{r}}$ 為自由傳播的波函數。由於光子晶體是週期性排列，所以介電係數也是週期性函數，我們將介電係數倒數以傅利葉級數展開：

$$\frac{1}{\varepsilon(\vec{r})} = \sum_{\vec{G}} \kappa(\vec{G}) e^{-j\vec{G} \cdot \vec{r}} \tag{6-24}$$

因而 $\vec{u}_{\vec{k}}(\vec{r})$ 周期性函數也可以以用傅利葉級數展開的方式表示：

$$u_{\vec{k}}(\vec{r}) = \sum_{\vec{G}} u_{\vec{k}}(\vec{G}) e^{-j\vec{G} \cdot \vec{r}} \tag{6-25}$$

因此(6-22)式與(6-23)式可以展開成：

$$\vec{E}_{\vec{k}}(\vec{r}) = \frac{1}{\sqrt{\Omega}} \sum_{\vec{G}} \vec{E}_{\vec{k}}(\vec{G}) e^{\{j(\vec{k}+\vec{G}) \cdot \vec{r}\}} \tag{6-26}$$

$$\vec{H}_{\vec{k}}(\vec{r}) = \frac{1}{\sqrt{\Omega}} \sum_{\vec{G}} \vec{H}_{\vec{k}}(\vec{G}) e^{\{j(\vec{k}+\vec{G}) \cdot \vec{r}\}} \tag{6-27}$$

將(6-24)式、(6-26)式及(6-27)式帶入(6-20)式及(6-21)式，將得到如下式的特徵方程式：

$$-\sum_{\overline{G'}}\kappa(\overline{G}-\overline{G'})(\vec{k}+\overline{G})\times\{(\vec{k}+\overline{G'})\times\vec{E}_{\bar{k}n}(\overline{G'})\} = \frac{\omega_{kn}^2}{c^2}\vec{E}_{\bar{k}n}(\overline{G}) \qquad (6\text{-}28)$$

$$-\sum_{\overline{G'}}\kappa(\overline{G}-\overline{G'})(\vec{k}+\overline{G})\times\{(\vec{k}+\overline{G'})\times\vec{H}_{\bar{k}n}(\overline{G'})\} = \frac{\omega_{kn}^2}{c^2}\vec{H}_{\bar{k}n}(\overline{G}) \qquad (6\text{-}29)$$

上式中 ω_{kn} 代表我們要解的特徵頻率，n 為某一組的解，而 $\vec{E}_{\bar{k}n}(\overline{G})$ 與 $\vec{H}_{\bar{k}n}(\overline{G})$ 為所對應的特徵向量。藉由電腦數值解(6-28)式及(6-29)式，我們可以得到這特徵模態或者光子晶體的能帶圖，其中(6-28)式的解為 TM 模態，而(6-29)式的解為 TE 模態。

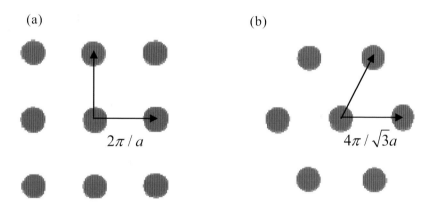

(a)

(b)

$2\pi / a$

$4\pi / \sqrt{3}a$

圖 6-3 (a)正方晶格的倒異空間晶格及(b)六角晶格的倒異空間晶格。其中 a 為晶格常數

　然而在計算不同結構的光子晶體光能帶圖時，必須先考慮到不同排列的光子晶體結構具有不同的倒晶格向量分佈，即不同的 G' 分布情形，**圖 6-3** 為使用(6-9)式與(6-10)式所計算出來的正方晶格與六角晶格的倒晶格向量排列。除了晶格結構不同之外，位於實體晶格上的基底(basis)形狀與介電常數也必須要考量，不同結構的二維光子晶體也具有不同的介電函數(ε_r)，如介電質球狀結構或柱狀結構、圓形結構、甚

至不規則形狀等…，必須分別以傅利葉級數展開式計算出 $\{\kappa(\bar{G})\}$ ，最後得到相對應的特徵方程式進而計算出相對應的光子晶體光能帶圖(或稱色散曲線圖)，**圖 6-4(a)**及**(b)**分別為六角晶格與正方晶格之光能帶圖，其中縱軸為乘上晶格常數的正規化頻率，為光子晶體排列週期與發光波長的關係式，一般用 a/λ 表示，使用正規化頻率的好處可以讓我們著重於晶格形狀或排列上的變化對能帶圖造成的影響；橫軸為**縮減布里淵區(reduced Brillouin zone)**裡的 k 分量，Γ、M 及 K 分別代表相對光子晶體排列週期在實體水平面上(或倒晶格平面上)的各個方向向量(經由縮減布里淵區定義水平面上的各個不同方向)。每一條彎曲的曲線或點都代表可能存在的模態。藉由不同的光子晶體排列週期、設計不同的排列圖案或是不同的維度，其計算出的結果與色散曲線也不同。一般來說，此能帶圖能計算出不同的模態在多少頻率(波長)或是在不同方向上的共振情況、特性或場型變化。我們會在接下來的章節中介紹藉由觀察此能帶圖，可以了解光子晶體雷射的不同特性。

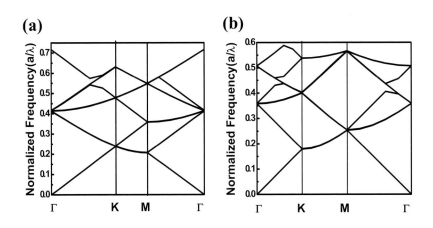

圖 6-4 光子晶體能帶圖(a)六角晶格及(b)正方晶格。

6.1.3 光子晶體相關應用

通常來說，光子晶體的相關應用可分為主動元件及被動元件。主動元件通常包含光子晶體發光二極體 (Light emitting diodes, LED)、光子晶體雷射以及特殊的高品質因子生物偵測器等…；而被動元件通常包含光子晶體波導等應用，關於光子晶體可以應用的範圍非常多，在此我們僅簡單介紹一下光子晶體 LED、雷射及光波導等方面的應用。

在 LED 部份，應用光子晶體可以提高 LED 的外部量子效率，將原本無法出射到半導體之外的光萃取出來；此外，藉由特殊光子晶體結構的設計，還能將原本發散的光加以聚集，可應用到需要高指向性光源的光學系統，如微投影光學系統等。應用一維光子晶體的 LED 常利用多層膜達到高反射效果或選擇性將光濾出的作用；應用到二維光子晶體的 LED 常利用奈米級光子晶體孔洞以增加垂直的發光效率，此種光子晶體製作大多要利用電子束微影的方式進行，然而這種技術的製作與產出效率較低，因此若要製作大面積的光子晶體結構就必須利用奈米壓印技術或雷射干涉等方式進行，這些技術目前可以達到在大尺吋的晶片上量產的水準，將成為未來製作奈米元件或結構的重要技術。而三維光子晶體常用的技術是**自組裝**(self-assemble)式的奈米小球，所選取的折射率及直徑通常可以用來調控 LED 的發光波長。

光子晶體雷射通常分為兩種，一種使用二維光子晶體中的缺陷做為雷射共振區域並且設計雷射共振波長於光能隙之中，使得此微共振腔的品質因子增大，相對的光停留在微共振腔的時間較久，和微共振腔裡的增益材料相互作用，進而得到雷射現象，因此稱之為光子晶體缺陷型雷射；另一種是光子晶體能帶邊緣型雷射，此種雷射設計於光能帶的群速度等於零的能帶邊緣，因此具有大範圍的雷射共振腔且高功率輸出等特性。這兩種光子晶體雷射將會在下兩小節做詳細的說明。此外，在利用光子晶體製作光波導的部分，可以實現在平面直角轉彎處具有幾乎無光耗損的功能，而在垂直方向利用高低折射率差藉此增加垂直方向的侷限進一步減少在縱方向的光損耗，進而達到微型化且低損耗的光波導。

6.2　光子晶體缺陷型雷射

　　本節主要先介紹光子晶體缺陷型雷射的操作原理及雷射特性。所謂光子晶體缺陷型雷射，即在一群光子晶體結構中摘除一個晶格點，或以此晶格點為中心向外延伸摘除晶格點形成同心圓狀或長條狀或其他形狀，由於在此晶格點或此區域並無製作光子晶體結構，此區域稱之為缺陷。一般來說，常見的光子晶體缺陷型雷射所操作的雷射波段大多介於光能隙之中，因此光將被限制於缺陷中進而形成雷射共振產生雷射現象。由於光子晶體缺陷型雷射的發展還相當新穎，接下來，我們將分別介紹光激發與電激發之光子晶體缺陷型雷射目前的研究狀況、相關應用與展望。其中最令人感興趣的是不同的共振腔設計將會造成的不同雷射行為，如將光子晶體缺陷型雷射周圍的光子晶體週期略為改變，此結果將改變此雷射的共振電場分布、極化方向、振幅或相位，對於設計或製作此種光子晶體缺陷型雷射結構帶來許多的有趣的變化與操控特性。

6.2.1　光子晶體缺陷型雷射操作原理

　　在光子晶體的分析中，我們最常使用的就是光子晶體能帶圖。圖6-5(a)代表常見的缺陷型三角晶格光子晶體能帶圖。缺陷型光子晶體雷射的操作原理主要是將光波操作於光能帶圖的能隙之中，圖中橫條

斜線的區域為模態的禁止傳播區域，在平面上不管任何方向的光或電
磁波均不能在此區域行進，在此圖中其能隙有兩個頻率範圍，一組之
正規化頻率約為 0.12 附近，另一組約為 0.24 附近，要注意的是並不
是所有的光子晶體結構都會有能隙產生。**圖 6-5(b)** 為能隙區域的放大
圖，若在光子晶體中摘除一個晶格點形成光子晶體缺陷，將會在此能
隙區域中造成一條或多條類似能帶線，線上的每一點都是在缺陷中可
能存在的模態。因此我們可以將設計的光子晶體週期與操作波長設定
在此能隙區域中，並控制缺陷材料的發光波長使光僅能操作在此缺陷
的共振波長或模態中，並且將缺陷外的光子晶體結構視為反射鏡，光
只能限制於缺陷的區域，形成非常高品質因子的共振腔，因此共振的
光波和缺陷中的增益材料形成耦合，最後達到閾值條件而發出雷射光，
我們稱之為缺陷型光子晶體雷射。

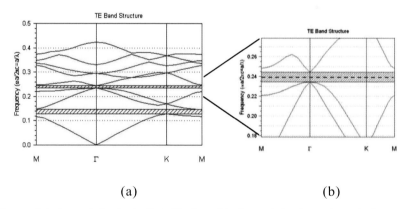

(a)   (b)

圖 6-5 (a)缺陷型光子晶體能帶圖及(b)缺陷型光子晶體能隙放大圖。

　　典型的一維缺陷型光子晶體雷射如我們在前章中介紹的 DBR 雷
射(其一維光子晶體的晶格方向和基板平面平行)，以及 VCSEL(其一維
光子晶體的晶格方向和基板平面垂直)；三維缺陷型光子晶體雷射的製

程困難度相當的高，目前少有相關的報導；而二維平面缺陷型光子晶體雷射的結構是目前發展此種類型的主要研究對象。一般來說，光子晶體缺陷型雷射具有以下的優點，如極高的品質因子、較低的雷射操作功率，雷射發光亮點僅有數百奈米到幾微米之間，具有較小的雷射元件、具有圓形對稱的雷射光點、陣列排列與較小的雷射發散角等。這些優異的特性可以應用於光纖通訊之光源訊號輸出、單光子光源或是整合於積體光學元件之中。

然而要達到此類型的雷射效應並不容易，原因之一在於水平方向上(平行基板平面)光子晶體結構與材料之間的折射率差異要夠大，這樣才能將光子晶體的色散圖中產生能隙並且製做出光子晶體缺陷。一般的缺陷型光子晶體雷射均為 GaAs 或 InP 材料，這些材料具有相當高的折射係數足夠產生光能隙。另一個因素在垂直方向上缺陷共振腔最好要被低折射率的材料所包覆，使得光場與共振腔之間有足夠的侷限效果藉此增加彼此的耦合效應，以減少共振光的損耗。常見的缺陷型光子晶體雷射製作方法是將光子晶體結構蝕刻穿過多重量子井結構並且將光子晶體結構下方的材料蝕刻形成空橋結構，藉此增加光子晶體結構在垂直方向上的光場侷限同時增加光子晶體與光場的耦合效應，進一步降低雷射的操作功率，然而能製作成這種空橋結構的材料不多，另一方面，空橋結構對電流傳導和散熱途徑都有很大的阻礙。接下來我們將依序介紹缺陷型光子晶體雷射的發展與演進。

6.2.2　光子晶體缺陷型雷射的發展

由於光子晶體有獨特的光能隙特性，我們可以設計並且製作出光子晶體缺陷型雷射，其中缺陷型共振腔具有許多不同的設計結構，如單一缺陷型(single point defect)光子晶體、六角缺陷型及線型缺陷等設計。本小節先介紹單一光子晶體缺陷型的六角晶格或正方晶格之光子晶體雷射，其餘不同種類的光子晶體缺陷型雷射將於下一小節作簡單的介紹。

首先，光子晶體缺陷型雷射的設計概念早在 1994 年被提及，然而一直到 1999 年 6 月才由美國加州理工學院的 Painter 等人實現並發表在 Science 期刊上，成功展示了第一個光子晶體缺陷型雷射。他們以 InP 為基板，成長 InGaAsP/InP 材料組成的四層量子井結構。接著，在此結構上利用**電子束微影**(electron beam lithography)的技術製作光子晶體圖案於此結構中，藉由乾蝕刻技術蝕刻光子晶體結構，並蝕刻穿過量子井結構。最後，利用濕蝕刻將光子晶體下方的 InP 基板蝕刻成空橋結構(undercut structure)，因此量子井上下方均以空氣層包覆，藉此增加垂直方向上的侷限，如**圖 6-6** 之結構示意圖。此雷射之所以可以成功的實現，主要的突破就是將光分別以垂直方向與水平方向侷限於主動層中。此雷射結構在垂直方向上展現了兩個優點，第一是利用半導體材料本身較高折射率的特性，如 InGaAsP 等材料其折射率約為 3.4，與空氣($n_r = 1$)的折射率相差許多，因此可以在上下的半導體材料與空氣介面處形成全反射，將光子侷限在材料中；第二由於此結構的主動層厚度非常薄，加上光子晶體結構蝕刻吃穿整個量子井結構，因此可以將光場更有效的侷限於此結構中，同時增加光場與主動層與光子晶體結構之間的交互作用，進而降低缺陷型光子晶體雷射的閾值條件。另一方面在水平方向，則是透過六角晶格排列的二維光子晶體陣列所產生的光能隙結構，將雷射出現之波段設計於光能隙中並且限制在此缺陷中，我們可以將光子晶體結構視為反射鏡，此結構將有效的將光反射並且集中於此缺陷共振腔中，使量子井釋放的光子能量被侷限於此缺陷，最後形成光子晶體缺陷型雷射。實驗結果顯示，在光激發的條件下，此雷射的操作溫度為 143K，波長為 1.5μm，閾值操作功率為 6.75 mW，Q 值約為 250[4]。

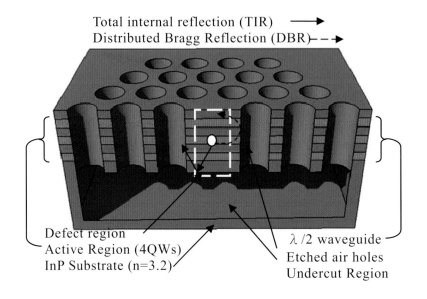

圖 6-6 InGaAsP 缺陷型光子晶體雷射結構示意圖。

　　為了改善光子晶體雷射特性，許多光子晶體共振腔的設計便因應而生；接下來幾年在光子晶體缺陷型雷射發表的研究成果均以更改光子晶體的設計週期、空氣柱的半徑或是使用不同大小的共振腔(缺陷)等，希望得到更佳的光子晶體設計參數，進而提高雷射的操作溫度與得到更高的 Q 值，以及調控雷射操作波段為目標。

　　如在同年之後 Painter 等人發表與前篇類似的結構，但改變光子晶體空氣柱的半徑(從 180 nm 降到 165 nm)與週期(從 515 nm 提高到 525 nm)，透過半徑跟週期的調整，使雷射操作溫度升高到室溫，雷射波長為 1580nm，閾值操作功率降至 1.5 mW，Q 值則可提高到 500 到 600 之間[5]。隔年 Painter 等人發表了藉由改變 InP－InGaAsP 材料系統光子晶體結構的週期或空氣柱半徑，可成功將光子晶體雷射的發光波長在 1550 到 1625nm 間調變[6]。此外，Painter 等人在 2002 年發表了一篇研究，其中改變光子晶體缺陷附近的晶格常數，使得光場分布和缺陷形狀相符，因而增加光子在缺陷中的生命期藉此提高整體元件的 Q 值。**圖 6-7** 就是改變不同的缺陷形狀之模擬示意圖，其中改變缺陷附近的光子晶體晶格常數，如在 x 方向或 y 上的排列週期或孔洞大小，因此改變在 x 方向或 y 方向上的等效折射率，進一步達到控制、抑制或選擇不同的雷射模態[7]。

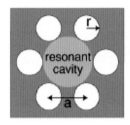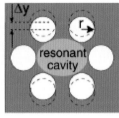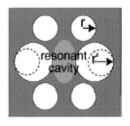

圖 6-7 改變缺陷附近的光子晶體排列週期或孔洞大小，影響等效折射率，藉此達到控制不同的雷射模態等結果[7]。

2002 年韓國先進工業技術研究院(Korea Advanced Institute of Science and Technology, KAIST)的 Lee 等人也製作出空橋結構之二維光子晶體，並且在缺陷附近改變光子晶體的孔洞大小，如**圖 6-8** 所示，將原本僅具有**雙極**(dipole)的模態，藉由改變缺陷週圍的六個孔洞大小因而改變不同的等效折射率，使**單極**(monopole)、**四極**(quadrupole)、及**六極**(hexapole)等不同的雷射模態可以經由此參數調整出現並且達到控制模態的目的，其中六極的 Q 值經計算可以超過 3×10^4[8]。

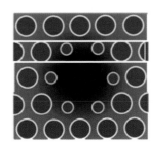

圖 6-8 二維六角晶格缺陷型光子晶體之平面結構圖。

　　此外，許多研究團隊也使用不同的材料或結構製作缺陷型光子晶體雷射，藉此得到不同材料或設計下的缺陷型光子晶體雷射特性。如 2001 年，美國加州理工學院的 Yoshie 等人利用 MBE 在 GaAs(001)面上以自組成的 InAs 量子點作為發光層，在其結構上方製作出不同週期與孔洞大小的光子晶體結構。實驗結果得出閾值操作功率約為 1.4 mW、雷射激發波長為 1260 nm、Q 值為 2800 的光子晶體雷射 [9]。又如在 2006 年，美國史丹福大學也利用 GaAs 材料製作光子晶體缺陷型雷射，具有正方晶格排列，量測結果顯示該缺陷型光子晶體雷射可達 100 GHz 的高速操作特性，量測波長為 937 nm[10]。2004 年，美國西北大學 Wu 等人以 ZnO 為材料，發表在室溫下操作的紫外波段發光光子晶體雷射，此雷射缺陷模態是由製程上的瑕疵所造成，雷射波長為 388 nm，雷射線寬為 0.24 nm，此頻率剛好位於此光能帶圖的能隙之中[11]。2006 年，中央大學的 Chang 等人以 Al_2O_3 為基板，在上方成長 GaN 材料並且製作出光子晶體缺陷型雷射，此雷射發光波長為 371 nm 左右，激發雷射的原因可能在於結構本身的缺陷與製作光子晶體時產生的製程缺陷，光在光子晶體與缺陷中散射並相互影響而達到雷射閾值條件[12]。

6.2.3 缺陷共振腔的種類

接下來將介紹不同種類的缺陷型光子晶體雷射,其中有許多具備相當不錯的雷射特性,如極高的 Q 值或極低的雷射操作功率等,具有相當不錯的發展潛力並可應用於單光子發射器等量子元件上。

1. 改變光子晶體週期製作出缺陷型共振腔:

2002 年,美國加州理工學院的 Loncar 等人以 InGaAsP/InP 量子井為材料,先在光子晶體下方製作出空橋結構,然後再製作並改變光子晶體的孔洞大小,如將光子晶體孔洞從一般常見的圓形缺陷製作成橢圓形缺陷,因此量測出不同的雷射極化與光子晶體排列之間的關係,其中光譜也會因為極化設計的不同而改變。由他們的實驗中可知,雷射的閾值操作功率僅 200 μW,波長為 1550nm,Q 值為 1940[13]。2003,與 Painter 同一研究團隊中的 Srinivasan 等人,以 InAsP/InGaAsP 多重量子井空橋結構加上使用正方晶格光子晶體,透過改變晶格常數在中心處形成共振,製作出低閾值操作功率約 300 μW 的光子晶體雷射,其雷射線寬約為 0.1 nm,Q 值高達 13000[14]。

2. 六角型缺陷共振腔:

2000 年,韓國 KAIST 的 Hwang 等人以 InGaAsP/InP 量子井成功製作出可以在室溫下連續操作的光子晶體雷射。在此結構中,他們利用晶圓接合(wafer fused)的技術,由於 InP 與 GaAs 材料具有相似的晶格常數,因此可以將 InP 具有量子井的結構與下層的 GaAs 利用高溫高壓的方式結合,其中下層的 Al$_2$O$_3$ 為低折射率的材料,因此可以將光場侷限於上方的 InP 主動層中,如**圖 6-9(b)**所示。Hwang 等人使用直徑為 10 μm 的六角形缺陷共振腔如**圖 6-9(a)**所示,形成雷射波長為 1600 nm,雷射閾值操作功率為 9.2 mW 的光子晶體雷射[15]。

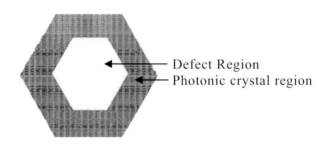

圖 6-9 六角型缺陷共振腔之平面示意圖。

3. 線型共振腔：

2009 年瑞士 EPFL 的 Atlasov 等人利用 InGaAs/GaAs 為材料，在此元件中製作空橋結構，然後在其上方製作線型缺陷共振腔，如圖 **6-10** 所示，由於此線型缺陷缺少三個光子晶體結構，因此也稱之為 L3 缺陷共振腔。在此結構中的增益介質為 V 型凹槽的量子線(Quantum wires, QWRs)，利用此結構製作出量子線光子晶體雷射。量測結果顯示此雷射僅能在低溫 70K 下操作，平均閾值功率為 230nW，但是自發放射係數(β)高達 0.3[16]。

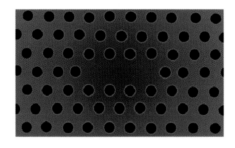

圖 6-10 使用 InGaAs/GaAs 製作 L3 光子晶體缺陷型雷射

6.2.4　電激發式光子晶體缺陷型雷射

　　前面所討論的雷射實驗結果都是在光激發的條件下操作，關於電激發操作的缺陷型光子晶體雷射的相關文獻在 2004 年由 KAIST 的 Lee 等人所發表，如**圖 6-11** 所示為元件結構示意圖，此結構在光子晶體下方蝕刻出空橋結構並且利用中間的 InP 柱狀結構作為為導電與散熱的途徑，在此結構中所激發出的雷射模態為單極模態，此模態中央部分的電場分佈趨近於零。該缺陷型光子晶體雷射的 Q 值為 2500，閾值電流為 260 μA [17]。在 2007 年，Lee 將此缺陷型光子晶體雷射結構的特性更進一步提升，可得到 Q 值約為 6700，雷射操作的閾值電流從先前的 260 μA 降低為 100 μA[18]。

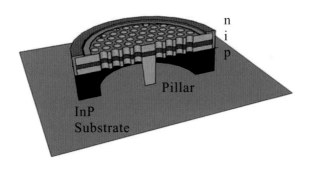

圖 6-11 缺陷型光子晶體雷射結構示意圖

　　光子晶體缺陷型雷射在未來的光通訊網路、高密度光儲存或是高解析度雷射印表機等應用中將會是一個極具潛力的元件，其特點包括低閾值操作功率，具有高密度整合性的小尺寸元件，以及足夠高的 Q 值使其在輸出雷射時的光點更為準直，在光訊號處理時保持訊號的完整性或是在一般的光儲存系統中可允許更高密度的儲存能力；此外光子晶體缺陷型雷射更可以改變缺陷或共振腔之設計而改變操作波長，因而製作成高解析可調變式之光源。

　　然而目前光子晶體缺陷型雷射大部分所發表的結果大多為光激發操作，相較之下，電激發半導體雷射的結構要比光激發結構更為複雜，例如光激發的情況不需要考慮到電流注入的問題，在製程上就少了許多道手續，尤其在電極的部分更不用考慮材料之間的歐姆接觸還有導電物質會造成光阻擋和吸收的問題；除此之外，因為能量被注入在狹小的腔體內，溫度自然居高不下，而熱問題又非常容易影響雷射操作的效率，一般來說，由於光子晶體雷射本身的耦合機制需要使用到高折射率差以提供垂直方向的侷限，因此要達到較高的折射率差異，共振腔上下以空氣包覆便是最佳的選擇，但是空氣的導熱非常差使得雷射共振腔(缺陷)的溫度很難下降。另外，如表面載子復合現象、缺乏適當的電注入結構等等，這些問題都是將來繼續發展電激發光子晶體缺陷型雷射必須要面對的挑戰！

6.3　光子晶體能帶邊緣型雷射

　　光子晶體能帶邊緣型雷射與缺陷型雷射的不同在於設計光子晶體雷射波段在能帶邊緣的平坦能態之上，而不是在能隙之中，所以雷射之共振腔結構可以擴展到整個光子晶體區域而不是侷限於缺陷共振腔中，具有大範圍共振且大功率輸出等特性，極具發展的潛力。因此本節將介紹光子晶體能帶邊緣型雷射的操作原理、潛在應用、雷射特性與發展演進等。在操作原理方面，由於光波在光子晶體的光能帶邊緣區域具有趨近於零的群速度，因此對應的模態形成駐波在光子晶體中來回振盪並與主動層耦合，最後達到雷射現象。特殊的能帶邊緣型共振不只具有平面上的耦合效應，更具有垂直出射於光子晶體平面的繞射現象。此外在材料特性方面，由於長波長半導體材料的磊晶品質遠比藍光之氮化物材料來的好，因此目前大部分的能帶邊緣型光子晶體雷射均使用 GaAs 或 InP 之三元或四元材料，此外，由於 GaAs 或 InP 之三元或四元化合物所設計之雷射波段較長約 980 nm 至 1.55 μm，設計及製作之光子晶體週期通常大於 300 nm，所以製作光子晶體圖案較為容易。相對地，在可見光範圍之氮化物系列的材料下，由於要求的光子晶體週期較小，因此製作光子晶體結構方面更為不易，一直到 2008 年才有氮化鎵系列之光子晶體能帶邊緣型雷射被發表，相關的光子晶體能帶邊緣型雷射會在接下來的小節中介紹。

6.3.1　能帶邊緣型雷射操作原理

　　圖 **6-12(a)**是六角晶格光子晶體在真實空間中的結構圖案，圓圈內是空氣，外圍的區域是 GaAs、InP 或 GaN 等半導體材料，圖中的 Γ-K 或 Γ-M 方向為布拉格繞射之定義出的兩個特定方向，圖 **6-12(b)**為光子晶體結構之倒晶格圖形，六角型實線圍成的區域為縮減布里淵區或第一布里淵區的邊界，Γ-K 是中心到第一布里淵區的頂點而 Γ-M 為中心點到第一布里淵區兩頂點之中心點，接下來我們將介紹從此倒異晶格圖中可以得知光子晶體結構所造成的共振方向與特性。從圖 **6-12(b)** 中我們可以定義出兩個倒晶格單位向量即 G_1 及 G_2，可藉由此兩個向量的線性疊加定義出整個倒異晶格平面上的任一點位置。

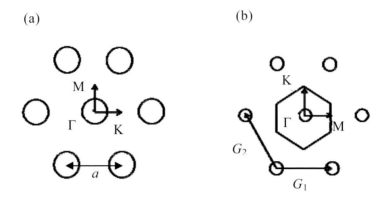

圖 6-12 (a)實際空間之六角晶格光子晶體排列及(b) 六角晶格在倒異
空間之晶格與第一布里淵區的邊界。

　　這兩個向量具有相同的大小，即 $\left|\vec{G}_{1,2}\right| = 2\pi / a$ ， a 是光子晶體的晶

格常數或是週期大小。考慮到 TE 模態在二維光子晶體奈米結構，繞

射波從光子晶體中射出必須滿足布拉格定律與能量守恆定律，因此：

$$\vec{k}_d = \vec{k}_1 + q_1\vec{G}_1 + q_2\vec{G}_2, \quad q_{1,2} = 0, \pm 1, \pm 2, \cdots \qquad (6\text{-}30)$$

$$\omega_d = \omega_i \qquad (6\text{-}31)$$

$\vec{k}_d$ 是 xy 平面繞射波向量； $\vec{k}_1$ 是 xy 平面入射波向量； $q_{1,2}$ 是耦合的

級數； ω_d 是繞射波頻率及 ω_i 是入射波頻率。(6-30)式代表相位匹配的

條件或稱為動量守恆定律，而(6-31)式代表頻率相同的條件或稱為能

量守恆定律。光在光子晶體中行進必須符合上兩式才有機會被繞射與

最後形成共振迴圈而發出雷射光，因此雷射將容易發生在特殊的繞射

條件下，特別是布里淵區的邊緣如圖 6-4 中的 Γ、K、或 M 等的能帶

邊緣處。在這些光子晶體能帶邊緣模態中，波將傳導往不同的方向而

且這些模態將會耦合並且增加模態的能態密度，因此不同的能帶邊緣

模態將展現出不同型式的波耦合路徑。

以六角晶格為例，若光波的頻率或模態選擇在如**圖 6-4(a)**中 M 邊界的第一組解處(從正規化頻率為零為起始，我們可以稱之為 M_1 模態)，其光波所對應的 k 空間大小如**圖 6-13(a)**中的圓圈，而入射光的傳播常數為 k_i 往 M 方向入射，將會被光子晶體的倒晶格單位向量 K_1 反射到原入射方向 180 度的另一個 M 方向，反射的光又會被 $-K_1$ 反射回來，形成如 DFB 的來回共振情形，因此形成共振腔中的駐波，而達到雷射閾值條件，由於在平面方向上可能會有三組相差 60 度的平面共振產生，我們可以視為同時會有三個方向的 DFB 雷射在共振。

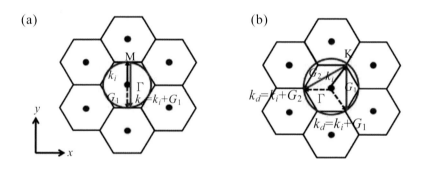

圖 6-13 (a)六角晶格中 M 邊界的第一組模態繞射情形及(b)在六角晶格中 K 邊界的第一組模態繞射情形。

若光波的頻率或模態選擇在如**圖 6-4(a)**中 K 邊界的第一組解處(同樣的，我們可以稱之為 K_1 模態)，其光波所對應的 k 空間大小如**圖 6-13(b)**中的圓圈，而入射光的傳播常數為 k_i 往 K 方向入射，將會被光子晶體的倒晶格單位向量 G_1 或 G_2 繞射到原入射方向 120 度的另兩個 K 方向，而這兩道繞射的光又會分別被 G_1 或 G_2 分別經過一次或二次繞射回到原入射光處，形成如二維 DFB 的來回共振情形，因此形成二維共振腔中的駐波,而達到雷射閾值條件。由於在平面方向上可能會有二組相差 60 度的平面共振產生,我們可以視為同時會有二個方向的二維 DFB 雷射在共振。

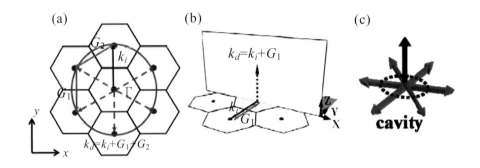

圖 6-14 (a)六角晶格中 Γ 邊界的第一組模態在平面中的繞射情形(b)垂直繞射情形(c)光子晶體面射型雷射的共振示意圖。

　　同理,若光波的頻率或模態選擇在如圖 **6-4(a)**中 Γ 邊界的第一組解處(同樣的,我們可以稱之為 Γ₁ 模態),其光波所對應的 k 空間大小如圖 **6-14(a)**中的圓圈,而入射光的傳播常數為 k_i 往 Γ 方向入射,將會被光子晶體的倒晶格單位向量 G_1 或 G_2 分別經過數次的繞射到原入射方向 60°、120°、-60°、-120° 及 180° 的另五個 Γ 方向,而這些繞射的光又會分別被 G_1 或 G_2 分別經過數次繞射回到原入射光處,形成如二維 DFB 的來回共振情形,因此形成二維共振腔中的駐波,而達到雷射閾值條件。然而,往 Γ 方向入射的入射光也可能受到 G_1 的一次繞射回到原 Γ 點,回到原 Γ 點的繞射光儘管在平面上滿足了相位條件,但是為了同時要滿足能量守恆的條件,具有和入射光相同頻率的繞射光必須往二維平面上(或往下)出射,使得光有從平面上出射的機會,如圖 **6-14(b)**。前兩種二維平面雷射的出射機制,其雷射光的出射方向都和二維平面平行；然而在Γ_1模態操作的雷射可以在光子晶體的平面上形成二維雷射共振腔，如圖 **6-14(c)** 中的平面共振，而其雷射光的出射方向卻又往垂直方向耦合，形成面出射的雷射，因此這種光子晶體能帶邊緣型雷射又被稱為光子**晶體面射型雷射**(photonic crystal surface emitting laser, PCSEL)。

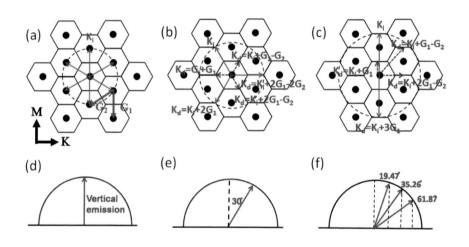

圖 6-15 在倒晶格空間下，(a)、(b)及(c)分別為Γ_1、K_2 及 M_3 平面光子晶體雷射共振模式；(d)、(e)及(f)分別為Γ_1、K_2 及 M_3 光子晶體雷射之出射角度。

可以形成面射型雷射操作的模態不只有Γ_1模態，K_2 及 M_3 模態(其下標 2 和 3 的意義同上所述)都會有面出射的可能[19]，圖 **6-15(a)~(c)** 分別為Γ_1、K_2 及 M_3 等模態的平面共振情形，而圖 **6-15(d)~(f)** 分別為Γ_1、K_2 及 M_3 等模態的出射情形，我們可以看到不同模態的雷射出射情形，例如Γ_1模態主要為垂直平面的出射，其出射的情況和 VCSEL 相似；而 K_2 模態的出射角與平面法線夾 30 度；M_3 模態的出射光更有三種出射角分別與平面法線夾 19、35 與 62 度。這些特性說明了適當的光子結構設計可以控制雷射光的出射特性，甚至雷射光的遠場光型、極化特性等都可以藉由設計光子晶體的圖型來加以操控。

在瞭解了光子晶體能帶邊緣型雷射的基本共振原理之後，接下來我們將使用**耦合模態**(coupled mode)理論來描述光子晶體雷射之共振機制並藉此了解光波行進的電磁波方向如何彼此耦合與預測雷射的閾值大小。關於耦合模態理論的理論工作是由 Kogelinik 和 Shank 所提出[20]，使用的結構是一維布拉格反射鏡，此理論基本上可以利用 DFB 雷射做為範例，利用週期性介電質材料或增益提供正向與反向的光回饋藉此達到雷射光頻譜的選擇性，相關的介紹已在前一章介紹。然而光子晶體雷射為二維結構，因此計算此種雷射的方法應為二維的耦合模態理論[21, 22]。我們先針對正方晶格的光子晶體圖樣使用二維耦合模態理論，並且假設於 x 及 y 的方向上的晶格結構為無限延伸的週期排列之晶格，同時搭配圓形的空氣柱並在 z 軸的方向上為無限延伸，而且在計算的過程中我們先忽略材料本身的增益項。其正方晶格的結構排列如**圖 6-16** 所示。

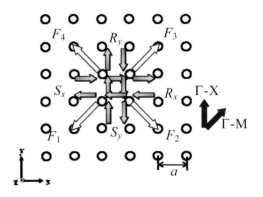

圖 6-16 正方晶格二維光子晶體與八組不同方向行進波之示意圖。

電磁波 H_z 在 TE 模態下的純量波公式可寫成

$$\frac{\partial^2 H_z}{\partial x^2} + \frac{\partial^2 H_z}{\partial y^2} + k^2 H_z = 0 \tag{6-32}$$

其中

$$k^2 = \beta^2 + 2j\alpha\beta + 2\beta \sum_{G\neq 0} \kappa(G) \exp\left[j(G\cdot r)\right] \tag{6-33}$$

$G = (m\beta_0, n\beta_0)$ 為倒晶格向量,m 與 n 是任意整數表示繞射的階層,$\beta_0 = 2\pi/a$,a 是光子晶體週期常數,α 為光子晶體結構中的平均增益或吸收,$\kappa(G) = \pi n_G/\lambda$ 是**耦合係數**(coupling coefficient),可以表示為

$$\kappa(G) = \frac{\pi}{\lambda} n(G) + j\frac{1}{2}\alpha(G) \tag{6-34}$$

其中 $n(G)$ 與 $\alpha(G)$ 是光子晶體所造成的週期性折射率與增益或吸收的傅利葉級數之係數,在此我們假設光子晶體所造成的影響效果屬於**微擾**(perturbation)的範疇,因此假設 α、$\alpha_G << \beta_0$ 與 $n_G << n_0$。在(6-33)式中,$\beta = n_{av}\omega/c$,而 n_{av} 是平均折射率,λ 是布拉格波長(Bragg wavelength),$\lambda = an_{av}$。在(6-33)式中,若我們考慮 Γ 邊界的共振型態,這會同時滿足二階布拉格繞射的光學耦合效應以及一階布拉格繞射而達到光垂直出射的特性。

儘管在傅利葉級數展開中,週期性的變化項會產生無限多的繞射級數;當考慮無窮的結構時,磁場可以藉由 Bloch 函數的型式展開如下:

$$H_z(r) = \sum_G h_G \exp\left[j(k+G)\cdot r\right] \tag{6-35}$$

h_G 是每個平面波的強度,k 是第一階布里淵區的波向量。當在 Γ 點時,k 會趨近於零。但是當結構為有限週期時,h_G 不是一個常數而是向量

空間的函數。以二維的例子來說，如**圖 6-16** 所示，它具有八個行進波，在此光子晶體的結構中分別表示為 R_x、S_x、R_y、S_y、F_1、F_2、F_3 及 F_4，強度可以分為四個基本行進波分別為 $x, -x, y, -y$ 方向及四個在 Γ-M 方向上的高階行進波。往 Γ-M 方向的波向量為 $|k+G| = \sqrt{2}\beta_0$，而往 Γ-X 方向的波向量為 $|k+G| = \beta_0$；至於更高階的波向量為 $|k+G| \geq 2\beta_0$，這些向量可以忽略。我們應該注意到於特殊的共振模態，這些波向量具有相同的 β 值上，因此當共振腔模態的頻率已經幾乎和布拉格頻率相同時，只有第二階繞射或是小於此階繞射的結果可以有效的貢獻到繞射光強度，其餘的都可以忽略不計，因此我們僅考慮 $|m|+|n| \leq 2$ 的繞射。相對應的耦合常數 κ_i ($i = 1, 2, 3$)可以表示如下：

$$\kappa_1 = \kappa(G)\big|_{|G|=\beta_0} \tag{6-36}$$

$$\kappa_2 = \kappa(G)\big|_{|G|=\sqrt{2}\beta_0} \tag{6-37}$$

$$\kappa_3 = \kappa(G)\big|_{|G|=2\beta_0} \tag{6-38}$$

磁場在此正方晶格上可以寫成以下的形式：

$$\begin{aligned}
H_z &= R_x e^{-j\beta_0 x} + S_x e^{j\beta_0 x} + R_y e^{-j\beta_0 y} + S_y e^{j\beta_0 y} \\
&\quad + F_1 e^{j\beta_0 x + j\beta_0 y} + F_2 e^{-j\beta_0 x + j\beta_0 y} + F_3 e^{j\beta_0 x - j\beta_0 y} + F_4 e^{-j\beta_0 x - j\beta_0 y}
\end{aligned} \tag{6-39}$$

將(6-39)式及(6-33)式帶入(6-32)式中忽略增益或吸收項並且比較指數項，我們可得到以下八個方程式：

$$(\beta - \beta_0)R_x + \kappa_3 S_x - \kappa_1(F_2 + F_4) = 0 \tag{6-40}$$

$$(\beta - \beta_0)S_x + \kappa_3 R_x - \kappa_1(F_1 + F_3) = 0 \tag{6-41}$$

$$(\beta - \beta_0)R_y + \kappa_3 S_y - \kappa_1(F_3 + F_4) = 0 \tag{6-42}$$

$$(\beta - \beta_0)S_y + \kappa_3 R_y - \kappa_1(F_1 + F_2) = 0 \tag{6-43}$$

$$(\beta - 2\beta_0)\frac{F_1}{2} - \kappa_1(S_x + S_y) = 0 \tag{6-44}$$

$$(\beta - 2\beta_0)\frac{F_2}{2} - \kappa_1(R_x + S_y) = 0 \qquad\qquad (6\text{-}45)$$

$$(\beta - 2\beta_0)\frac{F_3}{2} - \kappa_1(S_x + R_y) = 0 \qquad\qquad (6\text{-}46)$$

$$(\beta - 2\beta_0)\frac{F_4}{2} - \kappa_1(R_x + R_y) = 0 \qquad\qquad (6\text{-}47)$$

在上述的式子中，我們假設 $\beta / \beta_0 \approx 1$。而這些式子描述了這八個行進波彼此耦合的狀況，以(6-40)式為例子，它描述了在 x 軸上行進的波彼此耦合的情形，其中包含 R_x 及 S_x，以 κ_3 的耦合係數進行來回耦合，高階波如 F_2 及 F_4 以耦合係數 κ_1 提供耦合到 x 軸上的行進波；再以(6-45)式為例子，R_x 及 S_y 藉由 κ_1 耦合係數以提供耦合到高階波如 F_2 的機制。由這兩個例子我們可以發現彼此正交的行進波可以藉由基本與高階行進波之間的繞射來彼此耦合。然而必須注意的是彼此正交的基本或高階行進波之間的耦合並不會發生，因此 κ_2 不存在於這些耦合式子中，在物理上的解釋可以認為，光子晶體的平面與電場是互相平行的，因此這兩個正交行進波的重疊積分會是零，所以彼此不會互相耦合。

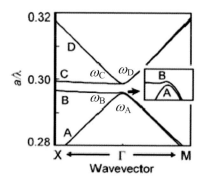

圖 6-17 二維正方晶格光子晶體 TE 模態光能帶圖。

　　藉由二維平面波展開法得到的 TE 光能帶圖如**圖 6-17** 所示，我們將Γ模態的區域放大。若 κ_1、κ_3 與 β_0 已知，則解(6-40)式到(6-47)式的特徵值方程式可以得到此共振腔模態的特徵頻率包含 ω_A、ω_B、ω_C 及 ω_D，這四個解可分別對應到**圖 6-17** 中由下往上在Γ邊界的四個頻率，可分別表示成：

$$\omega_A = \frac{c}{n_{av}}(\beta_0 - \kappa_3)(1 - \frac{8\kappa_1^2}{\beta_0^2 - \kappa_3^2}) \tag{6-48}$$

$$\omega_B = \frac{c}{n_{av}}(\beta_0 - \kappa_3) \tag{6-49}$$

$$\omega_{C,D} = \frac{c}{n_{av}}(\beta_0 + \kappa_3)(1 - \frac{4\kappa_1^2}{\beta_0^2 - \kappa_3^2}) \tag{6-50}$$

　　ω_A 及 ω_B 屬於較低頻的模態頻率，彼此沒有重合在一起屬於非退化型(non-degenerated)的模態；而 ω_C 及 ω_D 彼此重合在一起屬於**退化型**(degenerated)的模態，具有相同的能帶邊緣模態頻率，表示此能帶邊緣型模態較為容易與外部場進行耦合效應。然而，能帶邊緣型模態 A 及 B 為非對稱型，將導致與外界其他模態耦合的能力較差，因此就品質因子來說，模態 A 與模態 B 會比模態 C 與模態 D 來的高的多，所以我們可以預期模態 A 與模態 B 較容易達到雷射的閾值條件。

　　在六角晶格的光子晶體結構下，我們也可以將磁場表示成六個方向的行進波之組合：

$$\begin{aligned}
H_z &= H_1(x,y)e^{-j\beta_0 x} + H_2 e^{-j\beta_0(\frac{1}{2}x + \frac{\sqrt{3}}{2}y)} + H_3 e^{-j\beta_0(\frac{-1}{2}x + \frac{\sqrt{3}}{2}y)} \\
&+ H_4 e^{j\beta_0 x} + H_5 e^{-j\beta_0(\frac{-1}{2}x - \frac{\sqrt{3}}{2}y)} + H_6 e^{-j\beta_0(\frac{1}{2}x - \frac{\sqrt{3}}{2}y)}
\end{aligned} \tag{6-51}$$

　　同樣的，將(6-51)式及(6-33)式帶入(6-32)式可得六個波的等式如下：

$$-\frac{\partial H_1}{\partial x} + (-\alpha - j\delta)H_1 = -j\frac{\kappa_1}{2}(H_2 + H_6) + j\frac{\kappa_2}{2}(H_3 + H_5) + j\kappa_3 H_4 \qquad (6\text{-}52)$$

$$-\frac{1}{2}\frac{\partial H_2}{\partial x} - \frac{\sqrt{3}}{2}\frac{\partial H_2}{\partial y} + (-\alpha - j\delta)H_2 = -j\frac{\kappa_1}{2}(H_1 + H_3) + j\frac{\kappa_2}{2}(H_4 + H_6) + j\kappa_3 H_5$$

$$(6\text{-}53)$$

$$-\frac{1}{2}\frac{\partial H_3}{\partial x} - \frac{\sqrt{3}}{2}\frac{\partial H_3}{\partial y} + (-\alpha - j\delta)H_3 = -j\frac{\kappa_1}{2}(H_2 + H_4) + j\frac{\kappa_2}{2}(H_1 + H_5) + j\kappa_3 H_6$$

$$(6\text{-}54)$$

$$\frac{\partial H_4}{\partial x} + (-\alpha - j\delta)H_4 = -j\frac{\kappa_1}{2}(H_3 + H_5) + j\frac{\kappa_2}{2}(H_2 + H_6) + j\kappa_3 H_1 \qquad (6\text{-}55)$$

$$\frac{1}{2}\frac{\partial H_5}{\partial x} + \frac{\sqrt{3}}{2}\frac{\partial H_5}{\partial y} + (-\alpha - j\delta)H_5 = -j\frac{\kappa_1}{2}(H_4 + H_6) + j\frac{\kappa_2}{2}(H_1 + H_3) + j\kappa_3 H_2$$

$$(6\text{-}56)$$

$$-\frac{1}{2}\frac{\partial H_6}{\partial x} + \frac{\sqrt{3}}{2}\frac{\partial H_6}{\partial y} + (-\alpha - j\delta)H_6 = -j\frac{\kappa_1}{2}(H_1 + H_5) + j\frac{\kappa_2}{2}(H_2 + H_4) + j\kappa_3 H_3$$

$$(6\text{-}57)$$

H_1、H_2、H_3、H_4、H_5 及 H_6 分別代表六道行進於 Γ-M 方向上的光波之磁場分布，相對於 x 軸而言，其角度為：0^0、$+60^0$、$+120^0$、$+180^0$、$+240^0$ 及 $+300^0$。以 Γ 邊界為例，κ_1、κ_2 及 κ_3 分別代表了光波彼此間以 60^0 耦合(H_1 及 H_2 或 H_2 及 H_3 等等...)、以 120^0 耦合(H_1 及 H_3 或 H_2 或 H_4 等等...)及 180^0 耦合(H_1 及 H_4 或 H_2 或 H_5 等等...)之耦合係數。δ 是失調參數，即 β(通常表示為 $2\pi\nu/c$，c 是光波波速，ν 是頻率)與基本傳播常數 β_0(表示為 $4\pi/\sqrt{3}a$)之差值，且 $\delta \cong \left(\beta^2 - \beta_0^2\right)/2\beta_0$，$\alpha$ 是平均增益或吸收。藉由解(6-52)式到(6-57)式所組成的特徵方程式，我們可得出 κ_1、κ_2 及 κ_3，其中 α 值先設為零，我們可得允許的特徵模態頻率

如下：

$$v_1 = \frac{c}{2\pi n_{eff}}(\beta_0 - \kappa_1 - \kappa_2 + \kappa_3) \tag{6-58}$$

$$v_2 = \frac{c}{2\pi n_{eff}}(\beta_0 - \frac{1}{2}\kappa_1 + \frac{1}{2}\kappa_2 - \kappa_3) \tag{6-59}$$

$$v_3 = \frac{c}{2\pi n_{eff}}(\beta_0 + \kappa_1 - \kappa_2 - \kappa_3) \tag{6-60}$$

$$v_4 = \frac{c}{2\pi n_{eff}}(\beta_0 + \frac{1}{2}\kappa_1 + \frac{1}{2}\kappa_2 + \kappa_3) \tag{6-61}$$

若光子晶體在 Γ 邊界的四個特徵頻率為已知，則相對應的耦合係數如下：

$$\kappa_1 = \frac{-v_1 - v_2 + v_3 + v_4}{v_1 + 2v_2 + v_3 + 2v_4}2\beta_0 \tag{6-62}$$

$$\kappa_2 = \frac{-v_1 + v_2 - v_3 + v_4}{v_1 + 2v_2 + v_3 + 2v_4}2\beta_0 \tag{6-63}$$

$$\kappa_3 = \frac{v_1 - 2v_2 - v_3 + 2v_4}{v_1 + 2v_2 + v_3 + 2v_4}2\beta_0 \tag{6-64}$$

藉由比較耦合係數 κ_1、κ_2 及 κ_3 的大小，我們可以決定在 Γ 邊界處光子晶體能帶邊緣型雷射的主要耦合機制。在六角晶格的光子晶體圖樣中，通常 κ_1 的值較大，表示光波通常以 60^0 耦合的方式形成二維的雷射共振模態。

6.3.2 光激發式能帶邊緣型光子晶體雷射

接下來我們將介紹光子晶體能帶邊緣型光子晶體雷射在光激發操作下的雷射特性，其中包含不同的雷射極化特性探討、雷射閾值操作功率及雷射模態等。能帶邊緣型光子晶體雷射與缺陷型光子晶體雷射的結構都必須具有特定的要求才能形成光子晶體雷射，首先是需要較薄的光波導層藉此增加光子晶體與光場的交互作用以達到較低的雷射閾值操作功率；半導體材料與光子晶體的等效折射率的差值必須夠大，才能有效增進光子晶體與雷射光耦合的機會；此外，目前大部分的研究均為使用不同的光子晶體排列週期、光子晶體孔洞大小、材料與結構，希望增進光子晶體雷射的效能，接下來介紹的光子晶體雷射均以此為主軸延伸發展。

自 2002 年，韓國 KAIST 的 Lee 等人便發表了一系列的能帶邊緣型光子晶體雷射。首先，此研究團隊利用濕蝕刻的技術製作出約 200 nm 厚的 InGaAsP 量子井樣品,然後將光子晶體結構製作於此 InGaAsP 結構中，具有六角晶格排列的圖樣，量測溫度為 80K，此雷射可藉由光子晶體週期排列從 600 nm 到 1200 nm 將雷射波長從 1.3 μm 調整到 1.45 μm。從 L-I 量測結果中可以證實光子晶體的雷射現象並且具有對稱型的雷射模態，其閾值操作功率為 35 μW。此外，從光子晶體的光能帶圖發現此雷射模態位於第二或第三的 Γ 邊界能帶。此雷射光所量測出的極化程度(degree of polarization)相當低，此結果與一般常見的雷射極化程度量測結果不同，因為一般的雷射具有特定的極化方向，然而在此此結構中，因為能帶邊緣型光子晶體雷射是六角對稱型的雷射共振，因此具有相當低的極化程度[23]。

同年，法國的 Monat 的研究團隊也利用 InP 材料製做出波長為 1.5 μm 的光子晶體能帶邊緣型雷射，其中較特別的是，他們使用厚度約 240 nm 左右的 InAsP 量子井薄膜並且利用與 SiO₂ 接合技術，將此薄膜與 SiO₂ 相互接合於矽基板上，最後再利用濕蝕刻與乾蝕刻將光子晶體結構製作於 InAsP 量子井薄膜中，如圖 **6-18** 所示，由於 SiO₂ 具有相當低的折射率約 1.5 左右，因此可以將光場有效的侷限於量子井結構中，並且藉由光子晶體空氣柱的大小不同，使本結構具有不同的填充率(filling factor)，可以使光子晶體與材料本身表現出不同的等效折射率，所以可以調控不同的雷射波長從 1578 nm 到 1585 nm 之間[24]。

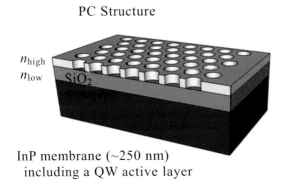

PC Structure

n_{high}

n_{low}

SiO₂

InP membrane (~250 nm) including a QW active layer

圖 6-18 InAsP 量子井結構之光子晶體能帶邊緣型雷射結構示意圖，其中光子晶體圖樣具有六角晶格排列。

韓國 KAIST 研究團隊的 Lee 延續 2002 年發表的成果，他們運用相同的技術與材料，製作六角晶格的能帶邊緣型光子晶體雷射，他們利用平面波展開法所模擬的光能帶圖，將雷射波長與光子晶體週期的關係圖相互比較，證明其雷射的模態為 M 及 K 邊界的高階模態，同時也藉由量測極化方向證明該雷射的模態為 M 及 K 方向；此外本結果也是首次發現能帶邊緣型雷射具有高階雷射模態[25]，然而特別的是其高階雷射近場圖案卻無法顯示出任何雷射模態的特徵，其雷射強度也無任何可分辨的邊界。

在製作光子晶體的技術上，一般是使用電子束微影的技術，然而此技術量產的速度較慢，而利用奈米壓印的技術又需要極為昂貴的壓印設備，所以在 2005 年韓國首爾大學的 Cho 等人利用雷射干涉的方式製做出 1.5 μm 的正方晶格能帶邊緣型光子晶體面射型雷射[26]，此技術使用兩道雷射光產生可調控的干涉條紋於光阻上，然後利用乾蝕刻製作光子晶體結構，由於此技術能製做出大範圍的光子晶體圖案，因此具有相當大的發展潛力。

2007 年法國的研究團隊 G. Vecchi 等人首先利用金屬接合的技術，將 InGaAs/InP 光子晶體結構接合在 Si 基板中，如**圖 6-19** 所示，此技術具有幾項優點：第一是此技術可以有效的利用金屬接合的部分，將元件中產生的熱由此途徑傳導出去；第二是此金屬可以當做大範圍的反射層，反射大部分的光回去光子晶體結構再進行吸收或繞射等行為，增加光子晶體與光場之間的交互作用；第三是本結構可以應用於大部分的材料或結構中，不用像是 wafer bonding 的技術必須考量到材料的晶格匹配的問題，他們利用此技術成功的製作出 1.55 μm 的光子晶體雷射[27]。

圖 6-19 InGaAs/InP 光子晶體雷射結構示意圖

光子晶體雷射大部分都在 InP 或是 GaAs 等材料上製作，原因就在於這兩種材料系統的磊晶結構與品質已發展的相當完備，相關的技術也發展得很完善。但是在可見光波段的光子晶體雷射的相關文獻卻較少，主要原因在於可見光所利用的材料氮化物如氮化鎵或氮化鋁等的磊晶品質與製程的限制導致相關的研究以非常緩慢的腳步進行。2008 年，本書作者的研究團隊成功的利用下層布拉格反射鏡製作並發表了多篇氮化鎵系列的光子晶體能帶邊緣型雷射相關研究成果。本雷射結構從上往下分別為 p 型氮化鎵、多重量子井層、n 型氮化鎵以及 29 層布拉格反射鏡，其中波導區域的厚度約為 1 μm，如圖 **6-20(a)**所示，圖 **6-20(b)**為側面與平面六角晶體光子晶體 SEM 照片圖。此光子晶體雷射使用下方的布拉格反射鏡做為低折射率層，因此可以有效的將光場侷限於上方的氮化鎵結構中；此外，本結構也可以將朝下方射出的光經由下層布拉格反射鏡往上反射，因而再度為光子晶體結構利用，並增加雷射的出光效率。此結構成功展示出高階模態的光子晶體雷射，包含Γ_1、K_2 及 M_3 邊界的邊緣模態，並且利用雷射的波長與光子晶體週期、雷射出光角度及雷射極化方向藉此展現並證實雷射的邊緣模態特性[28, 29]。

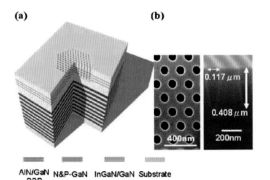

圖 6-20 (a)氮化鎵系列之光子晶體能帶邊緣型雷射搭配下層布拉格反射鏡之結構及(b)側面與平面 SEM 照片。

　　還有一些利用不同的主動發光層材料製做出能帶邊緣型光子晶體雷射，如 2009 年日本東京大學 Arakawa 等人利用量子點結構製做出能帶邊緣型光子晶體雷射，從雷射發光頻率來判定，此光子晶體雷射具有 K_2 模態，並且在低溫 7K 時，雷射的閾值操作功率為 80 nW[30]。同年，西班牙的研究團隊如 Mart´ınez 等人利用六角石墨結構及晶圓接合等技術製作光子晶體能帶邊緣型雷射，具有 1.2×10^4 的品質因子及較低的雷射閾值功率約 70 μW [31]。

6.3.3　電激發式能帶邊緣型光子晶體雷射

　　京都大學 Noda 等人於 1999 年發表關於電流注入型式的能帶邊緣型光子晶體面射型雷射的報告，使用的是六角晶格光子晶體結構。首先，他們將多重量子井 InGaAsP/InP 的主動層與具有光子晶體結構的晶圓互相接合而成，結構如圖 **6-21** 所示。由於上下結構的折射率分佈是非對稱結構，加上材料本身的厚度太厚，因此在垂直方向上缺乏有效的侷限效果使光場無法與光子晶體達到最佳的交互作用，因此本結構的 Q 值與雷射閾值操作電流都不夠理想[32]。

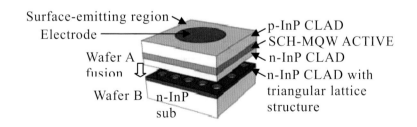

圖 6-21 InP 材料利用晶圓接合的方式，將光子晶體結構與多重量子井結構互相結合並且形成電激發光子晶體能帶邊緣型雷射。

2005 年，Noda 等人同樣利用晶圓接合方法，將多重量子井 InGaAsP/InP 的主動層與具有光子晶體結構的晶圓互相接合而成，此元件具有正方晶格的光子晶體結構。最重要的是，他們設計並且架設出變角度螢光量測系統，經由此量測結果，得到光子晶體雷射的變角度螢光頻譜，其架設圖如**圖 6-22** 所示。此頻譜具有四個不同的光子晶體能帶邊緣型的波長，此外，利用平面波展開法計算出光能帶圖並且與變角度頻譜相互比較，發現此結果可以應證並且判斷出四個光子晶體的能帶邊緣曲線[33]。

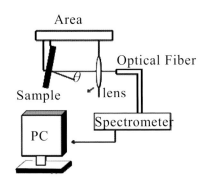

圖 6-22 變角度螢光量測系統

在 2008 年，Noda 等人發表了氮化鎵材料的電激發光子晶體能帶邊緣型雷射。此結構從下到上為氮化鎵基板、n 型 AlGaN 層、光子晶體結構、多重量子井層以及 p 型 AlGaN 層。有別於一般氮化鎵發光元件都是成長於晶格不匹配的藍寶石基板上，此元件成長於高品質的氮化鎵基板，在此基板上先成長 n 型 AlGaN 層，接下來在上方製作出氧化矽的光子晶體圖案，接著再成長時將會形成空氣孔洞的光子晶體結構，並再成長完多重量子井層以及 p 型 AlGaN 層的結構。跟之前的 InGaAsP 的材料做法不同，原因在於氮化鎵材料很難使用晶圓接合的

方式製作光子晶體雷射，只好使用再成長的方式將所需的光子晶體結
構製作於元件中。由於此結構利用氮化鎵的基板成長，因此具有較佳
的晶體品質，然而因為光子晶體結構距離主動發光層結構較遠，因此
光子晶體結構與主動層之間的侷限程度低以致交互作用較少，需要提
供更多的電流注入才能達到雷射的閾值條件，此結構具有的光子晶體
侷限程度僅有 3%，其操作電流需要提供約 7 A 才能達到雷射，所操作
的雷射波長約為 406 nm[34]。

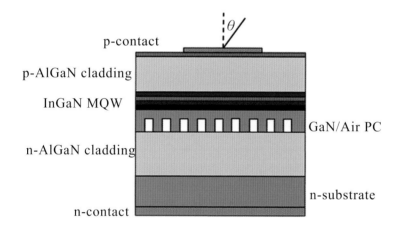

圖 6-23 電激發氮化鎵光子晶體能帶邊緣型雷射之結構圖

目前常見的製作電激發光子晶體雷射的技術有三種，第一、使用
濕蝕刻製作出折射率差異(因為半導體材料與空氣之間的折射率差異
值最大)，即空橋結構，因此本結構將增加光子晶體與電場之間的耦合
效應而達到最低的雷射操作功率。第二，利用晶格匹配的方式，加壓
或加溫的技術將光子晶體結構與發光膜層結構相互接合形成光子晶體
雷射，藉此將光子晶體結構盡量靠近主動發光膜層而增加光子晶體與
發光膜層之間的交互作用。第三，利用再成長的方式，先將光子晶體

結構製作於樣品中，再利用磊晶的技術將同質或相同的材料磊晶建構於原樣品上，藉此將光子晶體結構鑲嵌於結構中並且與發光膜層結構相互作用，形成較佳的光子晶體雷射結構。若考慮到要大量生產與容易製作等成本方面來看，直接製作光子晶體結構並且形成光子晶體雷射為最佳的選擇，原因在於直接製作光子晶體結構於樣品中具有較少的製程步驟，也不需要其他的磊晶或製程，因此具有較佳的成本或製程考量。然而在一般的樣品中，會因為導電度或是光子晶體吃穿 n 或 p 形材料的交接處形成漏電的可能，因而減少發光效率，因此如何達到最佳化的雷射特性並且大量量產商品化的光子晶體雷射變成為最重要的課題之一。最近發展出來的技術為利用金屬接合的方式，將光子晶體結構製作於其中一種 n 或 p 的結構中即可，同時將整體元件的厚度磨薄增加光子晶體與光場耦合的機會；我們相信這些持續改進的製程技術與光子晶體結構將能為光子晶體雷射推向實用化的商品。

由於邊射型雷射具有橢圓型的遠場雷射光點，因此在和光學系統耦合時能量常常會因為在空間上不匹配而有所耗損。而光子晶體能帶邊緣型雷射具有對稱型的遠場雷射光點、極小的雷射發散角、較低的閾值操作電流及具有二維陣列排列等優點。其中，光子晶體能帶邊緣型雷射因為具有對稱的雷射光點，將有助於和光學系統的耦合。此外，若光子晶體能帶邊緣型雷射中的增益可以在二維光子晶體中均勻分布，則此雷射的共振腔大小由二維光子晶體的範圍所決定，因此這種雷射的主動層面積可以相對的大，因此具有高功率輸出的潛在特性；而由於大面積近場發光的特性以及光子晶體特殊的光輸出繞射條件，使得這種雷射的遠場發散角較小，甚至雷射光的出射角度、極化方向以及遠場圖案還可以藉由改變光子晶體結構的方式來加以控制，這些特性對於新一代的光學系統的應用，如超高解析度雷射列印、雷射投影、甚至量子光電元件，都具有極大的應用潛力！

本章習題

1. 試說明光子晶體雷射可分為哪兩種。

2. 試比較 DFB 雷射、DBR 雷射、VCSEL 與光子晶體雷射之間的異同。

3. 說明光子晶體缺陷型雷射的操作原理。

4. 說明光子晶體能帶邊緣型雷射的操作原理。

5. 說明製作電激發式光子晶體缺陷型雷射可能會遭遇到的困難。

6. 試推導出(6-58)式到(6-61)式。

參考資料

[1] C. Reese, B. Gayral, B. D. Gerardot, A. Imamoglu, P. M. Petroff, and E. Hu, "High-Q photonic crystal microcavities fabricated in a thin GaAs membrane", J. Vac. Sci. Technol., B19, pp. 2749, 2001

[2] H. W. Huang, C. H. Lin, Z. K. Huang, K. Y. Lee, C. C. Yu, and H. C. Kuo, "Double photonic quasi-crystal structure effect on GaN-based vertical-injection light-emitting diodes", Jpn. J. Appl. Phys., vol. 49, pp. 022101, 2010

[3] J. D. Joannopoulos, R. D. Meade, and J. N. Winn, *Photonic Crystals*, Princeton University Press, 1995

[4] O. J. Painter, R. K. Lee, A. Scherer, A. Yariv,1 J. D. OÕBrien,P. D. Dapkus, and I. Kim, "Two-dimensional photonic band-gap defect mode laser", Science, vol. 284, pp. 1819, 1999

[5] O. J. Painter, A. Husain, A. Scherer, J. D. O'Brien, I. Kim, and P. D. Dapkus, "Room temperature photonic crystal defect lasers at near-infrared wavelengths in InGaAsP", J. Lightwave Tech., vol. 17, pp. 2082, 1999

[6] O. J. Painter, A. Husain, A. Scherer, P. T. Lee, I. Kim, J. D. O'Brien, and P. D. Dapkus, "Lithographic tuning of a two-dimensional photonic crystal laser array", IEEE Photon. Technol. Lett., vol. 12, pp. 1126, 2000

[7] O. J. Painter and K. Srinivasan, "Polarization properties of dipolelike defect modes in photonic crystal nanocavities", Optical Letters, vol. 27, pp. 339, 2002

[8] H. G. Park, J. K. Hwang, J. Huh, H. Y. Ryu, S. H. Kim, J. S. Kim,

and Y. H. Lee, "Characteristics of modified single-defect two-dimensional photonic crystal lasers", IEEE J. Quantum Electron., vol. 38, pp. 1353, 2002

[9] T. Yoshie, J. Vuckovic, A. Scherer, and H. Chen and D. Deppe, "High quality two-dimensional photonic crystal slab cavities", App. Phys. Lett., vol. 79, pp. 4289, 2001

[10] H. Altug, D. Englund and J. Vuckovic, "Ultrafast photonic crystal nanolasers", Nature Physics, vol. 2, pp. 484, 2006

[11] X. Wu, A. Yamilov, X. Liu, S. Li, V. P. Dravid, R. P. H. Chang, and H. Cao, "Ultraviolet photonic crystal laser", Appl. Phys. Lett., vol. 85, pp. 3657, 2004

[12] L. M. Chang, C. H. Hou, Y. C. Ting, C. C. Chen, C. L. Hsu, J. Y. Chang, C. C. Lee, G. T. Chen, and J. I. Chyi, "Laser emission from GaN photonic crystals", Appl. Phys. Lett., vol. 89, pp. 071116, 2006

[13] M. Lončar, T. Yoshie, A. Scherer, P. Gogna, and Y. Qiu, "Low-threshold photonic crystal laser", Appl. Phys. Lett., vol. 81, pp. 2680, 2002

[14] K. Srinivasan, P. E. Barclay, and O. J. Painter, J. Chen, A. Y. Cho, and C. Gmachl, "Experimental demonstration of a high quality factor photonic crystal microcavity", Appl. Phys. Lett., vol. 83, pp. 1915, 2003

[15] J. K. Hwang, H. Y. Ryu, D. S. Song, I. Y. Han, H. K. Park, D. H. Jang, Y. H Lee, "Continuous room-temperature operation of optically pumped two-dimensional photonic crystal lasers at 1.6 μm", IEEE Photon. Technol. Lett., vol. 12, pp. 1295, 2000

[16] K. A. Atlasov, M. Calic, K. F. Karlsson, P. Gallo, A. Rudra, B. Dwir,

and E. Kapon, "Photonic-crystal microcavity laser with site-controlled quantum-wire active medium", Optical Express, vol. 17, pp. 18178, 2009

[17] H. G. Park, S. H. Kim, S. H. Kwon, Y. G. Ju, J. K. Yang, J. H. Baek, S. B. Kim, and Y. H. Lee, "Electrically driven single-cell photonic crystal laser", Science, vol. 305, pp. 1444, 2004

[18] M. K. Seo, K. Y. Jeong, J. K. Yang, Y. H. Lee, H. G. Park, and S. B. Kim, "Low threshold current single-cell hexapole mode photonic crystal laser", Appl. Phys. Lett. vol. 90, pp. 171122, 2007

[19] S. W. Chen, T. C. Lu, Y. J. Huo, T. C. Liu, H. C. Kuo, and S. C. Wang, "Lasing characteristics at different band edges in GaN photonic crystal surface emitting lasers," Appl. Phys. Lett., vol. 96, pp. 071108, 2010

[20] H. Kogelinik and C. V. Shank, "Coupled-wave theory of distributed feedback lasers". J. Appl. Phys., vol. 43, pp. 2327, 1972

[21] K. Sakai, E. Miyai, and S. Noda, "Coupled-wave model for square-lattice two-dimensional photonic crystal with transverse-electric-like mod", Appl. Phys. Lett., vol. 89, pp. 021101, 2006

[22] K. Sakai, E. Miyai, and S. Noda, "Two-dimensional coupled wave theory for square-lattice photonic-crystal lasers with TM-polarization", Optics Express, vol. 15, pp. 3981, 2007

[23] H. Y. Ryu, S. H. Kwon, Y. J. Lee, Y. H. Lee, and J. S. Kim, "Very-low-threshold photonic band-edge lasers from free-standing triangular photonic crystal slabs", Appl. Phys. Lett., vol. 80, pp. 3476, 2002

[24] C. Monat, C. Seassal, X. Letartre, P. Regreny, P. Rojo-Romeo, P. Viktorovitch, M. L. V d'Yerville, D. Cassagne, and J. P. Albert, E. Jalaguier, S. Pocas, and B. Aspar, "InP-based two-dimensional photonic crystal on silicon: In-plane Bloch mode laser", Appl. Phys. Lett., vol. 81, pp. 5102, 2002

[25] S. H. Kwon, H. Y. Ryu, G. H. Kim, Y. H. Lee, and S. B. Kim, "Photonic bandedge lasers in two-dimensional square-lattice photonic crystal slabs", Appl. Phys. Lett., vol. 83, pp. 3870, 2003

[26] C. Cho, J. Jeong, J. Lee, H. Jeon, I. Kim, D. H. Jang, Y. S. Park, and J. C. Woo, "Photonic crystal band edge laser array with a holographically generated square-lattice pattern", Appl. Phys. Lett. vol. 87, pp. 161102, 2005

[27] G. Vecchi, F. Raineri, I. Sagnes, A. Yacomotti, P. Monnier, T. J. Karle, K-H. Lee, R. Braive, L. Le Gratiet, S. Guilet, G. Beaudoin, A. Talneau, S. Bouchoule, A. Levenson and R. Raj, "Continuous-wave operation of photonic band-edge laser near 1.55 μm on silicon wafer", Opt. Express, vol. 15, pp. 7551, 2007

[28] T. C. Lu, S. W. Chen, L. F. Lin, T. T. Kao, C. C. Kao, P. Yu, H. C. Kuo, S. C. Wang, and S. Fan, "GaN-based two-dimensional surface-emitting photonic crystal lasers with AlN/GaN distributed Bragg reflector", Appl. Phys. Lett., vol. 92. Pp. 011129, 2008

[29] T. C. Lu, S. W. Chen, T. T. Kao, and T. W. Liu, "Characteristics of GaN-based photonic crystal surface emitting lasers", Appl. Phys. Lett., vol. 93, pp. 111111, 2008

[30] M. Nomura, S. Iwamoto, A. Tandaechanurat, Y. Ota, N. Kumagai, and Y. Arakawa, "Photonic band-edge micro lasers with quantum

dot gain", Opt. Express, vol. 17, pp. 640, 2009

[31] L. J. Mart´ınez, B. Al´en, I. Prieto., J. G. L´opez, M. Galli, L. C. Andreani, C. Seassal, P. Viktorovitch, and P. A. Postigo, "Two-dimensional surface emitting photonic crystal laser with hybrid triangular-graphite structure", Optical Express, vol. 17, pp. 15043, 2009

[32] M. Imada, S. Noda, A. Chutinan, and T. Tokuda, "Coherent two-dimensional lasing action in surface-emitting laser with triangular-lattice photonic crystal structure", Appl. Phys. Lett., vol. 75, pp. 316, 1999

[33] K. Sakai, E. Miyai, T. Sakaguchi, D. Ohnishi, T. Okano, and S. Noda, "Lasing band-edge identification for a surface-emitting photonic crystal laser", IEEE J. Quantum Electron., vol. 23, pp. 1335, 2005

[34] H. Matsubara, S. Yoshimoto, H. Saito, Y. Jianglin, Y. Tanaka, and S. Noda, "GaN photonic-crystal surface-emitting laser at blue-violet wavelengths", Science, vol. 319, pp. 445, 2008

[35] K. Sakoda, *Optical Properties of Photonic Crystal*, Springer-Verlag, 2004

[36] 欒丕綱、陳啟昌，*光子晶體-從蝴蝶翅膀到奈米光子學*，五南出版社，2008

第七章

半導體雷射製作

　　我們將在本章中介紹半導體雷射的製作方式，儘管半導體雷射的結構已有許多種不同的類型，如邊射型雷射(Edge-Emitting Laser，EEL)或面射型雷射(Surface-Emitting Laser，SEL)等，這些雷射都必須經歷三個主要製作步驟，依序為磊晶、製程與封裝。首先磊晶決定了主要的半導體雷射參數，其中最重要的是雷射發光波長，不同波長的雷射主要是由主動層中半導體材料的種類與其能隙所決定，若主動層的結構採用量子侷限的構造，如量子井、量子線或量子點的結構，其發光波長亦可以隨結構尺度的變化而變動，不僅如此，主動層的結構從同質接面、異質接面、雙異質接面到量子點的構造發展演進，都讓半導體雷射的閾值電流密度有類似量子跳躍式的改善與下降，如圖 7-1 所示[1]，這樣的進步主要是來自磊晶技術的改良與成熟，因此本章的第一部分便先介紹半導體雷射的磊晶技術。接下來，我們會介紹半導體雷射的製程，主要以邊射型雷射為範例，並會針對製程步驟其中幾項較為重要的關鍵技術，如蝕刻、沉積、離子佈植及金屬製程等做較詳盡的介紹，由於篇幅與內容範圍的因素，我們就不在此介紹封裝的流程。

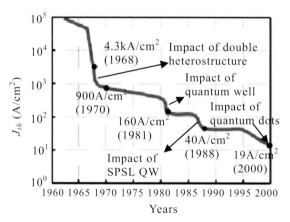

圖 7-1 半導體雷射閾值電流密度的演進[1]。

7.1　半導體雷射磊晶技術

　　由於磊晶技術決定了半導體雷射的重要特性，以下我們先介紹半導體磊晶技術的發展與兩種目前最常見的磊晶系統，接著再詳細介紹幾種半導體雷射中最常見的材料系統，如砷化鎵(GaAs)、砷磷化銦鎵(InGaAsP)、磷化鋁銦鎵(AlGaInP)、氮化鋁銦鎵(AlGaInN)等材料。

7.1.1　磊晶技術發展

　　1960 年代左右，**液相磊晶**(liquid phase epitaxy, LPE)的技術開始發展，液相磊晶使用過飽和溶液在基板上成長出高品質的磊晶層，而形成異質接面，然而這種技術的缺點是基板可用的面積有限且不容易控制磊晶層的介面以致於無法成長非常薄的磊晶結構。約在同時期，另一種磊晶成長的技術叫**氣相磊晶**(vapor phase epitaxy, VPE)也開始發展出來，它採用金屬鹵化物的氣體作為先驅反應物，再用管路將這些氣體帶到適合反應的腔體中，這些氣體混合之後可以均勻地在基板上反應並成長出化合物，因此基板的大小和數量可以彈性地調整和增加，基板可用面積也大幅增加。然而此技術和液相磊晶一樣，介面控制的能力不佳，因此只適合成長厚的磊晶層，此外，此氣相磊晶的技術無法長成含 Al 的材料，也限制了其應用的層面。

　　隨著科技的進展，另外二種磊晶技術在 1970 到 1980 年代被發展出來，其中一種稱為**分子束磊晶**(molecular beam epitaxy, MBE)，採用純元素作為原料，在超高真空的腔體中，使用熱源加熱元素型態的原料，釋放出粒子束直接撞擊到基板上和其他元素進行反應而成長在基板上。這種技術可以達到原子等級的厚度控制，因此可以製作出具有非常薄且構造複雜的元件，例如量子井、量子點、超晶格等結構，是研究與發展新穎元件的首選。另外一種磊晶技術稱為**金屬有機化學氣相沉積**(metal-organic chemical vapor deposition, MOCVD)，其原理和**氣相磊晶**類似，只是其先驅反應物使用有機金屬的氣體，可克服氣相磊晶的缺點並可成長含 Al 的化合物，也可以成長非常薄的磊晶層。金屬有機化學氣相沉積的技術在早期發展時並不被大家看好，但隨著有機金屬原料的純化技術不斷地改良與反應系統的優化，此技術所成長的結構與性能幾可與分子束磊晶所成長的元件匹敵，再加上其可以大量生產的特性，目前大部分商用量產的磊晶系統都是金屬有機化學氣相沉積的天下！

7.1.2 分子束磊晶

分子束磊晶(MBE)最早由中研院卓以和院士等人在 1970 年代研發從一個研究真空物理的儀器演變成為目前尖端的磊晶系統。以成長 GaAs 在 GaAs 基板上為例，分子束磊晶在**超高真空**(ultrahigh vacuum，UHV: ~ 10^{-10} torr)的環境下，穩定以加熱的方式將 Ga 和 As 的元素蒸發到加熱的基板上形成 GaAs 磊晶層；若同時加熱 Al 的元素，基板上則可以形成 $Al_xGa_{1-x}As$ 磊晶層；而磊晶層中 Al 的成份可以由控制 Al 和 Ga 的氣體壓力比例來獲得，對不同的元素調整加熱溫度可以獲得不同的氣體壓力，因為 As 的氣體會形成 As_4 或 As_2 的分子形式，也因此這種磊晶方法被稱為分子束磊晶；然而分子束磊晶的原料不一定是元素型態的，例如使用**有機金屬源分子束磊晶系統**(MOMBE)以及**氣體源分子束磊晶系統**(GSMBE)等。此外，產生分子束的方法也有很多種，例如**電漿輔助分子束磊晶系統**(PAMBE)屬於氣體源分子束磊晶系統中的一種。

　　分子束磊晶系統的基本架構如圖 **7-2** 所示；整個系統架構可以分為三個區域：第一區域是產生分子束的地方；第二區域為不同的分子束從不同的角度入射並混合的地方；第三區域為磊晶成長的基板區域。在第一區域中分子束由 BN 所作的分子束源(Knusen-effusion cell)中產生，這些分子束源的 effusion cell 要用液態氮冷卻以防止 cell 中的雜質揮發到元素中而污染了原料。在第三區的基板區域中有加熱線圈藉以加熱基板達到適當的磊晶溫度，而基板必須不斷旋轉以使得在大部分的基板面積上其磊晶層厚度、組成比例以及摻雜的濃度都能均勻分佈。

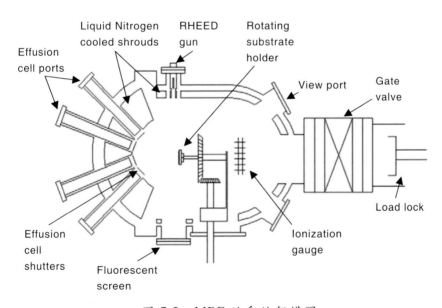

圖 7-2　MBE 的系統架構圖

　　分子束磊晶系統中通常都會裝置反射式高能電子繞射(reflection high-energy electron diffraction, RHEED)系統，此套系統可以即時監控(*in-situ* monitoring)磊晶層在成長時的表面狀況，分子束磊晶的長晶速率較慢(約 0.1 到 2 μm/h)，其厚度監控能力可以達到接近原子等級的精準度。因此分子束磊晶系統特別適用在成長非常薄的主動層，如單一量子井、多重量子井甚至是超晶格結構，都能達到良好的均勻度(厚度變化在 2%到 3%之間)。

7.1.3 金屬有機化學氣相沉積

使用金屬有機化學氣相沉積(MOCVD)成長化合物半導體最早可追溯到 H. M. Manasevit (1968)的開發工作，這種磊晶成長又可被稱為 organometallic chemical vapor deposition (OMCVD)、metalorganic vapor phase epitaxy (MOVPE) 以及 organometallic vapor phase epitaxy (OMVPE)。簡單來說，MOCVD 的成長為具揮發性的有機金屬化合物蒸氣和氣態的**氫化物**(hydride)經過**熱解**(pyrolysis)反應如下：

$$R_nA + DH_n \xrightarrow{heat} AD + nRH \tag{7-1}$$

其中 R_nA 為有機金屬化合物，DH_n 為氫化物；R_n 為有機自由基，此自由基並不限定種類，但通常為低碳的甲基或乙基；A 和 D 則為構成二元化合物晶體的兩種元素；RH 則為甲烷或乙烷的氣體。MOCVD 製程所使用的有機金屬化合物有許多種，其中最常被使用的是三甲基鎵(trimethylgallium，TMGa)、三甲基鋁(trimethylaluminum，TMAl)、以及三甲基銦(trimethylindium，TMIn)，在 MOCVD 的系統中這些有機金屬會分別存放在有溫度控制的**氣泡瓶**(bubbler)中，利用**載流氣體**(carrier gas)通入氣泡瓶中；載流氣體通常為純化過的氫氣或氮氣帶出這些有機金屬的**先驅反應物**(precursor)並傳送到**反應爐**(reactor)中。另一方面，化合物半導體中五族(group V)元素通常會使用氫化物如氨氣(ammonia，NH_3)、砷化氫(arsine，AsH_3)以及磷化氫(phosphine，PH_3)，這些氫化物已經是氣體且通常保存在鋼瓶中，可以直接傳輸到反應爐中。在反應爐中可以藉由通入不同的氣體比例而構成具有特定元素比

例的化合物半導體材料，例如對三元化合物和四元化合物而言其反應
式分別如下：

$$xR_nA + (1-x)R_nB + DH_n \longrightarrow A_xB_{1-x}D + nRH \tag{7-2}$$

$$xR_nA + (1-x)R_nB + yDH_n + (1-y)EH_n \longrightarrow A_xB_{1-x}D_yE_{1-y} + nRH \tag{7-3}$$

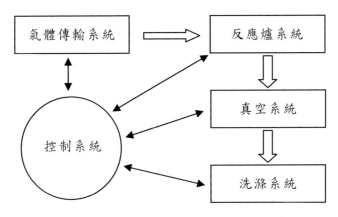

圖 7-3　MOCVD 系統的主要構成單元

　　一般而言，當今 MOCVD 系統主要由四個部分所組成，如圖 **7-3**
所示包括了氣體傳輸(gas blending)系統、反應爐系統、真空(vacuum)
系統與洗滌(scrubber)系統，這四個部分皆由可程式邏輯系統所控制。
基本的 MOCVD 管路配置如圖 **7-4** 所示，氣體傳輸系統的功能是將有
機金屬及氫化物的先驅反應物帶到反應爐中，在氣體傳輸系統中除了
運輸管路要非常潔淨不能有漏氣的要求外，各種氣體的純度要求非常
高，通常都需要搭配各種氣體對應的純化器；此外氣體傳輸系統中的
流量控制器(mass flow controller)和**壓力控制器**(pressure controller)必
須要精準且控制閥的切換速度要快，才能精準控制所成長的晶體的成
分比例以及厚度要求。反應爐是有機金屬及氫化物產生熱解的地方，
因此五族氣體和三族壓力比值(簡稱五三比)、乘載台溫度和反應爐壓

力的變化都會影響到晶體成長的速率、成份與品質，反應爐的壓力是由後端真空系統中的**節流閥**(throttle valve)所控制，目前 MOCVD 的成長壓力從低壓(約 30 torr)到常壓的模式都有。

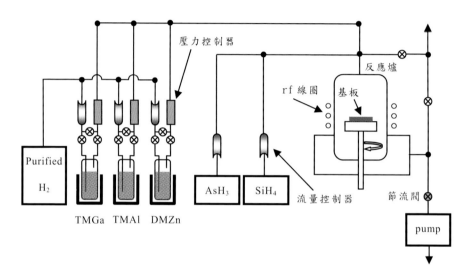

圖 7-4　基本的 MOCVD 管路配置

　　乘載台為置放基板的裝置，其溫度可由加熱絲或 rf 線圈所提供，乘載台的磊晶溫度可從 400 到 1200 度，而為了將有機金屬及氫化物在乘載台上能均勻的混合，反應爐的設計通常可分為水平式與垂直式兩種；水平式的反應爐中氣體由乘載台接近水平的方向進入，因此其反應爐的高度較矮，而乘載台不需要快速旋轉；而垂直式的反應爐中氣體由乘載台接近垂直的方向進入，其反應爐的高度較高，而乘載台需要快速旋轉以均勻的混合有機金屬及氫化物。

　　除了晶體成長的品質外，基板上磊晶厚度與成分的均勻度也是很重要的製程參數，儘管水平式與垂直式兩種反應爐中調整均勻度的方法不太相同，現代的反應爐中通常會具備**光學即時監控**(optical *in-situ* monitoring)的裝置，如**圖 7-5(a)**所示，光源從磊晶片上方入射，反射光由光偵測器所接收，隨著磊晶厚度的增加反射光在磊晶層中的干涉強度會發生週期性變化，由其週期時間可以推估磊晶成長的速率如 $GR=\lambda T_d/2n_r$，其中 GR 為長晶速率、λ為偵測光源的波長、T_d為偵測到的週期時間如**圖 7-5(b)**所示以及 n_r 為該波長在磊晶層中的折射率。光學的即時監控不僅可以用來評估磊晶厚度，也可以用來監控磊晶薄膜成長的平整度，例如氮化鎵磊晶成長在藍寶石基板時，反射光的強度就提供了許多控制磊晶參數的訊息。最後，有許多事先排掉的有機金屬及氫化物或反應不完全的氣體需經過抽器幫泵後端的洗滌系統將這些有毒氣體吸附或減毒的過程，殘留的氣體才能排放到大氣中。

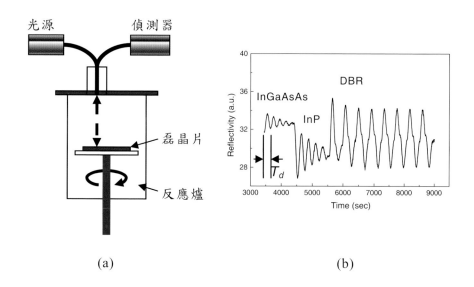

(a)   (b)

圖 7-5 　(a)MOCVD 的即時監控系統(b)即時監控信號

7.2　半導體雷射常用材料

　　常見的半導體雷射的發光波長可從紅外光、可見光到藍紫光波段，而選擇適當材料形成雷射結構的關鍵在於是否能形成高品質的異質接面，欲形成高品質的異質接面端賴接面二側材料的**晶格常數**(lattice constant)差異要夠小以及減少晶格缺陷(defect)的產生，半導體雷射常用的材料為化合物半導體，其晶格常數和未化合前的半導體晶格大致上呈線性關係，被稱之為 **Vegard's Law**，以 $In_xGa_{1-x}P$ 為例，其晶格常數表示成 $a_{In_xGa_{1-x}P} = xa_{InP} + (1-x)a_{GaP}$，其中 a 為各材料的晶格常數，而 x 為合金比例。另一方面，化合物半導體能隙大小也存在著類似 Vegard's Law 的關係；由於放射的光子能量 $E = h\nu$ 大致等於材料的能隙大小，因此雷射光的波長可由半導體材料的能隙 E_g 計算出來。如果 E_g 的單位是電子伏特，則波長(單位為微米)的值為：$\lambda_g = 1.24/E_g$。例如，以 As 為五族材料，搭配 Ga 和 Al 形成 $Al_xGa_{1-x}As$ 三元(ternary)合金(alloy)，其能隙的大小為 $E_g(x) = 1.424+1.247x$ $(0 \le x \le 0.45)$，單位為電子伏特 (eV)，而其發光的波長落在近紅外光波段，傳統 CD 用的雷射(波長為 780 nm)即是採用此三元合金。又如以 P 為五族材料，搭配 Ga、Al 和 In 形成 $In_{0.5}(Al_xGa_{1-x})_{0.5}P$ 的四元(quaternary)合金，其能隙大小 $E_g(x) = 1.91+0.61x$ $(0 \le x \le 0.53)$，其發光的波長落在紅、橙光附近，為紅光 DVD 用雷射所採用的材料系統。如**圖 7-6** 所示為半導體雷射常用材料的能隙與晶格常數的大小，以及所對應的應用範圍，由上面兩個例子可知不同的五族化合物(compound)的系統大致上決定材料發光的範圍與應用。此外，由於磊晶薄膜成長需要**基板**(substrate)作襯底，此基板來源必須要是容易取得、價格便宜且特性穩定的材料，因此 GaAs 與 InP 二元化合物成為常用的基板材料，如此一來這些二元化合物的晶格常數也會限制了在其上磊晶薄膜材料的晶格常數與發光波長如**圖**

7-6 所示，例如 InP 基板上通常成長光纖通信用的半導體雷射，而 GaAs
基板上通常成長近紅外光與紅光半導體雷射。另外像近十年來蓬勃發
展的氮(N)化物材料，搭配 Ga, Al 和 In 可形成三元或四元的合金，其
發光波長可涵蓋紅外光、可見光到紫外光，具有極寬廣的波長選擇性，
然而由於異質磊晶所產生之晶格常數匹配問題，使得實際上可製作出
的發光元件波長有所限制，目前次世代藍光 DVD 所使用的雷射二極
體波長約為 405 nm，然而製作比 405 nm 波長更短或更長的半導體雷
射仍為目前極具挑戰性的技術！接下來，我們將針對半導體雷射中最
常見的材料系統，如砷化鎵(GaAs)、砷磷化銦鎵(InGaAsP)、磷化鋁銦
鎵(AlGaInP)、氮化鋁銦鎵(AlGaInN)等材料逐一介紹。

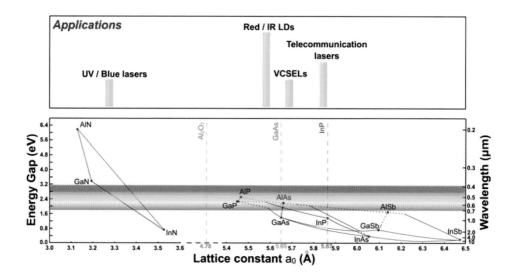

圖 7-6　半導體雷射常用材料的能隙與晶格常數的大小，以及所對應
的應用範圍

7.2.1　砷化鎵材料系統

　　常見的砷化鎵(GaAs)材料是直接能隙的半導體，其能隙(E_g=1.424 eV)的電磁光譜是在近紅外光，而砷化鋁(AlAs)則是間接能隙的半導體，其能隙 (E_g =2.168eV)的光譜是在黃綠光。當 AlAs 的莫耳比率 x 在砷化鋁鎵($Al_xGa_{1-x}As$)的含量從零提高，砷化鋁鎵化合物的能隙可隨之提升從 GaAs 轉變為 AlAs。**圖 7-7** 描繪 AlGaAs 的三個不同導電帶分別為Γ、X、L 的能帶邊緣隨著鋁含量的變化情形。當 AlAs 的含量從 x=0 開始增加，最低的導電帶是Γ能帶且為直接能隙，直到 x=0.45 最低的導電帶從Γ能帶改變到 X 能帶，半導體則從直接能隙轉變成間接能隙半導體，其轉變點發生在能量 1.98eV，約在可見光紅光光譜部分。

　　當 Al 在 $Al_xGa_{1-x}As$ 的含量大於 0.45 從直接能隙半導體轉變成間接能隙半導體後，半導體的發光效率會降低 3 個數量級以上，這限制了砷化鋁鎵化合物在紅橘光以及黃光的應用。然而，非常高效能的近紅外光半導體雷射可以由這個材料系統組成，這是因為 GaAs 跟 AlAs 在晶格常數在室溫 25℃ 下僅有小於 0.2%的不同(見**圖 7-8**)。晶格常數匹配可以使得 AlGaAs 在 GaAs 基板上成長品質非常好的薄膜，其所構成的異質結構元件的介面缺陷密度非常的低[2-3]，因此可成長為具有優異表現的複雜元件。事實上早在 1969 年，Kressel，Hayashi 以及 Alferov 等人分別以**液相磊晶**(liquid phase epitaxy, LPE)的技術製作出可在室溫下操作的 GaAs/$Al_xGa_{1-x}As$ 雷射，其閾值電流密度為 J_{th} = 5 kA/cm^2。隔年，Hayashi 與 Alferov 等人分別實現可在室溫下連續模式操作的雙異質接面半導體雷射，其 J_{th} 亦降低至 1.6 kA/cm^2，AlGaAs 雷射旋即進入商業評估的階段，例如第一台使用半導體雷射的雷射印表機於 1977 年問世，而幾年後，使用半導體雷射的 CD 光碟機出現，使得光儲存成為半導體雷射的最大應用領域之一。

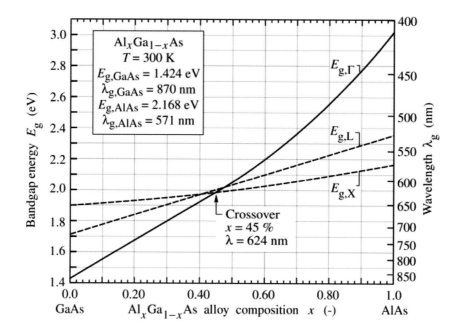

圖 7-7　$Al_xGa_{1-x}As$ 三個 Γ、X、L 導電帶最小值的能量與 AlAs 的鋁含
　　　　量之函數關係；在 AlAs 的含量 $x=0.45$、能隙 1.98eV 時三元
　　　　從直接能隙半導體(最低點 Γ)轉換成間接能隙半導體(最低點
　　　　X)。(取自 Casey and Panish, *Heterostructure lasers*, 1978 [2])

　　AlGaAs 的優異材料特性除了早期在近紅外光半導體雷射中就已
顯露出來，在 1990 年代 AlGaAs 材料系統更讓垂直共振腔面射型雷射
的特性能進一步提升，其中有三個關鍵性的因素：一是 AlAs 和 GaAs
的折射率差異相當大($\Delta n_r / \overline{n}_r \cong 0.153$)，這使得垂直共振腔面射型雷射
的重要組成元件之一的布拉格反射鏡的厚度能大幅降低(相關討論請
見第四章)；二是 AlGaAs 的熱導係數相當大可以幫助垂直共振腔面射
型雷射中非常小的主動層區域散熱；此外，利用濕氧化的製程可以輕

易將 AlAs 氧化成 Al_xO_y，其低折射率且不導電的特性，可以精準控制垂直共振腔面射型雷射的橫向光學侷限以及電流侷限，而製作出閾值電流相當低的半導體雷射[4]。

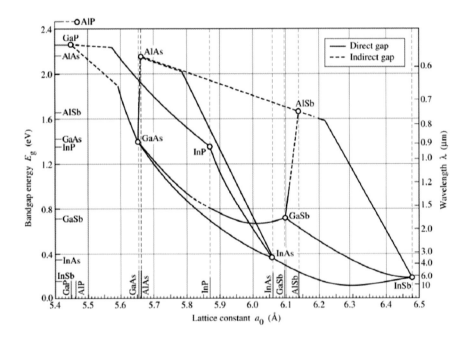

圖 7-8　部分三五族半導體能隙和晶格常數的函數關係。實線指出直接能隙區，虛線指出間接能隙區。GaAs 和 AlAs 有非常相似的晶格常數，其在常溫下只有 0.2%不同。(取自 Teng, 1988)

7.2.2　砷磷化銦鎵材料系統

　　在三五材料的五族中混合了 As 和 P 的砷磷化銦鎵(InGaAsP)材料到目前為止都是用於 1.3—1.55 微米光纖通信的半導體雷射與光偵二

極體的重要材料(見圖 **7-6**)，因此，其相關材料參數已被廣泛的研究[5]。一般來說，關於 $In_{1-x}Ga_xAs_yP_{1-y}$ 的任一參數 $p(x,y)$ 可用拆開來的四個二元化合物 InP、InAs、GaAs 以及 GaP 的參數來組成：

$$p(x,y) = (1-x)(1-y)p_{InP} + (1-x)yp_{InAs} + xyp_{GaAs} + x(1-y)p_{GaP} \quad (7\text{-}4)$$

例如 $In_{1-x}Ga_xAs_yP_{1-y}$ 的晶格常數與能隙可表示如下：

$$a(x,y) = 5.8688 - 0.4176x + 0.1895y - 0.0126xy \quad (7\text{-}5)$$

$$E_g(x,y) = 1.35 + 0.672x - 1.091y + 0.758x^2 + 0.101y^2$$
$$+ 0.111xy - 0.58x^2y - 0.159xy^2 + 0.268x^2y^2 \quad (7\text{-}6)$$

其中晶格常數的單位為 Å，而能隙的單位為 eV，(7-6)式則另外加入了 $xy(1-x)(1-y)$ 的項。由上兩式可以求出如圖 **7-9** 的發光波長與晶格常數匹配度對成分的變化圖，其中晶格匹配度的定義是相對於 InP 的晶格常數來說 $\Delta a/a(\%) = (a(x,y) - a_{InP})/a_{InP} \times 100$，而發光波長則為 $\lambda_g = 1.24/E_g$，由圖 **7-9** 可知若將 $In_{1-x}Ga_xAs_yP_{1-y}$ 的材料長在晶格常數匹配的 InP 基板上時，最長的發光波長可達 1.65 μm，最短則為 InP 本身的波長約為 0.92 μm；若在不考慮晶格常數匹配的情況下，基本上增加 In 以及 As 的成分比例可增長發光波長，反之則減少，若在 InP 基板上長成量子侷限的薄膜，使主動層厚度在臨界厚度以下，讓主動層內的材料受到應力而發生壓縮形變(compressive strain)或伸張形變(tensile strain)，則我們可以更擴展此材料的發光波長。

對 MBE 而言，因為傳統的固態源 MBE 無法處理含 P 的材料，必須改以氣體源 MBE 來成長 InGaAsP；另一方面，對 MOCVD 而言，由於 As 與 P 的高揮發性，要成長出好的 As/P 的異質接面也相當不容易。對雙異質接面的 InGaAsP 半導體雷射其最佳的主動層厚度約為 100 奈米，其中 Nelson 等人曾經發表使用常壓 MOCVD 製作出閾值電流密度約 800 A/cm² 的雙異質接面 InGaAsP 半導體雷射[6]。若要製作出閾值電流更低的雷射則必須要使用到複雜的量子井結構，例如在

1.55 微米波段的半導體雷射,使用具有壓縮形變的 $In_{0.3}Ga_{0.7}As$ 量子井雷射,其閾值電流就比使用晶格常數匹配的 $In_{0.47}Ga_{0.53}As$ 量子井雷射還要低[7];類似的結果也可在 1.3 微米波段的 InGaAsP 半導體雷射中發現,其中不管是具有壓縮形變或是伸張型變的量子井雷射,其閾值電流都比晶格常數匹配的量子井雷射還要低[8],根據理論計算,具有形變的量子井因能帶結構發生改變,其微分增益上升,同時可以抑制 Auger 的非輻射復合的機率,因此對降低閾值電流非常有幫助;不過過度的增加形變可能會導致缺陷的增加或異質接面的不平整,反而會導致不良的影響。

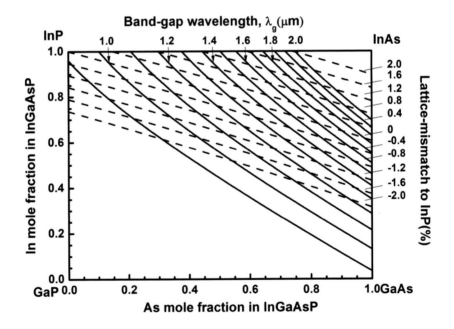

圖 7-9　InGaAsP 材料其對應的能隙發光波長(實線)與晶格常數匹配度在 300K 時的成分變化圖

7.2.3 砷化鋁銦鎵材料系統

如前所述，增加形變可藉由增加微分增益與降低非輻射復合的機率來提升光通信用的半導體雷射的特性，然而 InGaAsP 的半導體雷射的溫度特性不佳，一般來說其**特性溫度**(characteristic temperature, T_0) 約只有 70K 左右，其閾值電流非常容易受到外在溫度的變化影響，也使得雷射要在室溫以上操作時需要安裝**熱電冷卻器**(thermoelectric cooler)。推究其成因是由於 InGaAsP 的**導電帶偏移**(conduction band offset)較小，使得注入到量子井中的電子很容易受熱而逃脫能障層的侷限而離開主動層，造成閾值電流的上升。解決此問題的方法是改用砷化鋁銦鎵(InGaAlAs)的系統，此種以 As 為五族的材料系統，其導電帶偏移量較大，對電子的侷限較好。

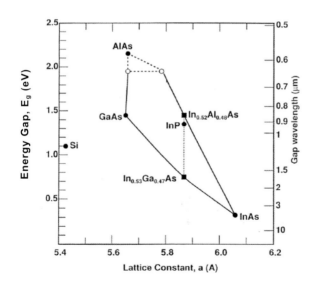

圖 7-10 InGaAlAs 材料其對應的能隙發光波長與晶格常數在 300K 時的成分變化圖

如圖 **7-10** 所示，$In_{0.52}Al_{0.48}As$ 與 $In_{0.53}Ga_{0.47}As$ 的晶格常數和 InP 的基板匹配，藉由改變鋁銦鎵的比例，可使晶格常數和 InP 基板匹配並發出適於光通信波段的波長，同時也可以改變晶格常數使其發生形變而享有高增益低非輻射復合速率的優點。例如採用 $In_{0.74}Ga_{0.10}Al_{0.16}As/In_{0.52}Ga_{0.48-x}Al_xAs$(具有 1.43%的壓縮形變)的量子井雷射，其微分操作效率從 20℃ 到 100℃ 只有下降 0.3dB，相對的 InGaAsP 的量子井雷射其微分操作效率從 20℃ 到 100℃ 卻下降了 1dB!

7.2.4　磷化鋁銦鎵材料系統

四元合金磷化鋁銦鎵(AlGaInP)對可見光發光二極體及半導體雷射而言是非常重要的材料系統，圖 **7-11** 是 $(Al_yGa_{1-y})_{0.5}In_{0.5}P$ 以晶格匹配的條件成長於 GaAs 基板的能隙大小與 y 含量的關係圖，與 $Al_yGa_{1-y}As$ 能隙比較，當 $0 \leq y \leq 0.7$，AlGaInP 是直接能隙其大小與 y 含量相關(Ikeda *et al.*, 1986; Bour *et al.*, 1988)，能隙範圍是從 1.9 eV $(Ga_{0.5}In_{0.5}P)$到 2.3 eV $([Al_{0.7}Ga_{0.3}]_{0.5}In_{0.5}P)$。當 $y > 0.7$ 時，轉變為間接能隙，且隨著鋁含量的提高能隙只有緩慢的增加到 $Al_{0.5}In_{0.5}P$ 時大約是 2.35 eV。這樣的能隙範圍跨越了紅光到綠光的波段，使得這種材料得以大量應用到可見光的高效率雙異質結構的半導體雷射。

然而比起 AlGaAs 材料系統，$(AlGa)_{0.5}In_{0.5}P$ 的異質結構其明顯不同的特性包括了：p 型摻雜的困難度高(Honda *et al.*, 1985)，電洞遷移率非常低(Hino *et al.*, 1985)，熱阻非常高(Martin *et al.*, 1992)，而且導電帶偏移相當小(Liedenbaum *et al.*, 1990)。當鋁的含量高時($y > 0.7$)，使用 MOCVD 成長以鋅為雜質的 p 型材料摻雜效果很差，因此披覆層的組成通常限制在 $y < 0.7$ 以下。

在 $Ga_{0.5}In_{0.5}P/(AlGa)_{0.5}In_{0.5}P$ 晶格匹配的異質結構中，直接能隙Γ能帶的導電帶偏移和價電帶偏移的比例為 65/35 (Liedenbaum *et al.*,

1990)(早期的研究數據是 43/57)。圖 **7-12** 是 $Ga_{0.5}In_{0.5}P/(AlGa)_{0.5}In_{0.5}P$ 之異質結構的導電帶和價電帶偏移量對上 AlGaAs 異質結構的比較圖 (Wang *et al.*, 1990)，在這兩個材料系統中，隨著鋁組成含量的增加導電帶偏移隨之增加，直到導電帶能帶交錯(Γ - X)發生。鋁組成的成分高於能帶交錯之後，導電帶偏移反之降低而價電帶偏移卻持續增加；因此最大導電帶偏移量發生是發生在導電帶能帶交錯的鋁組成成分位置。由圖可知，$(AlGa)_{0.5}In_{0.5}P$ 材料系統所組成的異質結構知最大導電帶偏移量大約是 270 meV，小於 AlGaAs 異質結構的最大導電帶偏移量(350 meV)。

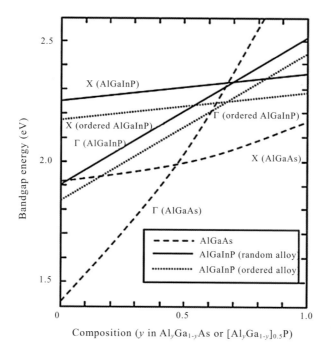

圖 7-11 $(Al_yGa_{1-y})_{0.5}In_{0.5}P$ 和 $Al_yGa_{1-y}As$ 的能隙與 Al 含量的關係圖[9]

　　除了較小的導電帶偏移量之外，AlGaInP 材料系統的能隙分佈範圍不能像 AlGaAs 材料系統那麼大如圖 **7-12** 所示（450 meV 比上 750 meV）。這個特性限制了電子的侷限電位，使得 AlGaInP 雷射二極體的結構設計上受到限制，由於較弱的電子侷限將導致在 AlGaInP 異質結構特別是短波長的元件中產生漏電流，部分注入主動區的電子有足夠的能量可以逃脫到 *p* 型披覆層，這些少數電子漂移或擴散朝向 *p* 電極形成了漏電流；選擇最佳化的元件結構包括披覆層的能隙越高和大量的 *p* 摻雜可以減少漏電流的比例。

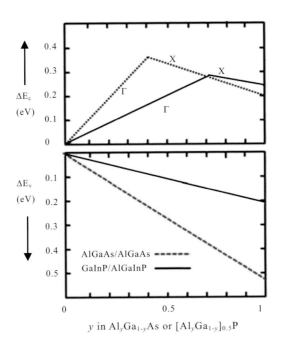

圖 7-12　晶格匹配的 $Ga_{0.5}In_{0.5}P/(Al_yGa_{1-y})_{0.5}In_{0.5}P$ 異質結構其 Al 含量與導電帶偏移和價電帶偏移關係圖，其導電帶偏移和價電帶偏移的比例為 65/35(與 $GaAs/Al_yGa_{1-y}As$ 異質結構比較)[9]

　　AlGaInP 材料另一個特點是當用 MOCVD 成長在 (100) 方向的 GaAs 基板上時，不同種類的原子會自發性的一層一層排列有序 (spontaneous ordering)。這些排列有序的合金延著 {111} 平面組成了單原子層的 (AlGa)P/InP 超晶格 [10]；排列有序的程度與成長條件相關，其中磊晶溫度具有較大的影響，而五三比則影響力較弱。AlGaInP 排列整齊的情形會使得它的能隙 (包括直接能隙或間接能隙的部分) 低於以相同 (晶格匹配) 成份但原子層隨機排列的合金要小了 70~100 meV (Valster *et al.*, 1993)，這對可見光發光二極體或是半導體雷射元件是非常不好的影響，尤其是在 AlGaInP 材料系統的導電帶偏移量如**圖 7-12** 所示又是偏小的情況下，元件的效能更會受到影響。為了破壞排列有序的狀況，高成長溫度或成長在偏軸 (<100> 朝向 <111> 傾斜) 的基板上可以有效破壞有序的相位排列 [11]，另一方面成長在偏軸基板的表面還可以提供其它的優點，例如可以成長出更好的材料品質 (當成長在偏軸的基板其異質結構的介面和表面品質會變好) 以及最重要的是可以更有效提升 p 型摻雜的濃度，因此對可見光發光二極體或是半導體雷射元件的磊晶，故意成長在偏軸基板 (10° 或 15°) 是很常見的情形。

7.2.5　氮化鎵材料系統

　　雖然鋁、鎵和銦的氮化物形式上屬於三五族半導體，但它們與傳統的三五族半導體—磷、砷及銻的性質大不相同，而且很晚才被投入廣泛的發展。製作氮化鎵材料系統的困難點大多在於氮原子的高揮發性，再加上因為氮化鎵材料的鍵結力較強，需要很高的成長溫度。綜合前述兩點，導致氮化鎵晶格中容易產生大量的氮原子空缺 (Jenkins *et al.*, 1992)，這些氮原子空缺會形成電子施體中心；因此，早期的氮化鎵磊晶層中存在的 N 型載子濃度通常會輕易地大於 10^{19} cm^{-3}。氮化鎵材料的另外一個問題就是缺少晶格匹配的基板。因為成長氮化鎵塊材需要非常高壓的氮氣，氮化鎵塊材的成長實際上是非常難實現的，因此很難獲得高品質的氮化鎵基板。儘管氮化鎵和藍寶石有高達 16%的晶格不匹配，大多數的氮化鎵元件都成長在藍寶石基板上。另外，藍寶石的熱膨脹係數比氮化鎵大的多(見表 7-1)，會使得氮化鎵磊晶層在磊晶的降溫過程中受到很大的應力壓迫，這個問題導致了在藍寶石上成長的氮化鎵材料通常有非常高的缺陷密度(大於 10^{10} cm^{-2})。

表 7-1　寬能隙材料特性

D：直接能隙；I：間接能隙			
材料	晶格常數(Å)	熱膨脹係數(K^{-1})	能隙(eV)
氮化銦	$a = 3.54$ $c = 5.70$		1.95(D)
氮化鎵	$a = 3.189$ $c = 5.185$	5.59×10^{-6} 3.17×10^{-6}	3.45(D)
氮化鋁	$a = 3.112$ $c = 4.982$	4.2×10^{-6} 5.3×10^{-6}	6.28(D)
6H-碳化矽	$a = 3.081$ $c = 15.12$	4.2×10^{-6} 4.68×10^{-6}	3.03(I)
藍寶石	$a = 4.758$ $c = 12.99$	7.5×10^{-6} 8.5×10^{-6}	

儘管有以上的困難點,隨著 Akasaki 等人在氮化鎵成核層 (nucleation layer)的研究成功,使得成長在藍寶石上的氮化鎵材料開始有了極大的進展。他們使用 MOCVD 在成長氮化鎵層(1020℃ 之下,用 TMGa 和 NH₃ 等傳統先驅反應物)之前,先成長厚度約為 50Å 的非晶氮化鋁,可以將氮化鎵成核在藍寶石基板之上。爾後,Nakamura 等人 (1991)使用 550℃ 成長氮化鎵緩衝層,也有同樣好的效果。Akasaki 等人在成長氮化鎵材料的另一個突破是實現了高濃度的 P 型氮化鎵,他們發現在成長完後利用適當的處理方法可以製造 Mg 摻雜的 P 型層 (Amano *et al.*, 1990),使得電洞濃度高達 3×10^{18} cm^{-3}。這項技術讓第一個 PN 接面的藍光發光二極體得以發展,它的發光波長為 370 nm 及 420 nm,光子能量略低於能隙。除了利用 MOCVD 可以製造出元件等級的氮化鎵及相關合金,MBE(使用 ECR 電漿輔助氮氣源)也經常被使用來成長氮化鎵材料(Morkoc *et al.*, 1994; Molnar *et al.*, 1995)。然而到現在,MBE成長的材料所製作成的發光元件其表現仍遜色於MOCVD,這可能是因為電漿限制了氮氣的流量,也限制了用來生成單晶氮化鎵的最高溫度。

由於太高的氮氣壓力會導致很高的 N 型濃度,成長氮化鎵銦的材料會遭遇困難。氮化銦的鍵結力較弱,其裂解溫度較低(MacChesney *et al.*, 1970);換句話說,在固定溫度下,成長氮化銦所需的氮氣壓力要比成長氮化鎵高出數個數量級。所以為了減輕這個問題,成長高品質氮化鎵銦磊晶層的最低溫度必須低於成長氮化鎵的溫度。若要在高溫成長氮化鎵銦需要非常高的五三比,當磊晶溫度從 500℃ 升高到 800℃,光激發光強度增強了四個數量級。提高磊晶溫度也減少了固相不融合的問題。

這些突破推進了三五族氮化物的研究。現在,MOCVD 用來製造擁有極高外部量子效率的藍光二極體(波長 450 nm)。這些元件是用氮化鎵銦作為主動層，氮化鋁鎵作為批覆層的雙異質結構。成核層是低溫氮化鎵(510℃，厚度約 30 nm)，P 型摻雜是用鎂並在成長後做熱退火以提高電洞濃度。這些發光二極體在 20 mA 的操作下到了 10^4 小時後才有些微劣化。增加氮化鎵銦主動層之中的銦含量也可以製作出高效率的綠光發光二極體(波長 525 nm)；同樣的，減少主動層之中的銦含量或甚至使用氮化鋁鎵的主動層可以製作出高效率的紫外光發光二極體(波長 360 nm)，然而這些波段的發光二極體的外部量子效率仍遜於藍光發光二極體。高品質的氮化鎵也可以成長在期他的基板上，如：碳化矽(SiC)。氮化鎵與碳化矽之間的晶格常數差異比起藍寶石基板要小得多，如表 **7-1** 所示，而且它們的熱膨脹係數也較為接近。較為匹配的晶格常數可以有效地降低缺陷密度。另一個重要的優點是碳化矽能經由摻雜而具有導電性，這使得元件結構能夠簡化，氮化鎵結合碳化矽基板的發光二極體已達到商業量產的階段，但碳化矽基板最主要的缺點在於它比藍寶石基板的成本貴了許多。

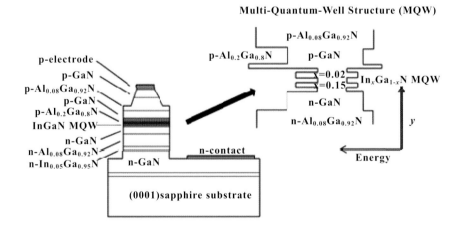

圖 7-13　藍紫光氮化鎵半導體雷射結構示意圖[13]

Ga(InAl)N 的材料系統當然也可用於製作半導體雷射上，第一顆室溫連續操作的藍紫光 GaN 邊射型雷射是由 Nakamura 所報導[12]，長在 *c* 平面藍寶石基板上的脊狀波導雷射結構如圖 **7-13** 所示，為了改善雷射特性降低操作電壓，AlGaN 的披覆層可採用超晶格結構以增加 P 型濃度降低電阻[14]；為了降低閾值電流，襯底可採用**側向成長** (Epitaxially lateral over-growth, ELOG)的方式改善氮化鎵的材料品質 [15]。隨著 MOCVD 或是 HVPE 磊晶技術的成熟，氮化鎵的基板也逐漸商品化，長在氮化鎵基板上的雷射特性也大幅改善，405 nm 的雷射甚至成為藍光 DVD 的標準雷射光源，藍光雷射在可見光的波段繼紅光之後成為另一可見光的半導體雷射。然而，若要將雷射的波長拓展至藍綠光甚至綠光搭配成三原色光都是半導體雷射所提供的光源，卻會遭遇到閾值電流大幅上升的問題，可能的原因來自於銦在主動層中的融入率不足或是不均勻，造成增益頻譜的加寬而降低增益；另一個問題是由於氮化鎵材料結構為六角柱結構(hexagonal)，傳統成長於 *c* 平面藍寶石基板上的**單一晶胞**(unit cell)具有極性使發光效率無法大幅提升，特別是作為發光元件所需要的異質結構，將同時引起**自發性極化** (spontaneous polarization) 與 **壓 電 效 應 極 化** (piezoelectric polarization)，使發光元件結構中的量子井(quantum well)能帶傾斜，造成量子井中的電子與電洞的波函數分離，降低發光的復合效率，如**圖 7-14** 所示[16]。為克服此一問題，**非極性**(non-polar)氮化鎵材料的成長概念首先被 Ploog 的研究群所提出，並成功成長了 *m* 平面的**非極性** (non-polar)氮化鎵於 γ-LiAlO$_2$ 基板上，如**圖 7-15** 所示[17]，於此之後，非極性或是**半極性**(semi-polar)氮化鎵材料所成長的綠光發光元件的效能便開始有大幅度的進展，其中日本住友電工首先達陣發表綠光雷射的文章，他們成功地在 {20-21} 的半極性的氮化鎵基板上製作出室溫下以脈衝方式操作的 531 nm 綠光半導體雷射[18]。

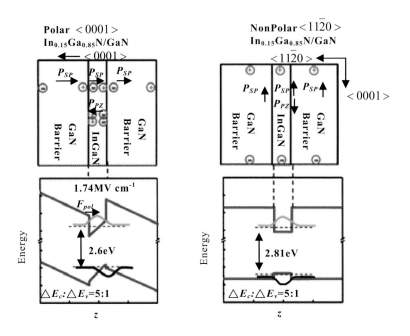

圖 7-14　InGaN 量子井結構以極性與非極性磊晶方向之能帶圖[16]

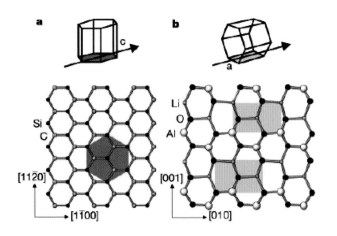

圖 7-15　成長於 SiC 基板與 LiAlO2 基板之晶體結構比較示意圖

7.3　半導體雷射製程技術

在本節中，我們將介紹半導體雷射的製作流程。半導體雷射的製作首先是進行磊晶成長，也就是在基板上成長 n 型及 p 型半導體以及主動層材料，而磊晶的方式大多會使用 MBE 或 MOVPE 等方式成長，相關的說明已經在前面的小節中介紹過。成長完半導體雷射結構之後，需進行晶粒的製程，將磊晶好的晶圓製作成一顆一顆的雷射晶粒以供下游封裝使用，而晶粒製程可分為電極製作的前段製程以及將磊晶晶圓分割為獨立晶粒的後段製程兩部份，前段製程當中包含了許多黃光微影、蝕刻、沉積、離子佈植等製程技術，因此需要在無塵室等級的環境下製作，而後段製程需要避免製作過程當中產生的靜電損傷元件，因此需要注意靜電防護的問題。本節將會特別針對前段製程技術做更深入的介紹。

7.3.1　半導體雷射製作流程

在本小節中將先描述光電元件製作流程。對於大部分的半導體雷射而言，大多包含以下幾個步驟：基板準備、藉由磊晶技術製作雙異質接面結構的晶圓、載子侷限之**條狀**(stripe)區域結構的形成、pn 電極之製作、雷射晶粒的形成、雷射晶粒的**接合**(bonding)、封裝等步驟，整理如**圖 7-16** 所示，而**圖 7-17** 則表現出半導體雷射製程的示意圖，其中特別以脊狀波導雷射為例。我們分別針對這些製作流程簡述如下：

(1) 基板準備

基板大多通常直接向供應販賣商購買，而其標準規格通常包含以下幾項：(i) 傳導種類（conduction type）：通常為 n-type 基板，p-type 或者 semi-insulating 基板偶爾會用到。(ii) 載子濃度：n-type 或者 p-type 基板的載子濃度為 10^{18} cm^{-3}。(iii) 錯位（缺陷）密度（或 etch-pit density, EPD）：10^2-10^4 cm^{-2}，密度大小和材料與製作方法有關。

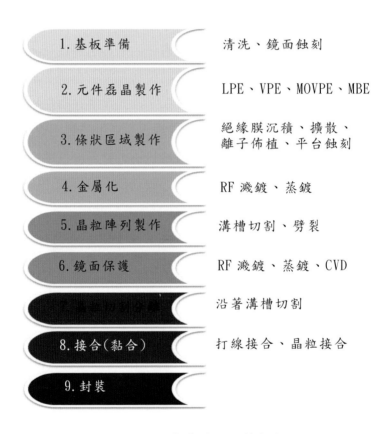

1. 基板準備	清洗、鏡面蝕刻
2. 元件磊晶製作	LPE、VPE、MOVPE、MBE
3. 條狀區域製作	絕緣膜沉積、擴散、離子佈植、平台蝕刻
4. 金屬化	RF 濺鍍、蒸鍍
5. 晶粒陣列製作	溝槽切割、劈裂
6. 鏡面保護	RF 濺鍍、蒸鍍、CVD
7. 晶粒列分離	沿著溝槽切割
8. 接合（黏合）	打線接合、晶粒接合
9. 封裝	

圖 7-16　半導體雷射製作流程

1. 磊晶晶圓準備

(Epi-wafer)

2. 光阻塗布與顯影圖案化

(PR deposition and lithography patterning)

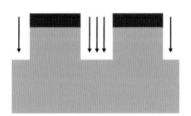

3. 乾式(溼式)蝕刻製作平台

(Mesa etching)

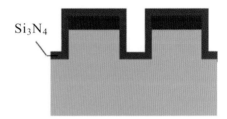

4. 表面 Si_3N_4 沉積

(Si_3N_4 deposition)

5. 光阻剝離

(PR lift-off)

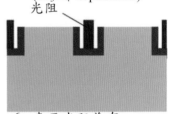

6. 表面光阻塗布

與顯影圖案化

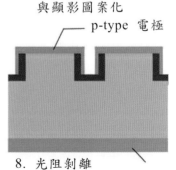

7. 正反面金屬沉積

(Metal deposition)

8. 光阻剝離

圖 7-17 脊狀波導雷射的製作流程

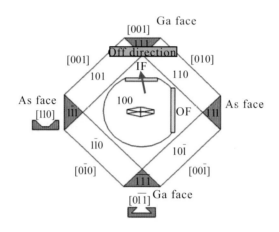

圖 7-18 　GaAs 基板的方向標示與蝕刻面

　　因為**螺紋狀差排**（threading dislocation）會形成嚴重的非輻射復合中心，並且在 GaAlAs/GaAs 和 InGaAsP/InGaP/GaAs 系統材料中將導致發光效率急遽的降低。因此對於 GaAs 的材料而言，要製作出優良的半導體雷射，GaAs 基板需要極低的缺陷密度，一般需要低於 5×10^2 cm^{-2}，若是要製作出優良的發光二極體，缺陷密度一般也需要低於 5×10^3 cm^{-2}。然而在 InGaAsP/InP 材料系統中，因為錯位不至於產生如此強烈的非輻射復合中心，除非存在**錯位簇**（dislocation cluster），因此 InP 基板中的缺陷密度若為 1×10^4 cm^{-2} 用來製作發光二極體是可被接受的，若要製作出優良的半導體雷射，則缺陷密度要再降 1 到 2 個數量級。

　　一般而言，製作 GaAs 或 InP 材料系列的雷射之基板方向通常為（100），即磊晶成長於（100）面上，其原因是因為雷射結構當中所需的反射鏡面是由（011）或 $(0\bar{1}1)$ 的晶體平面所劈裂形成的，而（100）平面和（011）或 $(0\bar{1}1)$ 的晶體平面互相垂直，如圖 **7-18** 所示。在技術的觀點上，有時我們會使用（100）平面朝向（011）平面稍微傾斜的基板以提升磊晶材料的品質，然而此時的劈裂面就必須和 $(0\bar{1}1)$ 的晶體平面互相平行，以符合兩相互平行鏡面的 FP 共振腔。

在磊晶成長結構之前，需要先將所得到之基板清洗與化學蝕刻，而清洗基板可以利用適當的有機溶液搭配超音波振盪器。利用化學鏡面蝕刻可以去除在製作基板的拋光過程中所產生的機械式傷害，這些清潔製程非常重要，因為基板的污染會產生異質表面，因而產生各式各樣的缺陷。

(2) 元件磊晶製作

磊晶成長可以利用前面幾節所提到的 MOCVD 或 MBE 等磊晶方式進行，而對於完成的磊晶樣品的材料品質可由以下的量測方法評估：

a. 利用**掃描式電子顯微鏡**(scanning electron microscopy, SEM)量測每一磊晶層的厚度、觀察晶圓表面的平整度以及主動層的剖面情況。

b. 藉由**光致發光**(photoluminescence, PL)頻譜量測，來鑑定主動層材料含量。

c. 量測 C-V 曲線藉以判斷每一層材料的載子濃度。

d. 光學顯微鏡量測表面缺陷密度。

(3) 條狀(stripe)區域製作

製作半導體邊射型雷射，必須要製作出成條狀的共振腔，其主要的目的是要注入電流並希望同時達到載子侷限以及橫向波導的光學侷限的效果，我們在第二章以介紹過幾種雷射結構，而製作流程依不同的雷射種類有以下幾種方式：

a. 平面條狀雷射：利用 Zn 擴散進入 n 型披覆層而達到條狀的 p 型導通區域。

b. 氧化條狀雷射：沉積一絕緣層（SiO_2 或 Al_2O_3 等）在條狀區域兩側，因而產生一條狀的電流注入區域。

c. 離子佈植條狀雷射：在條狀區域兩側之外，利用離子佈植產生一高電阻值之區域，因而產生一條狀的電流注入區域，以上三種結構皆屬於增益型波導，其橫面結構如圖 **2-15(a)**所示。

d. 脊狀波導雷射：在第一次磊晶完成之後，利用選擇蝕刻方式，產生條狀區域呈脊狀的波導，這種結構屬於弱折射率型波導，其橫面結構如圖 **2-15(b)**所示。而圖 **7-17** 則詳細列出製作脊狀波導雷射的步驟，當然這些步驟並不是製作脊狀波導雷射唯一的過程與方式，在這裡的圖示僅供讀者初步了解雷射的製作流程。

e. 埋藏式異質結構雷射：在第一次磊晶完成之後，利用選擇蝕刻方式，產生條狀區域空間，之後進行再成長磊晶完成披覆層，這種結構屬於強折射率型波導，其橫面結構如圖 **2-15(c)**所示。

(4) 金屬化

電極金屬的種類很多，在選擇上必須考慮到與半導體接面的功函數，因此 p 型與 n 型半導體所使用的金屬種類各不相同。此外，雷射的電極中通常不會只有一種金屬，通常必須考量到金屬與半導體接面的功函數、黏著性、以及穩定性，此外還要考慮電極金屬是否會和之後的散熱基座接合，以及接合的製程型式與溫度狀況，使得半導體雷射的電極通常包含了複雜的多層結構。

a. p 型電極：通常 p 型電極會使用 Au-Zn/Au 或者 Ti/Pt/Au 的金屬合金。Au-Zn/Au 是一種合金**歐姆接觸**(ohmic contact)並且每一層藉由蒸鍍方式沉積於披覆層或是**金屬接觸層**(metal contact layer)上面，合金需要加熱到 350-400℃的溫度下維持 30 分鐘以形成良好的歐姆接觸。Ti/Pt/Au 是典型的非合金歐姆接觸，首先用濺鍍沉積 Ti 以增加金屬與半導體之間的黏著性，接著利用蒸鍍方式沉積 Pt 和 Au，加熱到 350-400℃下燒結。燒結的溫度需要特別注意，因為在高溫下，Au 會和半導體中的 In 與 Ga 產生反應。

b. n 型電極：通常 n 型電極會使用 Au/Sn 或者 Au/Ge/Ni。這些金屬通常都是利用蒸鍍方式沉積並且需經過熱退火處理。

(5) 晶粒陣列製作

在晶圓表面形成溝槽以區隔開晶粒陣列，而這些溝槽製作方式是在表面沉積一層 SiO_2 的絕緣薄膜，接著利用黃光微影在表面完成圖案化製作，產生出溝槽區域的形狀，接著利用離子蝕刻或者化學蝕刻方式產生溝槽區域。接著將晶圓背面拋光至總厚度至 100 μm 左右以方便**劈裂**(cleave)，接著利用黃光微影與金屬沉積製作背電極，再將光阻去除，即形成晶粒陣列結構如**圖 7-19**所示，接著再沿著溝槽區域劈裂成一維的雷射晶粒陣列，這些一維的雷射晶粒陣列會先進行脈衝操作測試以做品質檢定。

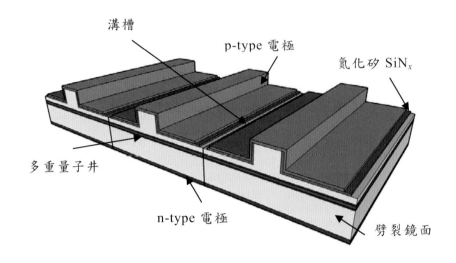

圖 7-19   雷射晶粒陣列的示意圖

(6) 鏡面保護

劈裂成一維的雷射晶粒陣列之後，雷射共振腔結構當中的前後反射面鏡需要利用介電質材料（如 SiO_2、Al_2O_3 或 Si_3N_4）鍍膜 (coating) 來做保護或形成高反射鏡，這可以抑制**劈裂鏡面 (cleaved facet)** 的氧化，以增加雷射的輸出功率與操作壽命，同時可以減少表面復合速度，以及可以降低雷射的閾值電流。而這些介電質材料通常都使用 RF 濺鍍方式或者蒸鍍方式沉積而成。

(7) 晶粒切割分離

鍍膜過的一維雷射晶粒陣列接著要沿著溝槽方向搭配應力切割出一顆一顆的雷射晶粒，此步驟需要特別注意切割所產生的表面損壞，並且進行篩選，挑出不良品。

(8) 接合（黏合）

先將 Sn 或 In 焊料固定在一個散熱基座（通常是使用 Cu 或

AlN）並且加熱至融化，然後將切割好的雷射晶粒置放於融化的焊料上與散熱基座**接合**(bonding)，接著再將散熱基座黏合至雷射模組上，通常使用 In 焊料屬於低溫且低成本的黏著封裝方式，若是要應用到高功率半導體雷射，通常會使用 AuSn 以合金的方式封裝，此外，為達到良好的散熱，將有主動層的一面貼近散熱基座封裝，可以有效導引熱源，此種 p-side down 的封裝方式，幾乎為大部分的半導體雷射所採用。雷射模組根據不同的功能與散熱要求有許多種型式，如**圖 7-20** 為常見的 TO-can 封裝型式的上視圖，最後再利用金線將晶粒的電極連接到 TO-can 上的外電極。除此之外，TO-can 內部通常還封裝了一顆光偵二極體(photo diode, PD)的晶粒，如**圖 7-20** 所示，此光偵二極體可以偵測由雷射晶粒後方輸出的雷射光進而轉為**監控電流**(monitor current, I_m)，因為 I_m 正比於雷射前方的輸出功率，因此可做為負回授的**自動功率控制**(auto power control, APC)的功能。

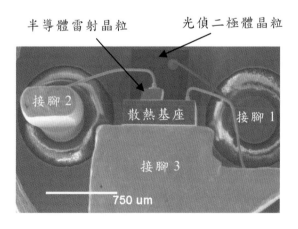

圖 7-20　TO-can 內部正面的電子顯微鏡圖片

(9) 封裝

這是雷射二極體的最後一項製程，將**遮蓋(cap)**固定於接合好的模組上，此遮蓋上方有保護鏡可以讓雷射光透射出來，或者是準直鏡可以幫助雷射光聚焦。接著通入氦氣於遮蓋內部，如此一來可以防止雷射晶粒受到濕氣的影像，最後再將遮蓋封合，**圖 7-21(a)**為 TO-can 封裝型式的示意圖，而**圖 7-21(b)**為最簡單的 TO-can 封裝雷射二極體，外殼為導電的金屬，通常背後有三隻接腳，上蓋有一透明的玻璃或準直鏡供雷射光輸出。

在瞭解了半導體雷射的製程步驟之後，接下來我們針對前段製程中常見的技術，包括蝕刻、沉積、離子佈植與金屬製程等製程技術做更深入的介紹。

7.3.2　蝕刻

蝕刻（etching）是在半導體中常見的製程方法，其方式是利用物理或者化學的方法將半導體表面不需要的地方移除。在蝕刻之前，就必須先利用**微影**（lithography）技術在半導體表面定義出蝕刻圖案，因此蝕刻製程常常伴隨著微影製程。在塗佈光阻並且黃光微影定義完整圖案於半導體樣品後接著進行蝕刻，能更確實的將所定義的圖案轉移到半導體表面結構，因為光阻不受蝕刻影響，因此只有沒有光阻的區域會遭受到蝕刻，移除光阻之後，能準確的將所定義的圖案轉移至樣品表面。

蝕刻製程在半導體中可主要分為兩種方式：**濕式蝕刻(wet etching)**與**乾式蝕刻(dry etching)**。濕式蝕刻是使用化學溶液，在表面與樣品產生化學反應來達到蝕刻的目的。而乾式蝕刻通常是利用**電漿蝕刻**（plasma etching），而過程當中可以簡單的分為化學作用與物理作用方式的蝕刻，我們將在以下分別做更詳細的介紹。

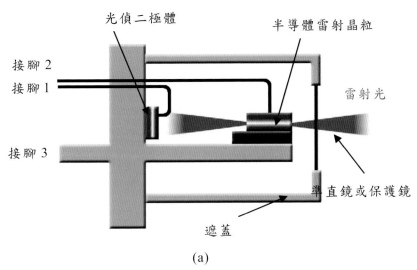

(a)

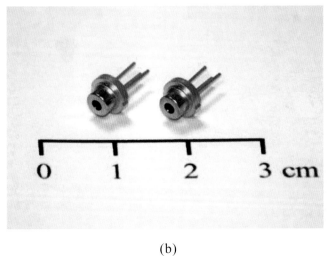

(b)

圖 7-21　(a) 雷射二極體封裝示意圖。(b) 雷射二極體 TO-can 封裝型式

(1) 濕式蝕刻(wet etching)

濕式蝕刻大多利用酸、鹼及溶劑的液態化學溶液經過化學反應來移除表面的半導體材料，經由溶液與蝕刻物間的化學反應，來移除薄膜表面原子，達到蝕刻目的，過程可以分為三個步驟：擴散、反應、擴散出。反應進行的過程中，化學溶液中的反應物，經由擴散作用到達樣品表面，與表面原子產生化學反應產生各種生成物，這些生成物可能是液相或者氣相的生成物，然後這些生成物再經由擴散作用擴散至溶液中，因此表面未受保護之區域便經由濕式蝕刻而移除。濕式蝕刻通常僅適用於較大尺寸（>3um）的圖案結構，也可應用於表面某些膜層或者製程反應過後殘留物的移除。

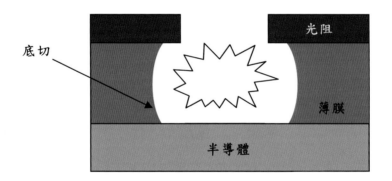

圖 7-22　溼式蝕刻的底切現象

就濕式蝕刻而言，通常可以針對某一種蝕刻物找到一種可快速有效的蝕刻溶液，而這種蝕刻溶液也會具有相當高的蝕刻選擇比(etching selectivity)。蝕刻速度會受結晶方向所影響之外，也因為化學蝕刻是浸泡在溶液當中，因此蝕刻方式是屬於等向性蝕刻(isotropic etching)。等向性蝕刻的意思是其蝕刻在每個方向上都是均等的，不僅有縱向亦有橫向的蝕刻作用，這樣的特性之下，也導致了所謂的底切（undercut）的現象，造成圖案轉化的過程會有偏差，如圖 **7-22** 所示。

表 7-2　溼式蝕刻與乾式蝕刻的側壁輪廓與圖例

蝕刻形式	側壁輪廓	圖例
濕式蝕刻	等向性	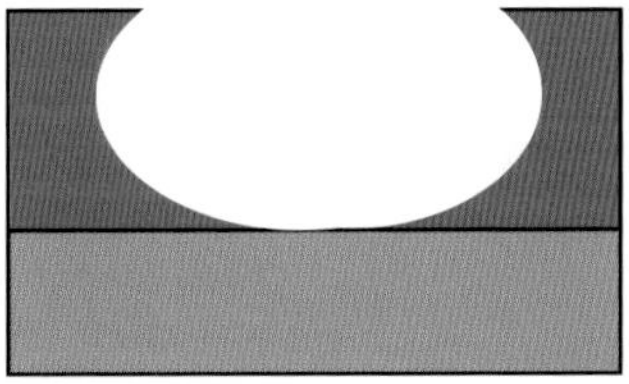
乾式蝕刻	等向性(化學機制成份多)	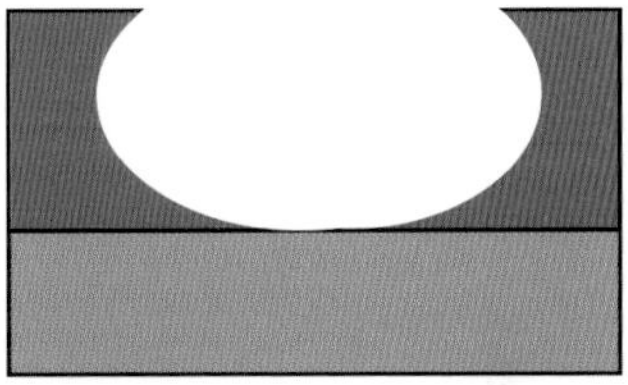
	異向性(物理機制成份多)	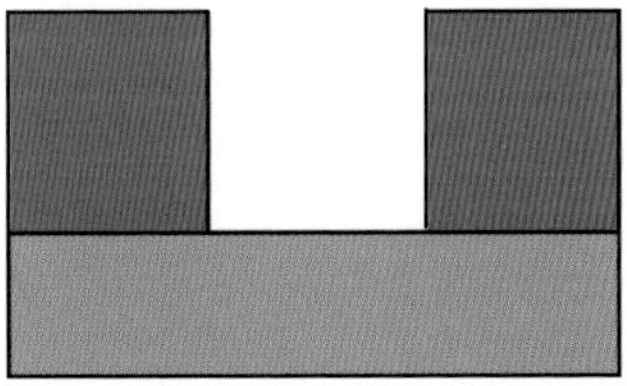
	異向性－斜坡性(調變物理機制與化學機制比例)	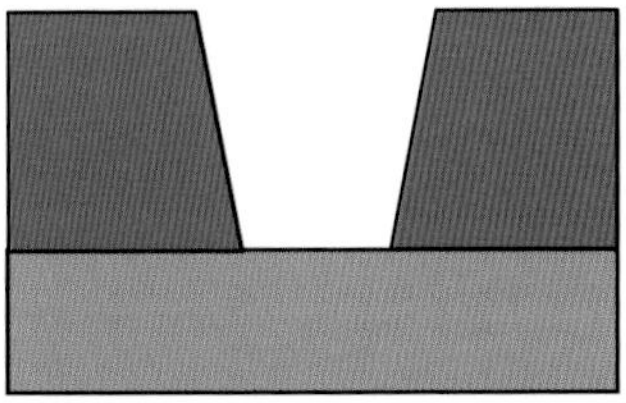

(2) 乾式蝕刻(dry etching)

在半導體製程中，乾式蝕刻也是常用來移除表面材料的方式，其目的與濕式蝕刻一樣，都是為了能將光罩的圖像完整地表現於晶圓表面上。而乾式蝕刻中最常見的方法是使用電漿來蝕刻。在電漿蝕刻中，電漿是中性、高能量的離子化氣體，其中包含了中性的原子、分子、帶正電的離子與自由電子等。乾式蝕刻中蝕刻作用的形成，是同時靠著化學機制以及物理機制的作用結合所產生，其中化學相關的反應機制是靠電漿產生化學反應的反應物，與晶圓表面的材料產生化學反應而產生生成物，再藉由抽氣系統將生成物排除。而物理相關的反應機制為在一個大電場下，電漿離子獲得能量而加速轟擊晶圓表面，透過濺擊蝕刻的方式，離子以物理性的方式移除了晶圓表面未受保護的區域，因此乾式蝕刻最大優點即是可以達到**非等向性蝕刻**或**異向性蝕刻**(anisotropic etching)的側壁輪廓。**表 7-2** 則列出了溼式蝕刻與乾式蝕刻的圖例以幫助讀者了解這些蝕刻方式的特性。

7.3.3　沉積

在現今先進微晶圓製程的發展，製作電極連接需要用多層的金屬層，為了維持電性的完整，必須要在金屬薄膜層間沉積新的介電質材料使每一層的金屬電極有絕緣保護。因此在晶圓製程中，沉積**薄膜**(thin film)的品質對元件的可靠度便是一項重要的關鍵。薄膜是在基板上形成一層很薄的固態材料層。而在半導體中，一個好的薄膜需要具備優良的階梯覆蓋能力、充填高深寬比的能力以及厚度、純度、密度的優良可掌控性，如**圖 7-23** 所示。

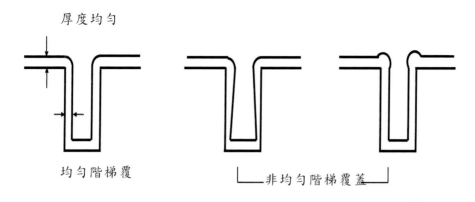

厚度均勻

均勻階梯覆

非均勻階梯覆蓋

圖 7-23 　沉積薄膜的截面示意圖

　　薄膜沉積可以分為三個步驟：成核、核團晶粒聚結以及連續薄膜成長。第一階段的**成核**（nucleation），是在晶圓表面形成一個穩定的原子或分子核團，這雖然是一種小塊狀的薄膜型態，但是成核這部份的參數掌控對後續薄膜成長來說是很重要的。第二階段為晶粒聚結，又可稱為**島成長**（island growth），也就是第一階段中的核團聚續成長或彼此結合成更大的薄膜型態，而薄膜原子或分子的表面移動率以及核團的密度均會影響此島核團的成長。接著在第三階段，即成長為連續薄膜，沿著表面延伸形成固態薄膜。

　　在晶圓表面形成薄膜，其主要來源通常始自於氣體來源，經由一連串的化學反應而沉積於晶圓表面，或者經由物理性質的固體靶材轟擊在表面形成薄膜。這些不同的沉積薄膜技術簡單列於**表 7-3**，而這些沉積方式亦可區分為化學性與物理性製程。

表 7-3　沉積薄膜的技術分類

特性	方式	種類
化學性製程	化學氣相沉積	常壓 CVD(APCVD)或次常壓 CVD(SACVD)
		低壓 CVD(LPCVD)
		電漿有關的 CVD： 　　電漿 CVD (PECVD) 　　高密度電漿 CVD (HDPVCD)
		氣相沉積(VPE)及有機金屬 CVD(MOCVD)
	電鍍	電化學沉積(ECD)，一般稱之為電鍍
		無電極電鍍
物理性製程	物理氣相沉積 (PVD 或濺鍍)	直流二極體
		射頻(RF)
		直流磁控
		離子化金屬電漿(IMP)
	蒸鍍	燈絲及電子束
		分子束磊晶(MBE)
	旋塗	旋塗式玻璃(SOG)
		旋塗式介電質(SOD)

　　化學性的沉積製程是將氣體來源產生化學反應而在表面沉積薄膜，而在這化學反應當中可以利用加熱的方式，外加能量用以加速反應。化學氣相沉積(chemical vapor deposition, CVD)重要的觀念包含了使用化學作用或者熱分解來與外加氣體來源作用，而反應物必須亦為氣相的形式。CVD 化學製程有下列五個化學反應

　　1. 熱裂解：利用熱的能量產生化合物分解或者其之間鍵結分解；

2. 光分解：利用輻射能量破壞化合物鍵結；

3. 還原：與氫產生化學反應；

4. 氧化：與氧產生化學反應；

5. 氧化還原：反應 3 及反應 4 同時進行，並產生新的化合物。

圖 **7-24** 則列出在 CVD 反應器中的基本動力反應步驟，首先是將氣體傳輸至沉積區域，然後產生薄膜先驅物，接著這些薄膜先驅物沉積於晶圓表面，這些先驅物與晶圓表面連結，可能會於表面擴散，也可能會受到熱能的動力驅使與表面產生反應並產生副產物，接著將這些副產物從表面排除以及從反應器中排除。

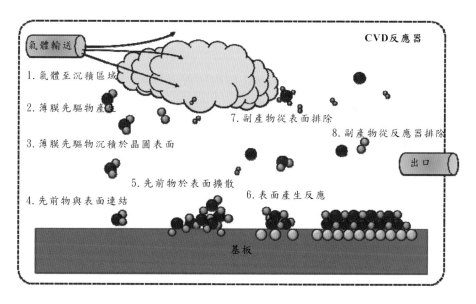

圖 7-24 化學性沉積的反應動力示意圖

物理氣相沉積主要有三種製程：蒸鍍（evaporation deposition）、離子鍍（ion plating）與濺鍍（sputtering deposition）。蒸鍍是指將蒸鍍源（沉積薄膜的材料來源）加熱蒸發直接凝結於晶圓表面而形成薄膜；主要應用在金屬與元素半導體的鍍膜以及合金的蒸鍍等；而蒸發或氣化的方法很多，包括利用熱電阻、輻射、電子束、電弧等方式加熱。**離子鍍**則是指在材料蒸發之後，在通往晶圓的途中經激發（如離子槍轟擊或輝光放電），使蒸發的原子產生離子化，此經激發的離子化蒸氣原子擁有高能量，能在晶圓表面產生高附著性，同時也易與通入反應器的氣體發生反應，產生化合物膜層。**濺鍍**是利用離子轟擊靶材，擊出靶材原子變成氣相並沉積於晶圓上；濺鍍具有廣泛應用的特性，幾乎任何材料均可沉積。

7.3.4　離子佈植

　　離子佈植(ion implant)是一種可控制的摻雜導入樣品以改變樣品電特性之方法，其屬於一種物理性製程，在半導體元件中，離子佈植是半導體結構中一項相當重要的技術。在離子佈植過程中，摻質的帶電離子束撞擊晶圓，當摻雜質加速到獲得足夠的能量後，即可在預定的深度植入薄膜材料，進而改變材料的性質，因此改變原有的電特性。離子佈植技術可將摻質以離子型態植入半導體元件的特定區域上，以獲得精確的電特性。這些離子必須先被加速至具有足夠能量與速度，用以穿透(植入)薄膜材料，到達預定的佈植深度。離子佈植製程可對佈植區域內的摻質濃度加以精密控制，藉由如此控制便能精準掌握該佈植區域之電性。基本上，此摻質濃度(劑量)是由佈植所使用的離子束電流(離子束內之總離子數)與掃瞄率(晶圓通過離子束之次數)來控制如**圖 7-25** 所示，而離子佈植之深度則由離子束能量之大小來決定。

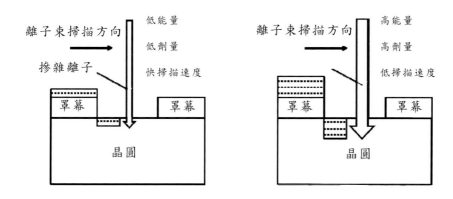

圖 7-25　離子佈植在不同離子數能量下掃描晶圓表面示意圖

　　離子佈植的優點相當多，其中包括能準確控制其摻質濃度，在 10^{10}-10^{17} ions/cm^2 的寬廣濃度範圍，均能精確的控制摻雜數目，在此範圍能將誤差控制在±2%；相對地，擴散製程在此高濃度之可控制誤差約在 5-10%，而於低濃度時則控制性變得更差。此外，離子佈植期間可以控制離子能量，以控制摻質穿透深度，達到深度精準控制；質量分離技術能產生一不含污染的離子束，不同的材料摻質可被選擇植入，並且在高真空環境下佈植達到高純度低污染；佈植溫度小於 125℃，不需高溫製程；摻質可穿透氧化物或者氮化物，這有助於後續製程彈性調整，此外我們可以先應用電腦模型先模擬出離子佈植的參數，再使用二次離子質譜分析儀(Secondary Ion Mass Spectrometer, IMS)來分析離子佈植的結果。然而離子佈植的缺點為，摻質離子轟擊表面所造成晶圓晶體結構的損壞，因為當高能量離子進入晶體時，並且與基板原子產生碰撞，能量被轉移造成晶圓中一些原子因此而錯位產生缺陷，這項作用可稱為**輻射損壞**（radiation damage）。不過大部分的晶體損壞都可經由高溫回火製程加以修補；另外一項缺點是因為具有摻質劑量的精準控制與能量準確控制，造成此技術之機台設備相當複雜。

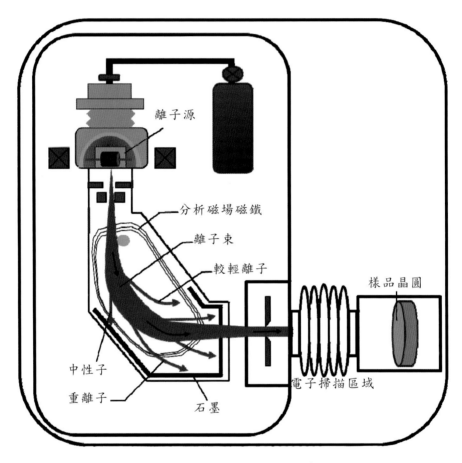

圖 7-26　離子佈植設備示意圖

　　圖 **7-26** 為離子佈植系統的示意圖。從萃取源所產生的離子包含不同的離子物種，並且其加速度受到萃取電壓影響，因此具有高速度的運動。在離子束當中具有不同種類的原子質量單位，因此在離子佈植機當中的離子分析儀，可以將各種離子加以分離出，得到所期望之離子。在分析儀中，因為磁場造成離子物種被偏離成弧形，其偏離角度則可由原子量所計算得知，因此只有所設定好的角度之離子可被分離

出，其餘離子因為原子量不同，偏離角度不同，則無法通過離子分析儀之中心，離子所形成的弧形半徑依個別原子的質量、速度、磁場強度以及離子電量而定，磁場強度即決定了摻雜離子之偏離角度，此一所要之摻質通過分析儀末端的隙縫，而其他離子則會偏離至分析儀磁鐵的側壁。

7.3.5　金屬製程

　　金屬製程即為利用化學或者物理性製程在晶圓表面沉積一層金屬薄膜，此製程方式和之前所述的沉積是相互關聯性的，在半導體結構中,金屬負責電訊號的傳遞,而介電質則為了隔開金屬彼此間的影響，金屬和介電質都是屬於薄膜沉積製程，甚至在某些情況下，這兩者可由相同設備所製得。在半導體製程中，好的金屬製程必須包括以下幾個特性：首先是金屬層需要具備高導電性，當電流密度高的時候，仍可保持電性的完整；此外，金屬層必須易於與半導體基板附著，並使半導體及金屬之介面接觸電阻降低；沉積的金屬層必須具有均勻的結構及合金組成，並可以鑲嵌式的技術填充較高深寬比之間隙內；金屬層必須易於和表面圖案化之製作互相整合以及具有較好的平坦度；金屬製程必須具備彈性,在後續製程當中,能適應溫度上的變化;最後，金屬層必須具備抗高腐蝕性，以及安定性，不與其周遭生成物產生反應的特性。

　　通常金屬製程需要在晶圓上將表面金屬加熱形成至所需的電性介面，稱之為**歐姆接觸**(ohmic contact)，歐姆接觸具有很低的電阻值(其接面電壓-電流即為歐姆定律)，這對於半導體雷射的操作有很重要的影響，因此在金屬化製程中，金屬材料的挑選與搭配半導體材料是相當重要的。

　　金屬沉積系統亦使用化學氣相沉積或物理氣相沉積，其沉積原理如同之前所述。最廣泛的金屬沉積系統是濺鍍。濺鍍以物理方式轟擊靶材，在晶圓表面沉積原子而形成金屬薄膜，最常用的三種濺鍍方式為 RF、磁控和離子化金屬電漿。一般而言濺鍍是在電漿中形成離子化的氬氣體，因為氬氣體相當重而且為化學性鈍氣，因此不容易與靶材或樣品產生反應，利用超能量的電子轟擊中性的氬氣，會將氬氣原子外圍電子移出，產生氬氣離子，此帶電離子藉由輝光放電空間的電壓降產生動能，再利用此高能量的離子轟擊負電位的靶材，將原本的動能轉移至靶材而使其原子濺擊出，這作用稱為動量轉移，被濺擊出的原子經由電漿於晶圓表面附著而產生金屬薄膜，如**圖 7-27** 所示。

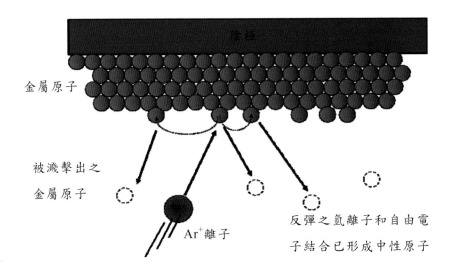

圖 7-27　金屬濺鍍沉積反應的示意圖

本章習題

1. 試說明要如何調整半導體雷射的發光波長。

2. 試說明金屬有機化學氣相沉積和氣相磊晶的異同與優缺點。

3. 試說明量子點可以降低半導體雷射的閾值電流的主要原因，並思考如果主動層中的量子點若大小與成分不均勻，會對半導體雷射的操作特性有何影響。

4. 試說明主動層中的材料若受到形變，將對半導體雷射的操作特性有何影響。

5. 試說明分子束磊晶與金屬有機化學氣相沉積系統中的即時監控是如何運作。

6. 試舉出幾種不同的分子束磊晶系統。

7. 試描述金屬有機化學氣相沉積系統是由哪幾部分組成的並分別說明其功能。

8. 欲設計一 AlGaAs 雙異質接面半導體雷射，要求其披覆層的能隙要高於主動層能隙 250 meV 且必須保持為直接能隙的材料，請問此半導體雷射最短的發光波長為何?

9. 試說明將 InGaAlP 成長在偏離 GaAs (001)平面的好處。

10. 試利用表 **7-1** 計算為何氮化鎵成長在藍寶石基板上的晶格匹配度為 16%。

11. 試利用 InGaAsP 的參數畫出圖 **7-9**。

12. 試說明 InGaAlAs 材料的光通信用半導體雷射其溫度特性比 InGaAsP 材料的半導體雷射佳的原因。

13. 試說明製作綠光半導體雷射所遇到的困難與可能的解決方法。

14. 試敘述半導體雷射的製造流程。

15. 試問在半導體雷射製程中鏡面鍍膜的目的。

16. 試問在半導體雷射製程封裝中，加入光偵二極體的目的。

17. 試說明半導體製程中有哪些蝕刻方式以及其對應的特性。

18. 試說明化學沉積的過程與步驟。

19. 試問物理性沉積製程包含哪些方式。

20. 試說明離子佈植的優缺點。

參考資料

[1] Z. Alferof, "Double heterostructure lasers: early days and future perspectives," IEEE J. Select. Topics Quantum Electron., V6, N6, p832, 2000

[2] H. C. Casey Jr., M.B. Panish, *Heterostructure Lasers*, Academic, New York, 1978

[3] H. Kressel, and J.K. Butler, *Semiconductor Lasers and Heterojunction LEDs*, Academic Press, 1977

[4] K. D. Choquette, R. P. Schneider, Jr., K. M. Geib, J. J. Figiel, and R. Hull, "Fabrication and performance of selectively oxidized vertical-cavity lasers," IEEE Photon. Tech. Lett., V7, p1237, 1995

[5] T. P. Pearsall, ed., *GaInAsP Alloy Semiconductors*, Wiley, New York, 1982

[6] A. W. Nelson, S. Cole, S. Wong, M. J. Harlow, W. J. Devlin, D. Wake, P. M. Rodgers, and M. J. Robertson, J. Crystal Growth, V77 p779, 1986

[7] N. Carr. J. Thompson, A. K. Wood, R. M. Ash, D. J. Robbins, A. J. Mosley, and T. Reid, J. Crystal Growth, V124 p723, 1992

[8] A. Mathur, P. Grodzinski, J. S. Osinski, and P. D. Dapkus, J. Crystal Growth, V124 p730, 1992

[9] D. P. Bour, R. S. Geels, D. W. Treat, T. L. Paoli, F. Ponce, R. L. Thornton, B. S. Krusor, R. D. Bringans, and D. F. Welch, "Strain GaxIn1-xP/(AlGa)0.5In0.5P heterostructures and quantum-well laser diodes," IEEE J. Quantum Electron., V30, N2, p593, 1994

[10] A. Gomyo, T. Suzuki, K. Kobayashi, S. Kawata, I. Hino, and T.

Yuasa, "Evidence for the existence of an ordered state of $Ga_{0.5}In_{0.5}P$ grown by metalorganic vapor phase epitaxy and its relation to band-gap energy," Appl. Phys. Lett., V50, p673, 1987

[11] T. Tanaka, S. Minagawa, T. Kawano, and T. Kajimura, "Lasing wavelengths of index-guided AlGaInP semiconductor lasers as functions of off-angle from (100) plane of GaAs substrate," Electron. Lett., V25, p905, 1989

[12] S. Nakamura, M. Senoh, S. Nagahama, N. Iwasa, T. Yamada, T. Matsushita, H. Kiyoku, and Y. Sugimoto, "InGaN-based multi-quantumwell-structure laser diodes," Jpn. J. Appl. Phys., V35, pL74, 1996

[13] S. Nakamura, "InGaN-based blue laser diodes," IEEE J. Select. Topics Quantum Electron., V3, N3, p712, 1997

[14] S. Nakamura, M. Senoh, S. Nagahama, N. Iwasa, T. Yamada, T. Matsushita, H. Kiyoku, Y. Sugimoto, T. Kozaki, H. Umemoto, M. Sano, and K. Chocho, "InGaN/GaN/AlGaN-based laser diodes with modulation-doped strained-layer superlattices grown on an epitaxially laterally overgrown GaN substrate," Appl. Phys. Lett., V72, p211, 1998

[15] M. Ikeda, S. Uchida, "Blue-violet laser diodes suitable for Blu-ray disc," phys. stat. sol. (a) V194, N2, p407, 2002

[16] H. Masui, S. Nakamura, S. P. DenBaars, and U. K. Mishra, "Nonpolar and Semipolar III-Nitride Light-Emitting Diodes: Achievements and Challenges," IEEE Tran. Electron. Dev., accepted, 2010

[17] P. Waltereit et al., Nature V406, p865 2000

[18] Y. Enya, Y. Yoshizumi, T. Kyono, K. Akita, M. Ueno, M. Adachi, T. Sumitomo, S. Tokuyama, T. Ikegami, K. Katayama, and T. Nakamura, "531nm Green Lasing of InGaN Based Laser Diodes on Semi-Polar {20-21} Free-Standing GaN Substrates," Appl. Phys. Expr., V2, 082101, 2009

[19] Osamu Udea, *Reliability and Degradation of III-V Optical Devices*, Artech House Publishers, 1996

[20] Michael Quirk, Julian Serda, *Semiconductor Manufacturing Technology*, Prentice Hall, 2000

第八章

半導體雷射信賴度測試與劣化機制

　　近年來科技產業發展的同時亦帶動光電產業的蓬勃，而發光二極體(Light emitting diodes, LEDs)與雷射二極體 (Laser diodes, LDs)更是廣泛運用在印表機、影印裝置以及光碟機等光電產品上。現今大部分的雷射元件皆屬於半導體材料所製成，從高精密的通訊用雷射到隨手可即的雷射筆或者處處可見的雷射光碟機，半導體雷射產品已經遍佈在我們日常生活當中，因此，半導體雷射之信賴度測試(reliability test)以及其劣化(degradation)機制的探討備受重視，以確保半導體雷射及其產品的品質。在過去的數十年中，半導體雷射信賴度之測試技術及其設備的開發已經日趨成熟，而新穎的半導體雷射也隨之被開發及應用。

　　相較於其他的光電元件，半導體雷射的信賴度測試是相當的繁複的，由於其光電特性會隨著半導體雷射的封裝製程或者是不同的輸出功率而有所差異。在眾多測試技術中，以壽命測試最為普遍，一般來說，壽命測試將半導體雷射在高溫下嚴格的監控加速其老化作為對照組之用，於此反覆測試中，針對半導體雷射的結構缺陷或者劣化機制加以改善並優化，進而提升半導體雷射及其應用之品質。根據**加速壽命測試**(accelerated life test)，半導體雷射在室溫下可操作的壽命預估可達一萬小時以上，其穩定的操作壽命更加確立半導體雷射在光電系統應用中重要的地位。為進一步瞭解半導體雷射之特性，我們將在本章一開始先介紹測試半導體雷射各項特性的方法，接著討論信賴度測試的方法，信賴度函數與故障分佈函數的理論基礎與實際應用，接著是介紹半導體雷射的劣化機制，最後是如何分析半導體雷射失效的原因。

8.1 半導體雷射特性測試

半導體雷射要經過封裝之後才容易使用，因此半導體雷射的特性測試與壽命測試都是指完成封裝之後的型式。而一組封裝好的雷射二極體內部可能包含了好幾個部份，可以參考前一章**圖 7-21(a)**的 TO-can 封裝型式，外殼為導電的金屬，通常背後有三隻接腳，上蓋有一透明的玻璃或準直鏡供雷射光輸出，**圖 7-20** 為 TO-can 內部的正面放大實體電子顯微鏡照片，我們可以看到半導體雷射的**晶粒**(chip)被封裝在**散熱基座**(heat sink)上，半導體雷射的晶粒構造與製程方式已在前一章中介紹，半導體雷射的晶粒分別用金屬線連接到 TO-can 的接腳接點上，除此之外，TO-can 內部還封裝了一顆**光偵二極體**(photo diode, PD)的晶粒，此光偵二極體可以偵測由雷射晶粒後方輸出的雷射光進而轉為**監控電流**(monitor current, I_m)，因為 I_m 正比於雷射前方的輸出功率，因此可做為負回授的**自動功率控制**(auto power control, APC)的功能。

一般雷射二極體的規表中會附上此雷射的電性與光學特性的表格如**表 8-1** 所示，分別列出了雷射的閾值電流(Threshold Current)、操作電流(Operating Current)、操作電壓(Operating Voltage)、斜率效率(Slope Efficiency)、監控電流(Monitor Current)與主要波長(Lasing Wavelength)。此規格要先定義出測試溫度，如 $T_c=25°C$，與測試方式是連續操作(CW)還是脈衝操作(pulse)。除了閾值電流以外，操作電流、操作電壓、斜率效率的測試需標明雷射光操作功率的條件。而規格表中的最大值(Max)與最小值(Min)則定義出此雷射產品的出廠規範。

雷射二極體規格表中還有一個重要的資訊是**最大定額**(maximum rating)表，如**表 8-2** 所示，在這個表中明確定義了雷射二極體輸出功率的上限、逆向電壓的上限、光偵二極體逆向電壓的上限、雷射二極體的操作溫度與儲存溫度等，告知操作此雷射二極體的工作人員所必須要注意到的操作範圍。

　　由於半導體雷射的廣泛發展與應用，相對地，其特性量測技術以及儀器設備也同時受到重視，完整的特性量測將有助於掌握半導體雷射的特性，以下將針對雷射二極體之特性量測技術進行簡略的敘述：

表 8-1　雷射二極體規格表

Parameter	Symbol	Conditions	Min.	Typ.	Max.	Unit
Threshold Current	I_{th}	--	20	30	40	mA
Operating Current	I_{op}	P_o=5mW	30	40	50	mA
Operating Voltage	V_{op}	P_o=5mW	1.7	1.8	2.1	V
Slope Efficiency	SE	1~3mW	0.3	o.5	0.7	W/A
Monitor Current	I_m	P_o=5mW	0.1	0.2	0.3	mA
Lasing Wavelength	λ	P_o=5mW	770	780	790	nm
Test conditions：CW, T_c=25°C						

表 8-2　雷射二極體之最大定額表

Parameter	Symbol	Rating	Unit
Output Power	P_o	8	mW
LD Reverse Voltage	$V_{R(LD)}$	2	V
PD Reverse Voltage	$V_{R(PD)}$	30	V
Operating Temperature	T_{OP}	-10~80	°C
Storage Temperature	T_{stg}	-15~90	°C

(1) 電流-光輸出功率及電壓-電流特性曲線(L-I-V curve)：

　　最基本的雷射特性量測，觀測雷射二極體在順向電流操作下，雷射二極體之驅動電壓(V)、輸出光功率(L)以及輸入電流(I)三者間彼此對應關係的量測，稱做為 LIV 特性量測，其量測結果如**圖 8-1** 所示，而與其量測架設與等效電路如**圖 8-2** 所示，其中光功率偵測器(optical power meter)與半導體雷射的距離約為 6 到 10 mm，而光偵測器的收光角度要稍微傾斜，以避免從光功率偵測器表面反射的雷射光再次進到雷射共振腔中產生干擾雜訊。另外，雷射二極體最好要放置在散熱良好甚至有溫控的基座上，就可以量測不同外界溫度對雷射 LIV 特性的影響，一般來說，當溫度愈高，閾值電流密度愈高，且操作效率愈差，若我們對測量到的 J_{th} 取自然對數後對溫度 T 作圖，可以經驗式來表示閾值電流密度與溫度的關係為：$J_{th}(T) = J_{tho} e^{T_j/T_o}$，其中 T_j 為主動層的接面溫度，J_{tho} 為常數，而 T_0 為半導體雷射的**特性溫度**(characteristic temperature)。T_0 是用來衡量半導體雷射特性對溫度敏感度的指標，若 T_0 愈大，此半導體雷射的溫度特性愈好；反之若 T_0 愈小，此半導體雷射的溫度特性愈差。此外，雷射的驅動模式可以分為連續操作(CW)還是脈衝操作(pulse)兩種狀況，其中 pulse 操作可以有效避免雷射本身產熱所造成的影響。

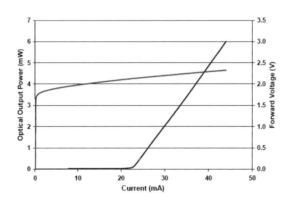

圖 8-1 半導體雷射電流輸入-光輸出功率與電壓-電流量測結果。

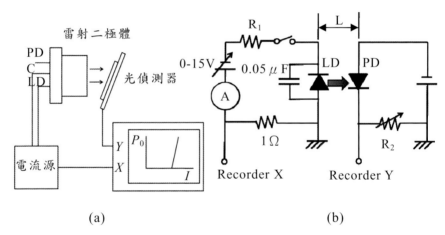

(a)   (b)

圖 8-2 半導體雷射之電致激發測試架構示意圖

(2) 雷射二極體發光頻譜(Lasing spectrum)：

雷射二極體之發光頻譜分別可藉由光激發或電激發的方式獲得，只要將雷射光引入光譜儀架設如**圖 8-3(a)**所示。光譜儀的量測原理有很多種，最重要的是其**頻譜解析度**(spectral resolution)要夠好，才能獲得如**圖 8-3(b)**所示的多縱模雷射譜線。一般的邊射型半導體雷射其縱模數目很多，若頻譜解析度不夠好，其光譜僅可得知雷射二極體之峰值波長以及其全譜線包絡的半高寬(Full Width Half Maximum, FWHM)；相反的，如果雷射是單一模態(如 DFB 雷射)操作加上頻譜解析度夠好，利用量測得到的譜線半高寬將可進一步討論共振腔內駐波儲存與損失能量之比值，或稱之為共振腔的品質因子(Q-factor)。當然雷射二極體之發光頻譜的位置會受到雷射操作溫度的影響，因此在量測時要特別注意雷射的功率與溫控能力。

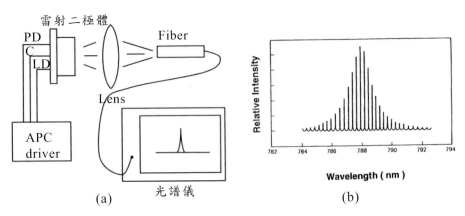

圖 8-3　(a)雷射二極體發光頻譜量測架設圖(b)雷射二極體之發光頻譜

(3) 監控電流(Monitor current)：

雷射二極體內部的光偵二極體是為了作為雷射操作時控制功率穩定的功能。由於半導體雷射的前後鏡面出光功率和其鏡面反射率成正比，因此從後鏡面發出的雷射光入射到光偵二極體，此操作在逆偏下之光偵測器對應產生之光電流即為監控電流，主要是用來監控半導體雷射之輸出功率。因此雷射光束之功率與其對應之監控光電流之特性必須要維持線性的特性，其量測架設與等效電路如圖 **8-4** 所示。

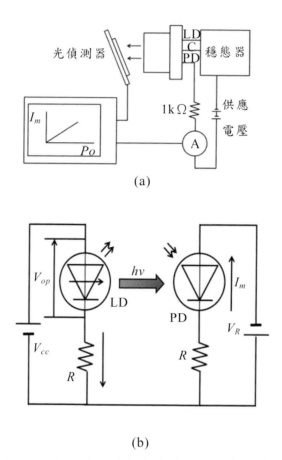

(a)

(b)

圖 8-4　(a)半導體雷射監測電流裝置示意圖與(b)等效電路圖

(4) 半導體雷射遠場圖形(Far-field pattern, FFP)：

半導體雷射特性量測中，遠場分布圖形量測對雷射光品質是相當重要的一項依據，雷射光在半導體雷射中傳播是由波導結構所侷限，我們可以在雷射端面量測其近場圖型，當雷射光傳播一段距離後，雷射光在空間中強度分布狀況為遠場圖型如**圖 8-5** 所示，可個別以垂直磊晶平面或平行磊晶平面方向的光強度分佈加以討論，在空間中以雷射二極體為中心轉動光功率偵測器並接收雷射光的強度，可從其中得知雷射光束之發散(divergence)程度，其實驗架設如**圖 8-6(a)**所示，通常會把垂直磊晶平面與平行磊晶平面方向的光強度放在一起作圖，其半高寬即為發散角，而兩個方向的發散角比率($\theta_\perp / \theta_\parallel$)稱之為 Aspect Ratio，對雷射光束而言，不僅發散角要越小越好，同時 Aspect Ratio 也要越趨近 1 越好；通常邊射型雷射的發散角比較大，Aspect Ratio 約為 2:1 以上；而 VCSEL 的發散角比較小，Aspect Ratio 趨近 1。

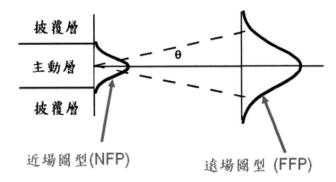

圖 8-5　半導體雷射近場與遠場遠圖形示意圖。

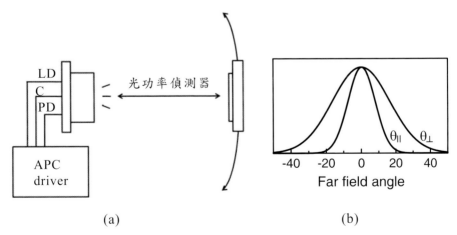

圖 8-6　(a)半導體雷射遠場圖形裝置示意圖；(b)遠場圖形量測結果

(5) 半導體雷射近場圖形(Near-field pattern, NFP)：

如前面所述，雷射的遠場圖型是由近場圖型演進而來，瞭解半導體雷射的近場狀況，可以幫助分析雷射波導的結構，並同時探討雷射模態的靜態甚至動態行為。量測雷射近場圖型通常需要一個壓電微距移動平台，搭配光纖以非常小的孔徑收光或是用顯微鏡組收光，再匯入電腦中組合成近場圖像，量測架設如圖 **8-7(a)**所示，若搭配分光儀，這些近場圖像可根據雷射模態波長的不同而被分離開來，如圖 **8-7(b)**所示為 850nm VCSEL 的近場圖型[8]，可以觀察到基模到高次模的近場圖型。

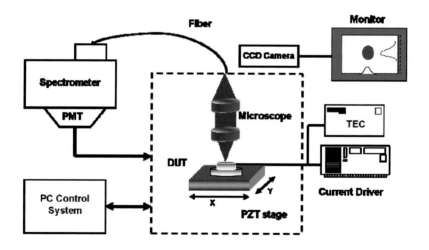

(a)

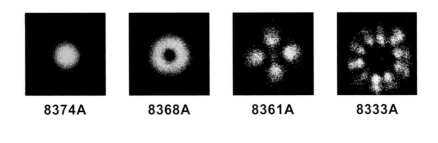

8374A   8368A   8361A   8333A

(b)

圖 8-7　(a)半導體雷射近場圖形裝置示意圖；(b)近場圖形量測結果[8]

(6) 極化率(Polarization Ratio)：

在量測半導體雷射光束傳遞時，在空間中與光束行進方向垂直截面上，極化相互垂直的兩種模態之強度比值，稱作半導體雷射之極化率，特定極化方向上的強度可以用極化片(polarizer)或Gran-Thompson 菱鏡分離出來，其量測結果與實驗架設如**圖 8-8** 所示。而**極化程度**(degree of polarization)的定義是極化相互垂直的兩種模態強度之差異除上兩種模態強度之總和。

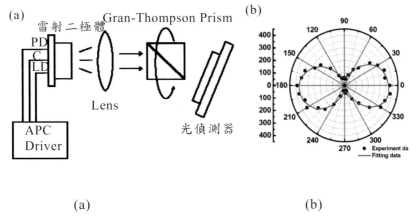

(a)   (b)

圖 8-8　(a)半導體雷射光極化率量測裝置示意圖；(b)極化率量測結果

(7) 頻率響應(Frequency response)：

半導體雷射的頻率響應是雷射動態特性中最常見的量測之一，此量測雖然是小信號特性，但是可以預估出大信號調變的速度或頻寬。大部分的頻率響應量測試使用網路分析儀(Network analyzer)完成，其等效量測電路如圖 **8-9(a)**所示，將半導體雷射操作在 CW 條件，而 RF 信號源經過 Bias-T 將小信號加載在雷射上，改變 RF 信號源的頻率，量測光輸出的變化峰值，即可得到如圖 **8-9(b)**所示的頻率響應圖。關於半導體雷射頻率響應的討論請見本書第三章。

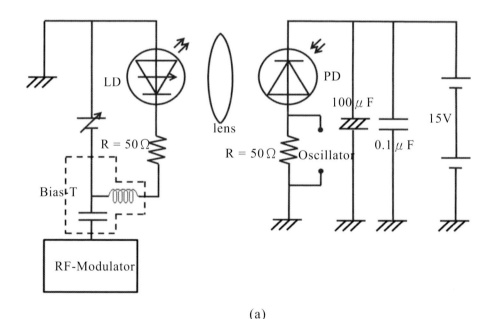

(a)

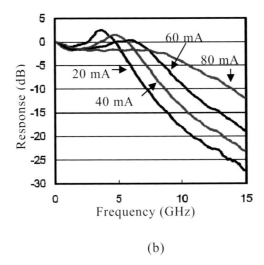

(b)

圖 8-9　(a)半導體雷射頻率響應量測示意圖；(b)頻率響應量測結果

(8) 同調性(Coherence)：

半導體雷射的光束具有很好的同調性，要量測其時間同調特性
(temporal coherence)，通常會使用如**圖 8-10(a)**的邁克森干涉儀
(Michelson interferometer)的架設，讓雷射光通過分光鏡一分為
二，分別行經不同的路徑，最後再合而為一互相干涉；若讓其中
一道光路徑可調，因此兩道光的光程差即可控制，干涉的強度對
光程差的圖形就會像**圖 8-10(b)**的強弱條紋一般，干涉條紋強度波
峰波谷之間的差異除上兩者之間的和被稱之為**明視度**(visibility)，
明視度趨近於 1 表示同調性很好，若明視度趨近於 0 表示無同調
性；在**圖 8-10(b)**中可以發現隨著光程差越大，明視度越來越差；
當明視度為 0 時的光程差可視為此雷射光的**同調長度**(coherent
length, l_c)，其和**同調時間**(coherent time, t_c)與雷射光譜線寬度(Δf)
之間的關係可表示為：

$$l_c = c \cdot t_c = \frac{c}{\Delta f} \qquad\qquad (8\text{-}1)$$

其中 c 為真空光速。

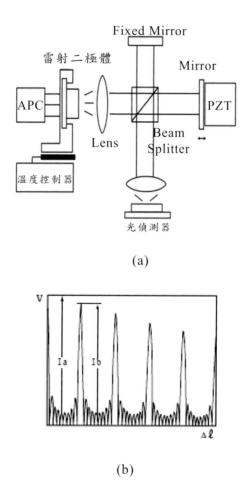

(a)

(b)

圖 8-10　(a)半導體雷射光同調性測試裝置示意圖；(b)同調性測試結果

(9) 相對強度雜訊(Relative Intensity Noise, RIN)：

半導體雷射之相對強度雜訊是用來評估雷射光訊號可信度的重要
指標，半導體雷射本身有需多雜訊來源，諸如熱雜訊，白雜訊，
自發輻射所造成的雜訊，以及光學回饋所導致的雜訊，一般量測
半導體雷射之相對強度雜訊的實驗架設圖如圖 **8-11(a)**所示，雷射
光一分為二，一部分由圖下方的光功率偵測器量測雷射光的 DC 功
率(P_o)，另一部分由圖上方的高速光偵測器量測雷射光強度的變動
程度(ΔP)，並用頻譜分析儀檢測此雷射光的 AC 功率，因此相對
強度雜訊 RIN 可以表示為：

$$RIN = \frac{<[\Delta P]^2>}{P_o^2} \cdot \frac{1}{\Delta f} \tag{8-2}$$

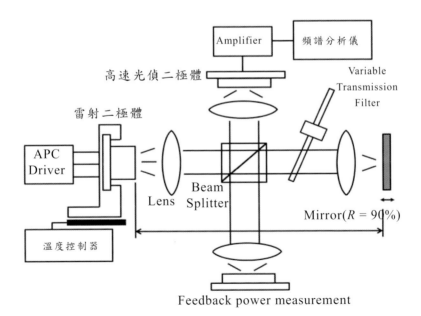

(a)

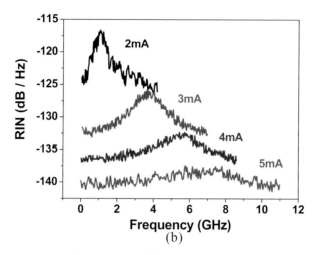

圖 8-11　(a)RIN 特性量測裝置示意圖；(b)典型的 RIN 頻譜

其中 Δf 為 AC 偵測系統的頻寬。如圖 **8-11(a)** 中還加入了一面 90% 的反射鏡以及濾光鏡，用來量測在不同的光學反饋的狀態下 RIN 受到影響的情形。若在沒有光學反饋的狀態下，半導體雷射在不同輸入電流下的 RIN 頻譜如圖 **8-11(b)** 所示，可以看到當輸入電流越大，因為雷射光功率提升使得 RIN 的值變小；此外在圖中的波峰是由於半導體雷射中的弛豫振盪的現象，相關的討論請見本書第三章。

(10) 像散(Astigmatism)：

像散主要是因為半導體雷射光束經過透鏡聚焦後，雷射光束隨著不同軸向的聚焦深度不一樣，因而產生的現象。由於邊射型雷射的波導在二維橫截面上的結構非常不對稱，使得其光束快軸與慢軸的焦點不同，因而產生像散。一般量測像散的裝置如圖 **8-12(a)** 所示，使用刀切法(knife edge method)，可得到如圖 **8-12(b)** 所示的

圖形，其中兩個峰值間的距離即為雷射光束快軸與慢軸的焦點長
度差異。

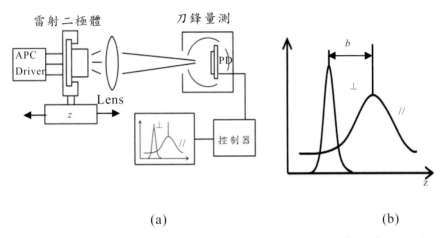

(a)   (b)

圖 8-12   (a)半導體雷射像散測試裝置示意圖；(b)像散量測結果

8.2   信賴度測試與分析

雷射二極體除了效能是重要的指標之外，雷射二極體本身的信賴
度(reliability)以及故障或失效(failure)也是非常重要的，所謂的信賴度
就是針對雷射二極體在不同環境下效能穩定度以及連續操作時間的探
討；換言之，也就是針對雷射二極體操作**壽命**(lifetime)的探討；另一
方面，故障研究則是探討造成雷射效能不穩定或者**劣化**(degradation)
的各種因素；藉由信賴度和失效的探討可提供雷射二極體改善其缺點
進而提升效能及增加壽命。雷射二極體的壽命不同於其他電子元件之
處，在於雷射二極體的操作機制來自主動層中高密度電子電洞對的復
合且具備高光功率輸出的特性，對半導體與封裝來說是屬於相對嚴苛

高壓的環境，因此影響雷射操作壽命的常見因素如：(1)雷射二極體結構中主動層之缺陷、(2)雷射鏡面氧化、(3)金屬電極退化現象、(4)封裝過程接合不完全以及(5)散熱裝置退化等因素。這些因素將會造成雷射操作電流提高、半導體內部溫度提升、光輸出功率降低以及提高二極體受潮的機率，直接或間接影響到雷射二極體的穩定性和壽命，除這上述幾個常見的影響因素外，**電湧**(electrical surge)的現象也是時常造成雷射二極體失效的其中一個原因。

雷射二極體的故障可分為**早期故障**(early failure)、**隨機故障**(random failure)以及**磨損故障**(wear-out failure)三種型態，其中早期故障主要來自於雷射二極體受外在因素破壞使雷射二極體效能產生快速的退化，甚至無法再操作；而隨機故障則以雷射結構介面或者散熱裝置的故障為主；其次為磨損故障主要為雷射二極體的結構產生缺陷或者製程缺失，這類的故障通常對雷射二極體效能造成緩慢的退化，而這反映出雷射二極體之信賴度與故障兩者是息息相關 2 的。一般而言，雷射二極體效能降低甚至故障常常是由於二極體老化的緣故，二極體老化造成故障率提高，將會直接或間接影響雷射操作壽命，因此我們將緊接在以下的章節中介紹數種關於雷射二極體信賴度之檢測及分析的方法，藉由其檢測設定參數的不同加以分類。

8.2.1 信賴度測試方法

(1) 加速壽命測試(accelerated life test)

在大部分的正常操作情況下，要觀察到雷射二極體的故障可能需要等上很長的一段時間，為求達到快速檢測的目的，加速壽命測試成為常見的一種信賴度測試的方法；而操作壽命檢測主要是用來統計雷射二極體之使用壽命，以建立統計模型，並同時可以用來預估在不同操作環境下雷射二極體的壽命。為了獲得有意義的數據統計，壽命測

試研究通常涉及幾十顆甚至數百顆雷射二極體在受到嚴苛環境與操作
狀態下對效能的長時間監控，有時候甚至會將測試研究的時間擴展到
一年的長度，以進行加速老化(aging)的測試，再根據統計的模型來推
論雷射二極體在正常操作情況下預估的使用壽命。根據不同的類型和
應用的雷射二極體，壽命測試研究涉及定期測量的各種參數，包括對
設備的注入電流，光輸出功率，閾值電流等。在正向電壓的條件下加
速老化，以增加操作溫度加速壽命測試是最常見的測試方法，而加速
老化壽命測試可在三種模式下進行：(A)**定電流老化測試**(constant
current aging)、(B)**定光輸出功率老化測試**(constant light output
aging)、(C)**週期性老化測試**(periods sample aging)，以下將針對此三種
模式加以說明：

(A) 定電流老化測試(constant current aging)

固定電流老化測試是其中一種最簡單的壽命試驗，通常用於
發光二極體。將注入電流和環境溫度保持恆定值，利用這樣
的方式連續或間歇對雷射二極體或發光二極體之光輸出功率
進行觀測並記錄，如圖 **8-13** 所示。隨著測試時間的增加，光
輸出功率會逐漸降低顯示元件老化的現象，根據元件應用的
不同，可以定義一個判斷故障的標準，例如定義當光輸出功
率降低到起始功率的一半即判定故障，則該時間點即為此原
件在該操作條件下的**故障時間**(time to failure, TTF)或壽命，
若經過了一段長時間雷射的光輸出功率也沒有降到故障的標
準，我們就會用線性外插或根號外插的方法來預估雷射二極
體的故障時間。

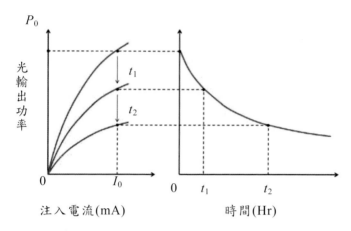

圖 8-13　注入電流固定模式下，發光二極體加速老化之測試

(B) 定光輸出功率老化測試(constant light output aging)

固定輸出光功率老化測試是很典型的壽命試驗，由於其測試機制與一般雷射二極體的操作模式相當接近，因此較常為雷射二極體老化測試所使用。在這種測試下，輸出光功率與環境溫度保持為定值，且必須不斷藉由回饋控制調整雷射輸入電流使輸出光功率恆為定值，如**圖 8-14** 所示。隨著測試時間的增加，注入電流會逐漸提升顯示元件老化的現象，同上所述可以定義一個判斷故障的標準，例如定義當注入電流提升到超過起始電流的 50%即判定故障，則該時間點即為此原件在該操作條件下的**故障時間**(time to failure, TTF)或壽命，同樣的，若經過了一段長時間，雷射的注入電流沒有升到故障的標準，我們就會用線性外插或根號外插的方法來預估雷射二極體的故障時間。

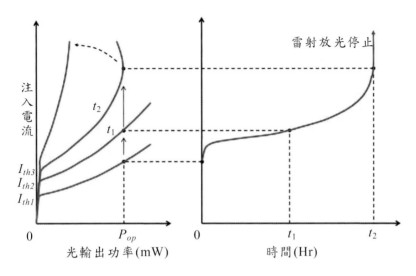

圖 8-14　輸出功率固定模式下，半導體雷射加速老化之測試

(C) 週期性老化測試(periods sample aging)

　　此種老化測試方式主要是將雷射二極體操作在高溫定電流的條件並且長時間監測，在監測過程隨時針對雷射二極體的效能進行取樣，由於一般雷射二極體不適用於高溫操作，因此藉由高溫加速老化，但雷射無法在高溫下連續操作，所以必須時而調降雷射溫度，造成此老化測試是相當耗時的。

　　藉由上述的加速壽命測試的結果，我們可以得到平均的故障時間，若環境的變數是溫度的話，根據不同溫度下的雷射壽命的數值，可以利用 Arrhenius 經驗方程式來擬合：

$$\text{Laser Lifetime} = A_T e^{E_a/k_B T} \tag{8-3}$$

其中 E_a 為活化能(activation energy)，k_B 與 T 分別為波茲曼常數(Boltzmann constant)以及外在環境溫度，而 A_T 為常數。通常我們可以利用較高的幾組操作溫度來進行加速壽命測試，經由(8-3)式的擬合求得此雷射二極體的 E_a 值，再使用正常的操作溫度以求得預估的壽命。

同樣的，若在固定溫度與其他環境因素的條件下變化雷射的注入電流或輸出功率，而雷射二極體之壽命將會與注入電流或者光輸出功率有關：

$$Laser\ Lifetime = A_J J^{-n}\ or\ A_P P^{-n} \tag{8-4}$$

其中 n 大於零，而 J 與 P 分別為注入電流密度與光輸出功率，而 A_J 與 A_P 皆為常數。我們也可以利用較高的幾組操作電流或光輸出功率來進行加速壽命測試，經由(8-4)式的擬合求得此雷射二極體的 n 值，再使用正常的操作電流或光輸出功率以求得預估的壽命。由此可知，雷射二極體的環境"壓力"可以用操作溫度、注入電流以及光輸出功率來施加。然而在實際的壽命測試下，雷射二極體皆能在操作穩定狀態下運行超過 10^4 小時，即使在加速老化的條件下，也只有極少數的雷射二極體會提早劣化而失效。因此，我們經常獲得的故障時間僅是預估的操作壽命。

範例 8-1

假設雷射二極體的壽命測試在 370K 執行，測得的壽命是 1000 小時，若雷射壽命的 E_a 值為 0.7eV，試求雷射二極體在 300K 下操作的壽命。

解：

$$\tau(300K) = \tau(370K)e^{-\frac{E_a}{k_B}\left(\frac{1}{370}-\frac{1}{300}\right)} = \tau(370K)e^{5.1} \cong 1.7\times10^5\ hr$$

相當於 20 年的時間！

(2) 電湧衝擊測試 (electrical surge test)

　　電湧屬於一種能量較大的脈衝擾動，容易造成電子元件的失效以及損毀，其來源可能有操作人員身上或操作環境裡的靜電所引起的靜電劣化(electrical surge degradation, ESD)。電湧測試通常會伴隨在雷射二極體的隨機故障和磨損故障的平行測試中，基本上是針對二極體可承受電流衝擊的極限測試，目的就是為了檢測雷射二極體抵抗電湧的能力。兩種典型的測試方法是**電容器充電測試**(C-charge test)和**脈衝偏壓測試**(pulse bias test)。其中電容器充電測試之裝置利用簡單迴路，如**圖 8-15(a)**所示，先對電容充電到一定的電壓值，電容再轉而連接到代測的雷射二極體，所測得的電容內電荷壓差即二極體所能承受之極限。脈衝偏壓測試如**圖 8-15(b)**所示，則是由調整脈衝產生器所產生的脈衝波寬度以及強度來對雷射二極體作分析，藉以模擬雷射二極體受到電湧衝擊的狀況。

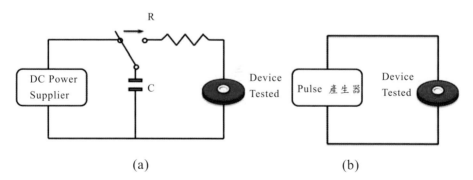

(a)　　　　　　　　　　　　　　(b)

圖 8-15　半導體雷射之電湧測試簡易迴路示意圖(a)電容模式(b)脈衝偏壓模式

　　以上所敘述的部分屬於半導體雷射信賴度測試的部分，在實際的測試驗證上，仍有許多細節需要注意，如儀器設備的可靠度、控制系統穩定度以及外在條件等種種因素，因為雷射二極體屬於對環境具高敏感度之發光元件，因此，信賴度測試唯有在穩定的環境和系統下進行，才有其參考的價值。在瞭解了如何測試雷射二極體的信賴度之後，接下來要說明信賴度的統計模型。

8.2.2 信賴度函數、故障率與故障時間

信賴度為特定時間內穩定操作的可能性，由於信賴度與操作時間關係密切，可利用函數關係式加以說明，$R(t)$ 稱做信賴度函數(reliability function)，而信賴度函數為機率函數，當時間 $t = 0$ 時，$R(0) = 1$，隨著時間的增加其信賴度函數亦隨之下降。與信賴度函數相對應的為故障函數 $F(t)$，定義為隨操作時間而造成故障或失效的機率函數，因此也被稱做故障(失效)分佈函數，兩者間呈現相互消長的關係：

$$R(t) + F(t) = 1 \tag{8-5}$$

從另外一方面而言，隨著雷射二極體操作時間的增加，故障分佈函數也隨之上升，因此隨著時間的增加，可穩定操作的正常雷射二極體數量將會隨之遞減，如**圖 8-16** 所示：

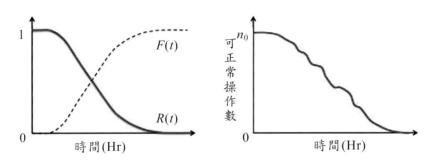

圖 8-16　半導體雷射信賴度與故障分佈函數之對應關係圖

　　我們可以將單位時間內雷射二極體的故障可能性表示為**故障機率密度函數**(failure probability density function)*f*(*t*)，也稱為壽命信賴度函數，此密度函數是描述隨時間增加而發生故障的重要參數，也是將**圖8-16**中的故障分佈函數 *F*(*t*)微分的結果如**圖 8-17** 所示。

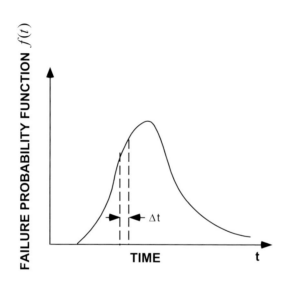

圖 8-17　半導體雷射故障機率密度函數圖

　　而信賴度函數、故障分佈函數與故障機率密度函數彼此存在對應關係，三者間關係如下：

$$f(t) = \frac{dF(t)}{dt} = -\frac{dR(t)}{dt} \tag{8-6}$$

$$F(t) = \int_0^t f(t')dt' \tag{8-7}$$

$$R(t) = 1 - F(t) = \int_t^\infty f(t')dt' \tag{8-8}$$

因此，故障密度函數可視為故障分佈函數的變化速率。雷射二極體的**故障機率**(probability of failure) P，定義為在 t 時間下單位時間內信賴度函數 $R(t)$ 與**故障率**(failure rate) $\lambda(t)$ 的乘積，

$$P = R(t)\lambda(t)dt = f(t)dt \tag{8-9}$$

經由此函數進而求得故障率與信賴度函數之關係式，

$$\lambda(t) = f(t) / R(t) = [-dR(t) / dt] / R(t) \tag{8-10}$$

$$R(t) = e^{-\int_0^t \lambda(t')dt'} \tag{8-11}$$

故障率 $\lambda(t)$ 又可稱作危害率。正如大部分的半導體元件，雷射二極體屬於無法修復的個體，元件一旦發生故障便無法再使用，因此故障率通常會隨著操作時間而變化，許多潛藏的問題都與信賴度和故障率相關，**圖 8-18** 則畫出了對沒有經過**篩選測試**(screening test)的雷射二極體所作的故障週期曲線，橫軸表示雷射二極體的操作時數，縱軸則為故障率；由**圖 8-18** 可發現綜合故障率曲線的合成，可以細分為我們在前面以介紹過的三段故障時期，分別為早期故障、隨機故障以及磨損故障，其中早期故障主要來自於雷射二極體受外在因素破壞使雷射二極體效能產生快速的退化；而隨機故障則以雷射結構介面或者散熱裝置的故障為主；其次為磨損故障主要為雷射二極體的結構產生缺陷或者製程缺失，這類的故障通常對雷射二極體效能造成緩慢的退化。其中早期故障可以使用篩選測試用嚴苛的操作條件，如高溫高電流的操作，以快速淘汰不良的產品，讓雷射二極體的信賴度特性是處於隨機故障以及更長期的磨損故障率中。

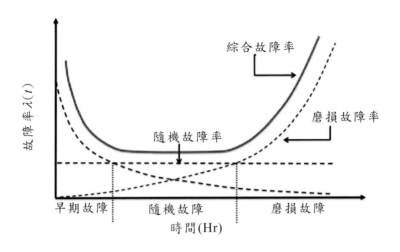

圖 8-18　故障率與故障週期曲線圖

　　半導體發光元件如發光二極體以及雷射二極體，通常在故障發生後要再正常操作是很困難的，而修復的機會更是微乎其微，我們定義發光元件從開始運作到發生故障情形的時間為**故障時間**(time to failure，TTF)，這表示此發光元件不可修復，一旦發生故障的情形就無法再使用。而**平均故障時間**(mean time to failure，MTTF)即為元件從開始操作到故障的平均期望時間，對不可修復的元件來說，即為元件的操作壽命。但藉由故障機率密度函數以及故障率函數亦可估算出平均故障時間的期望值 E(也就是 MTTF)以及其變異數(variance)V：

$$E = \int_0^\infty t f(t)dt = \int_0^\infty R(t)dt \qquad (8\text{-}12)$$

$$V = \int_0^\infty [t - E(t)]^2 f(t)dt = \int_0^\infty t^2 f(t)dt - [E(t)]^2 \qquad (8\text{-}13)$$

　　一般常見發光二極體之壽命測試模式為固定電流下監控其光輸出功率，而對雷射二極體之壽命測試模式則為固定輸出光功率下監控其操作電流。對雷射二極體而言,元件老化之後為了維持固定的輸出光功率將會造成操作電流的上升,一旦當操作電流增加量達百分之五十時(或依產品應用要求之增幅),則這段時間也將被認定為 TTF,如圖 **8-19** 所示。

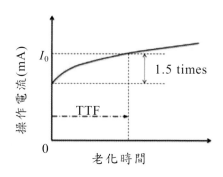

圖 8-19　雷射二極體之老化測試時間曲線圖

8.2.3　故障分佈函數

　　故障分佈函數(failure distribution)主要為評估雷射二極體之信賴度之使用,常見的故障分佈函數有**對數常態分佈**(logarithmic-normal distribution)、**指數分佈**(exponential distribution)以及**韋伯分佈**(Weibull distribution)等。其中對數常態分佈和指數分佈函數分別與磨損故障以及隨機故障的機率密度函數有關係,韋伯分佈則廣泛應用於各種故障的形態上,以下將針對這三種分佈函數分別說明:

(1) 對數常態分佈

　　在機率論與統計學中,對數常態分佈即對數為常態分佈的任意隨機變數的機率分佈。如果 X 是常態分佈的隨機變數,則 $\exp(X)$ 為對數分佈;相反的,如果 Y 是對數分佈,則 $\log(Y)$ 為常態分佈。對數常態分佈常用於信賴度分析或者材料強度疲乏分析等應用。在信賴度分析中,故障分佈函數 $F(t)$、故障機率密度函數 $f(t)$ 以及故障率 $\lambda(t)$,分別可藉由對數常態分佈來描述:

$$f(t) = \frac{1}{\sigma t \sqrt{2\pi}} e^{-\frac{[\ln(t/t_m)]^2}{2\sigma^2}} \tag{8-14}$$

$$F(t) = 1 - R(t) = \frac{1 + \mathrm{erf}[\dfrac{1}{\sqrt{2}\sigma}\ln(t/t_m)]}{2} \tag{8-15}$$

$$\lambda(t) = \frac{\sqrt{2} e^{-\frac{[\ln(t/t_m)]^2}{2\sigma^2}}}{t\sigma\sqrt{\pi}\,\mathrm{erfc}[\sqrt{\sigma/2}\ln(t/t_m)]} \tag{8-16}$$

其中 t 為操作時間、t_m 為中數壽命、σ 為對數常態分佈函數之標準差,特殊函數 $\mathrm{erfc}(z)$ 為互補誤差函數,其相關函數關係如下:

$$\mathrm{erfc}(z) = 1 - \mathrm{erf}(z) = 1 - \frac{2}{\sqrt{\pi}} \int_0^z e^{-\chi^2} d\chi \tag{8-17}$$

因此故障分佈函數 $F(t)$、故障機率密度函數 $f(t)$ 以及故障率 $\lambda(t)$ 如**圖 8-20** 所示,此外根據(8-12)式與(8-13)式,MTTF 以及變異數 V 的計算結果如下:

$$E = t_m e^{\frac{\sigma^2}{2}} \tag{8-18}$$

$$V = t_m^2 e^{\sigma^2} (e^{\sigma^2} - 1) \tag{8-19}$$

(8-14)式至(8-19)式中最重要的兩個參數是中數壽命 t_m 以及標準差 σ,即使中數壽命 t_m 已經決定,標準差 σ 不同也會造成故障機率函數大大的不同。由(8-18)式可知,t_m 往往小於 MTTF。

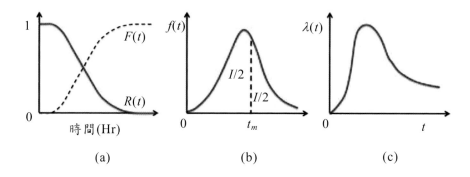

圖 8-20　對數常態分佈之(a)故障分佈函數(b)故障機率分佈函數(c)故
障率函數

　　在實際計算MTTF的過程中，會將壽命測試的結果以故障函數 $F(t)$
表示，並在如**圖 8-21** 的對數常態分佈函數紙上畫入 $F(t)$，對數常態分
佈函數紙的橫軸已經將線性時間轉換為對數時間，如**圖 8-21** 的例子所
測試的雷射二極體數目共有 10 顆，因此對數常態分佈函數紙上只有
10 個資料點在圖中呈線性分佈，中數壽命 t_m 即為 $F(t)=50\%$的時間，
標準差 σ 則可以從圖中的 t_1 時間求得：

$$\sigma = \ln(t_m / t_1) \tag{8-20}$$

其中 t_1 時間的定義是 $F(t_1)=15.9\%$，也就是離中數一個標準差的位置。
求出中數壽命 t_m 以及故障機率密度之標準差 σ 之後，利用(8-18)式即
可計算出 MTTF。

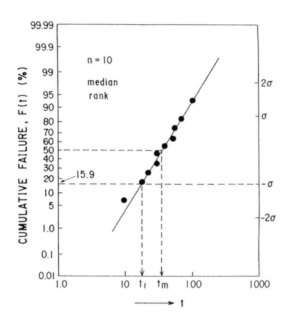

圖 8-21　對數常態分佈函數紙

　　圖 **8-22** 為 10 顆雷射二極體在加速老化壽命測試中對數常態分佈函數統計圖，雷射壽命測試的模式是固定光輸出功率為 20 mW，當輸入電流上升幅度到達初始值的 50%的時間就算故障時間，分別用外界溫度為 70 度與 50 度來執行加速老化壽命測試，從圖中可知即使是在 50 度高溫環境操作下，最短的故障時間也接近一萬小時，如果測試的時間有限，可以用外插的方式來推估故障時間；在得到了 70 度與 50 度下的 MTTF 之後，我們就可以用(8-3)式來計算此雷射的 E_a 值為 0.79 eV，再進一步推估雷射若在 30 度下操作的 MTTF 將會超過 10^5 小時！

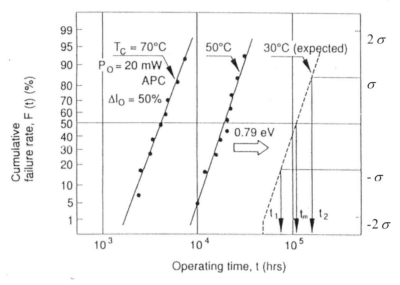

圖 8-22　加速老化壽命測試對數常態分佈函數統計圖

範例 8-2

假設在對數常態分佈函數統計圖中一組雷射二極體壽命測試的中數時間 $t_m = 2.0 \times 10^4\,hr$，$t_1 = 1.2 \times 10^4\,hr$，試求故障機率密度之標準差以及 MTTF。

解：

由(8-20)式可知標準差

$$\sigma = \ln(t_m / t_1) = 0.51$$

再根據(8-18)式，MTTF 為

$$MTTF = t_m e^{\frac{\sigma^2}{2}} = 2.0 \times 10^4 e^{\frac{0.51^2}{2}} = 2.3 \times 10^4\,hr$$

(2) 指數分佈

指數分佈（exponential distribution）是一種連續機率分佈，可以用來表示獨立隨機事件發生的時間間隔。指數分佈的隨機變數為非負之值，且通常該隨機變數超過其平均數的機率較小，於雷射二極體信賴度測試上，指數分佈被應用在壽命分佈，尤其是複雜系統的壽命通常都可以用指數分佈來描述，或為了簡化處理問題而假設其為指數分佈。指數分佈是故障率對時間成一定值的分佈，一般會以 $\exp(\lambda t)$ 的形式表示，符合在**圖 8-18** 故障曲線中的隨機故障時期，其機率密度函數及信賴度函數分別可表示為：

$$F(t) = 1 - R(t) = 1 - e^{-\lambda t} \tag{8-21}$$

$$f(t) = \lambda e^{-\lambda t} \tag{8-22}$$

再從(8-12)式與(8-13)式可得

$$E = MTTF = 1 / \lambda \tag{8-23}$$

$$V = 1 / \lambda^2 \tag{8-24}$$

指數分佈之故障分佈函數、故障機率分佈函數與故障率函數如**圖 8-23** 所示；此外，$R(1/\lambda) = e^{-1} = 0.37$，信賴度在 MTTF 時變為 37%。

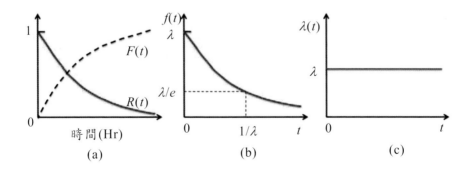

圖 8-23　指數分佈之(a)故障分佈函數(b)故障機率分佈函數(c)故障率函數

(3) 韋伯分佈

　　韋伯分佈(Weibull distribution)函數是瑞典物理學家(W. Weibull)，為發展強化材料理論，於西元 1939 年所提出之新型態數值分佈理論。在半導體發光元件信賴度理論及有關壽命檢定領域中，韋伯分佈函數最大的優點在於可以分別適用於雷射二極體的三種故障型態(早期故障、隨機故障以及磨損故障)。關於韋伯分佈應用於信賴度測試相關的機率密度函數、故障分佈函數、故障率以及平均故障時間，分別說明如下：

$$f(t) = [m(t-\gamma)^{m-1}/\eta^m]e^{-(\frac{t-\gamma}{\eta})^m} \tag{8-25}$$

$$F(t) = 1 - R(t) = 1 - e^{-(\frac{t-\gamma}{\eta})^m} \tag{8-26}$$

$$\lambda(t) = \frac{m}{\eta}(\frac{t-\gamma}{\eta})^{m-1} \tag{8-27}$$

其中 m 為形狀參數可決定分佈函數的形狀，η 是尺度參數與平均壽命有關，γ 為位置參數，再從(8-12)式與(8-13)式可得 MTTF 與變異數：

$$E = \eta\Gamma(1+1/m) \tag{8-28}$$

$$V = \eta^2\{\Gamma(1+2/m) - [\Gamma(1+1/m)]^2\} \tag{8-29}$$

而 Γ 為伽瑪特殊函數，

$$\Gamma(z) = \int_0^\infty x^{z-1}e^{-x}dx \tag{8-30}$$

　　由於 m 為形狀參數決定分佈函數的形狀，如**圖 8-24** 所示，當 $m <$ 1 時，故障率隨時間增加而減少，機率密度函數與信賴度函數呈早期故障型態分佈；當 $m = 1$ 時，故障率為一定值，不隨時間變化，韋伯分佈與前述的指數分佈相同；當 $m > 1$ 時，失效率隨時間增加而增加，屬於磨損故障型態分佈;當 $m = 2$ 時,韋伯分佈的機率密度函數接近對數常態分佈;當 $m = 4$ 時,韋伯分佈的機率密度函數接近常態分佈。選擇適當的 m 值,韋伯分佈可以符合包括早期故障期、隨機故障期及磨損故障期等三個階段的全範圍故障分佈,同時也可以近似對數常態分佈及常態分佈,因此,韋伯分佈適於描述很多的信賴度數據。

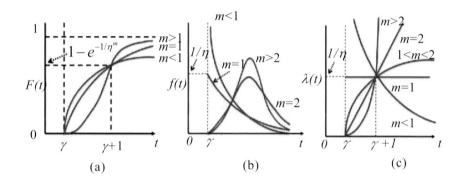

圖 8-24　韋伯分佈之(a)故障分佈函數(b)故障機率分佈函數(c)故障率函數

8.2.4　元件故障物理模型

　　關於先前的討論,從雷射二極體的加速老化測試、信賴度相關之函數到故障機率的函數分佈以及元件壽命的分析,皆必須建構在穩固的理論模型之下,方可有效的分析量測結果,並從中得知造成元件劣化或失效的原因,進而改善信賴度提升元件壽命,因此信賴度相關之故障物理模型的建構極為重要。故障物理(failure physics)的目的在以信賴度技術為理論基礎,導入物理與化學的思考和方法,說明構成元件的故障機制,並且利用改善元件結構及其設計來提升元件信賴度。由於元件的故障行為與故障物理有著極為密切的關係,而故障分析為

信賴度技術的核心工作，因此又有人將故障物理稱為信賴度物理
(reliability physics)，要瞭解這層關係，有必要先對故障物理的概念先
行瞭解。

　　一般而言，故障物理利用材料科學之物理機制與數值分析的兩種
模型共同建構，其中數值分析的方式，可由前面所介紹的故障分佈函
數描述；而物理機制主要可由**反應速率模型**(reaction rate model)、**應
力強度模型**(stress-strength model)以及**最弱鏈環模型**(weakest link
model)描述，分別介紹如下。

(1) 反應速率模型(reaction rate model)

　　元件的故障模式，是由於某些關鍵結構或材料發生擴散、氧化、
吸附、腐蝕、移位、再結晶等故障機制所造成。這些故障機制起因於
結構或材料中產生分子、原子等微觀級的化學與物理變化，使物品的
特性參數逐漸劣化，終於超越極限而故障。這種故障現象的發生，取
決於元件材料本身的反應速率，因此稱之為反應速率理論模型
(reaction rate model)。反應速率理論本是以熱力學和機率理論為基礎
來探討掌握物質化學變化的數學模型，Arrhenius 等人利用此模型來研
究上述故障機制中反應速率與應力的依存性，結果推導出關鍵結構、
材料劣化與電壓、溫度、濕度等應力參數的關係，以及特性參數的劣
化樣式。在 Arrhenius 反應速率理論模型，反應速率係數 K_r 與接面溫
度之間的關係如下：

$$K_r = Ae^{-E_a/k_BT} \tag{8-31}$$

E_a 為材料的反應活化能，因材料種類不同而異，k_B 為 Boltzmann 常數；
T 為操作溫度表示，A 為比例常數。如**圖 8-25** 所示，反應活化能可以
視為反應的能障，若 E_a 越小，表示反應越容易進行，在故障物理中代
表故障的機率越高；反之若 E_a 越大，反應越不易進行，表示元件的信
賴度較好。

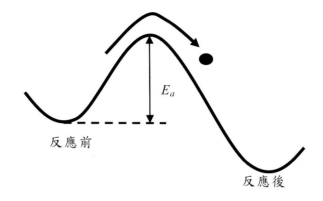

圖 8-25 故障物理之反應速率模型

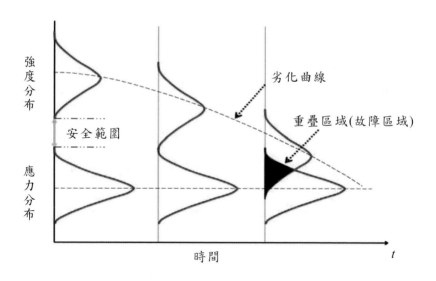

圖 8-26 故障物理之應力強度模型

(2) 應力強度模型(stress-strength model)

　　當元件承受外力而造成負載之後，受力經過結構放大，最後在材料產生內部應力，元件的信賴度就會受到影響。信賴度分析就是思考如何有效地控制應力與強度之間的關係，首先當然必須瞭解負載應力與材料強度的特性。一般而言，無論是應力或是強度都是含有相當程度的不確定性，因此必須以機率函數來加以描述如**圖 8-26** 所示，元件的強度會隨著時間逐漸減弱，一般元件故障是發生在外界的應力超過本身的強度時，即應力強度模型，**圖 8-26** 為強度與應力隨時間劣化之趨勢。

(3) 最弱鏈環模型(weakest link model)

　　最弱鏈環模型認為物品的失效發生於構成組件中的最弱處，稱之為最弱鏈環。此觀念與信賴度的串聯模型(series model)相同，最弱鏈環模型的信賴度函數可由構成元件的個別信賴度函數乘積計算得。最弱鏈環模型適用於如熱效應所致的元件劣化、電效應所致的介電質絕緣破壞、應力所致的金屬材料裂紋成長與破壞等故障。

8.3　半導體雷射劣化機制

　　半導體發光元件如雷射二極體或發光二極體，藉由大量的電子與電洞注入主動層中，並且經由復合的過程將能量轉換為光，以達到電致發光的機制。然而根據不同的工作原理以及發光機制，將有各種不同的因素造成元件的退化或是故障。以一般的半導體元件而言，元件的劣化常常是來自於半導體材料特性的劣化或者是來自元件用以增加效能所使用的材料或特殊結構劣化等因素所造成，但促使半導體發光元件劣化的機制仍存在許多不同的說法，在此我們將針對半導體雷射相關的劣化機制深入探討並對其物理涵意加以討論。

　　經由加速老化測試，許多元件劣化的模式已經被觀測到，根據劣化模式造成元件特性退化的速率而加以分類，可以大略分為緩慢(gradual)、快速(rapid)以及突發(sudden)劣化三種情形，分別以發光二極體和雷射二極體針對其劣化模式的表現如圖 **8-27** 所示。

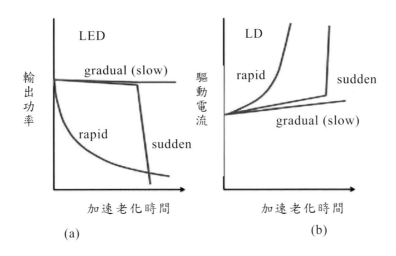

圖 8-27　(a)發光二極體和(b)雷射二極體典型的劣化行為

　　從發光元件結構來討論，其結構也隱藏許多造成元件故障的可能因素存在，如散熱裝置(heat sink)、鏡面結構(mirror facet)、電極(electrode)以及晶片接線(bonding part)的部分等，這些發光元件的結構及其相對位置可見如圖 **8-28** 所示，歸納各結構可能所造成的影響，先簡單的統整在表 **8-3**，接下來我們將詳細介紹這些因素的起源。

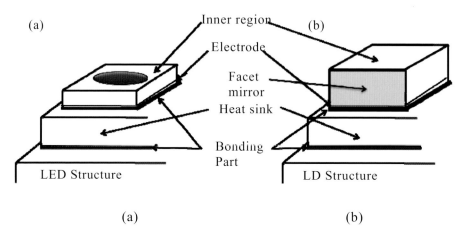

圖 8-28　(a)發光二極體(b)雷射二極體發光元件之結構圖

表 8-3　半導體發光元件易產生劣化的結構與造成元件故障的因素

結構部分	元件故障起因	劣化表現
內部結構 （元件材料）	內部缺陷	光功率下降、電流、溫度異常
鏡面結構 （元件表面結構）	氧化	光功率下降、潮解
電極	金屬擴散、交互作用	電流、溫度異常
晶片接線	接合處劣化故障	電流、溫度異常
元件散熱裝置	接合金屬剝離脫落	電流、溫度異常

(1) 半導體內部劣化

　　發光元件所謂的內部結構為電流注入發光之主動層部分，在此區域中造成元件故障的原因主要與半導體材料的晶體品質有關。晶體成長過程中，晶體錯位成長(dislocation growth)和原子析出(atom precipitation)的現象成為造成元件故障很典型的模式，將導致雷射二極體在固定驅動電流下，輸出光功率會因為這些缺陷所引起的非輻射復合現象呈現下降的趨勢並且造成元件操作溫度的提升。一般來說，和鋁原子相關的晶體成長較易產生晶體錯位的現象，和銦原子相關的晶體成長則較容易產生原子析出的現象。

　　在理想完整的半導體晶體中，原子依序處在空間中有規則且週期性的晶格點上。但在實際的晶體中，由於晶體形成條件、原子的熱運動及其他條件的影響，原子的排列可能不會那樣完整和規則，往往會存在偏離了理想晶體結構的區域。這些與完整週期性點陣結構的偏離就是晶體中的**缺陷**(defect)，它破壞了晶體的對稱性。晶體中存在的缺陷種類很多，根據幾何形狀和涉及的範圍常可分為**點缺陷**(point defect)、**線缺陷**(line defect)、**面缺陷**(plane defect)幾種主要類型。

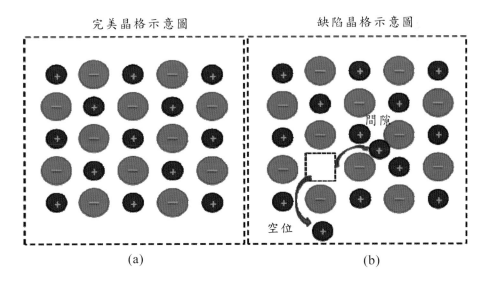

圖 8-29　半導體材料之(a)完美晶格(b)點缺陷晶格示意圖

　　點缺陷的三維尺度都很小，其缺陷範圍不超過幾個原子直徑，主要包含了**晶格空位**(lattice vacancy)又稱作 Schottky 缺陷，在晶體結構中因原子或離子離開原來所在的格點位置而形成的空位式的點缺陷；以及**間隙空位**(interstitial vacancy)亦可稱作 Frenkel 缺陷，是指晶體結構中由於原先佔據一個格點的原子（或離子）離開格點位置，成為間隙原子（或離子），並在其原先佔據的格點處留下一個空位，這樣的空位-間隙對就稱為 Frenkel 缺陷，如圖 8-29 所示，點缺陷的出現將使周圍的原子發生靠攏或撐開而造成晶格畸變。

　　線缺陷是指三維空間中在二維方向上尺度較小而在另一維方面上尺度較大的缺陷，而**差排**或稱**位錯**(dislocation)為較常見的線缺陷。理想差排主要有兩種形式，分別為**刃差排**（edge dislocations）和**螺旋差排**（screw dislocations），而**混合差排**（mixed dislocations）兼有前面兩者的特徵。差排定義為結晶中沿著某一直線方向所產生的晶格扭曲缺陷；若晶面在晶體內部突然終止於某一條線處，則稱這種不規則排列為一個刃差排，如圖 **8-30(a)**所示，附近的原子面會發生朝向差排線方向扭曲。刃差排可由差排線以及**伯格斯向量**（Burgers vector）準確地描述，伯格斯向量 **b** 是指當差排在晶體內滑動產生時，原子沿著某一特定的方向相對於其鄰近原子切變了某一特定的距離，表示這種原子位移的向量定義為差排的伯格斯向量，差排線為多餘原子面終結的那一條直線，伯格斯向量則描述了差排導致的原子面扭曲之大小與方向。因此對於刃差排而言，伯格斯向量方向垂直於差排線的方向。

　　螺旋差排的產生可視為以刀將晶格結構切開一部分，然後平行切口方向拉開一個原子大小的距離，此線缺陷將原子平面變形為螺旋曲面，如圖 **8-30(b)**所示；螺旋差排之伯格斯向量將平行於其差排線方向。如上所述，刃差排的伯格斯向量垂直於差排線的方向，而螺旋差排的伯格斯向量則平行於差排線方向；但實際半導體晶體中，差排的

伯格斯向量往往既非平行又非垂直於差排線方向,而是兼具刃差排和
螺旋差排的特徵,則稱為混合差排。

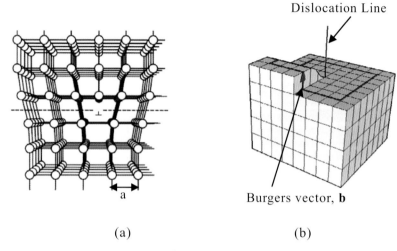

(a)   (b)

圖 8-30   (a)刃差排結構(b)螺旋差排結構

　　雷射二極體的發光機制屬於電子和電洞的高密度復合,在這樣的
條件下,可能出現的**應變**(strain)和熱效應都會造成缺陷在雷射的主動
層中產生並隨著操作時間的增長而快速增加。**暗線缺陷**(dark line
defect, DLD)是造成雷射二極體內部快速劣化最常見的原因之一,隨著
雷射二極體操作時間的增加,暗線缺陷也將隨之增加,使二極體有效
發光區域減少最終導致雷射損壞;暗線缺陷常在砷化鋁鎵/砷化鎵雷射
結構中被發現,藉由穿透式電子顯微鏡(TEM)、電激發光(EL)或者陰
極發光(CL)等特性量測,雷射二極體在老化測試前,其雷射波導區域
可以均勻的發光,但在老化測試後,雷射波導區域開始出現近似線狀
區域如**圖 8-31** 所示,且雷射二極體輸出效能開始下降,當老化測試的
時間越久,暗線區域會越來越大最後導致雷射二極體發生故障。

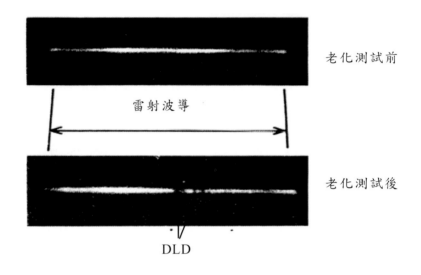

老化測試前

雷射波導

老化測試後

DLD

圖 8-31　雷射波導中的暗線缺陷

(2) 鏡面劣化與 COD

　　鏡面結構是雷射二極體中相當重要的一個部分，雷射二極體的劈裂鏡面結構為天然的反射鏡，大部分的雷射二極體都在雷射鏡面額外鍍上介電材料，藉由改變介電材料的厚度與材料種類的組合，使半導體雷射兩端鏡面的反射率不相同，因此雷射鏡面結構品質將會直接影響到雷射光功率。一旦鏡面結構發生故障的情況，將會大大的影響雷射二極體效能，造成故障主要是來自於主動層附近的鏡面結構在空氣中易形成氧化物，使得鏡面表面的缺陷密度增加，導致表面復合電流的速率提昇，對鏡面會有不良的效果。因此若在鏡面結構處製作保護材料，對雷射二極體的壽命有著穩定及延長的作用。

　　另一方面，**災難性光學損壞**(catastrophic optical damage, COD)容易造成鏡面結構嚴重的損傷，而導致雷射二極體**突發故障**(sudden failure)的狀況;鏡面的劣化以及整顆雷射二極體逐漸損毀是導因於雷射鏡面發生載子的非輻射復合產生的鏡面局部過熱,而過熱的雷射鏡面使得端面半導體材料的能隙變小,如**圖 8-32** 所示,吸收係數增加,並同時增加端面的電流密度;這些現象將導致更進一步非輻射復合而產生更多的熱能。漸漸地,這個正向的劣化循環將使得鏡面的溫度迅速昇高,使得鏡面材料超過鎔點而永久損壞形成 COD,因此如何降低鏡面結構的吸收係數便成為減少雷射二極體 COD 出現的重要考量,若能在雷射鏡面鍍上介電材料將能有效的提升雷射二極體效率並延長雷射壽命。最後,由於造成鏡面結構故障與半導體材料特性息息相關,因此在雷射二極體的製作上有許多技術性的挑戰。

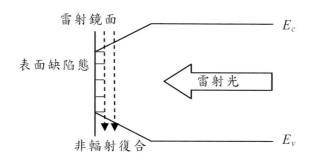

圖 8-32　雷射鏡面吸收導致 COD 示意圖

(3) 電極與接線劣化

　　電極故障主要是因金屬電極的原子擴散到主動層內部或者是元件之半導體材料與金屬電極產生反應所造成,兩者皆會導致元件受到熱影響並且促使元件驅動電流上升。一般常見的電極失效多發生在 p-type 金屬電極處,主要是因為常見傳統的半導體發光元件所使用的基板多為 n-type,使得 p-type 金屬電極較靠近主動層,而 n-type 金屬電極因為處理的面積較大且距離主動層較遠，通常呈現較佳的品質；相反的，若以 p-type 基板成長發光元件，則在 p-type 金屬電極處會呈現較佳的品質。

晶片接合的部分反映出二極體晶片與散熱裝置的接面以及散熱裝置與封裝接腳的接合品質，此結構故障被歸咎於各結構相互接合處的特性不佳，可經由金屬接著材料的金屬漂移現象以及金屬接著材料與金屬電極和散熱裝置之間的相互作用而觀察得知。一旦接合處出現不穩固的狀況容易導致雷射二極體受到熱影響並且促使元件驅動電流上升。

電極以及接合的劣化是非常容易造成光電元件故障的因素之一。對於常見三五族半導體雷射而言，電極或接合劣化會牽涉到元件驅動而產生阻礙電流傳遞的問題，將會影響元件的正常操作。為了降低及避免劣化情形，因此在電極和接合多採用對溫度呈現高穩定度、具高機械應力以及可塑性強之材料。造成電極劣化主要的因素與電極金屬材料的擴散效應和金屬-半導體接面間交互作用有關。

具高穩定度的電極將能有效降失效的發生率，在半導體的元件應用中，常被使用作電極之金屬材料可分為三類：(1)過渡金屬(transition metal，包含鈦、鉻、鉬和鎢)，此類金屬適用於三五族半導體所形成的金屬-半導體接觸，由於其低電負度以及穩定性高的優點，多作為蕭特基電極所使用；(2)類貴重金屬(near noble metal，包含鎳跟白金)，與三五族元素化合物半導體形成金屬-半導體接觸時，介面穩定度高；(3)貴重金屬(noble metal，包含金、銀和銅)，此類金屬為早期金屬-半導體接觸所使用，由於容易造成內部擴散效應，因此漸漸被取代，以避免電極劣化的情形。近年來，鈦/鉑/金和鉻/金合金材料被廣為使用在發光元件上做為電極所用，由於鉑屬於位障金屬能有效抑制金作為電極和接著時所產生解離的情況產生，因此能有效保護電極的壽命。

另一方面，半導體雷射在金屬接線處劣化的主要原因來自於**電致遷移**(electromigration)，電致遷移主要是指在大電流持續通過金屬導線時，導線中越細的地方，會是電流密度越高的地方，電場也會越高，而導致金屬原子沿著材料本身的晶粒邊界，往電子流動的方向移動的現象。隨著電致遷移的持續增加，電流密度亦跟增加，使情況更加惡化，若電致遷移太過劇烈，導致金屬導線的斷開，造成斷路使雷射二極體故障。

(4) 元件散熱裝置劣化

發光元件多以電流驅動，因此在正常操作模式下，電流通過內部電阻將會產生出熱能，而散熱裝置的最大目的就是提升導熱作用，避免元件受到熱擾動而降低元件效能，當散熱裝置失效將會導致發光元件的熱持續累積而降低元件效能，增加驅動電流值。常見的散熱裝置失效也常與金屬接面的品質有相關。

(5) ESD 劣化

Electrical Surge Degradation(ESD)即靜電劣化，ESD 的防護對高密度、小型化和具有複雜功能的光電元件而言是非常重要的。大多數光電元件在操作其間都處於一個充滿 ESD 的環境之中，ESD 可能來自人體、家具、甚至元件自身內部。ESD 產生的機制為兩個導體之間會建立一個很強的電場，產生由電場引起的擊穿現象。兩個導體之間的電壓超過它們之間空氣和絕緣介質的擊穿電壓時，就會產生電弧。儘管靜電的帶電量不多，但是在很短的時間內，如 0.7ns 到 10ns 的時間內，電弧電流會達到數十安培，有時甚至會達到一百安培。對雷射二極體而言，一旦產生 ESD 的情形，會在短時間內產生極大的電流並且造成二極體內部溫度大量升高，可能連帶造成電極以及接線劣化情況同時發生，最終導致 COD 產生而發生故障。

8.4 半導體雷射失效分析

我們在前面已經介紹許多典型的物理劣化機制會直接或間接地影響光電元件的特性，這些元件劣化的影響往往牽涉到發光元件之電流特性、光學特性以及光輸出功率等等，以雷射二極體而言，劣化情形的產生造成雷射特性改變，反應在雷射輸出波長的變動和雷射輸出功率衰減為較常見的情況，為了避免元件遭受劣化所影響，除了對元件進行監測外，劣化機制的探討以及釐清是非常重要的，雷射的晶體結構、缺陷、化學鍵結和金屬-半導體接面特性等與雷射特性劣化息息相關，因此相關的物理機制以及化學作用的特性量測分析，亦將作為改善或抑制發光元件劣化的依據。再者，由於雷射材料結構之尺寸僅僅只有數個毫米大小，為了能有效地分析雷射劣化機制與其相關因素，其分析方法必須具有高度空間解析能力。因此我們需要藉由光學顯微或者電子顯微的方式來檢測並分析這些微小的劣化以及元件失效的情況，常見的實驗檢測手法除了基本的電流、電壓、光輸出功率的量測之外，還有**電致發光** (electroluminescence, EL)、**光致發光** (photoluminescence, PL)、**電子束感應電流** (Electron Beam Induced Current, EBIC)、**掃描式電子顯微術** (scanning electron microscope, SEM)、以及**穿透式電子顯微術** (transmission electron microscope, TEM)等檢測技術，以下我們就幾項常見的檢測技術作簡單的說明。

(1) 電致發光(electroluminescence, EL)

電致發光是利用當電流通過半導體材料，或有強電場通過材料時，材料發光的光學、電學的現象，電致發光檢測是一種迅速且有效檢測手段，可以檢查雷射二極體元件上肉眼看不到的缺陷，這些微小的缺陷直接會影響二極體的效率及壽命。檢測只需幾秒鐘，但可以在二極體封裝之前，將受劣化因素影響的樣品抽出，大大提高產品良率。

電致發光之空間解析度被定義為注入載子的擴散長度(約 2 到 3 mm)，藉由電致發光的測試手法，我們可以從中得知電性相關以及熱效應所造成的劣化因素。

(2) 光致發光(photoluminescence, PL)

光致發光是指半導體材料吸收能量較高的光子（或電磁波）先產生電子/電洞對(electron-hole pairs)，待電子/電洞弛豫到亞穩態的能帶底部後，電子/電洞對重新復合輻射出光子（或電磁波）的過程。從量子力學理論上，這一過程可以描述為物質吸收光子躍遷到較高能的激發態後返回低能態，最後放出光子的過程。光致發光是一種探測半導體材料電子結構的方法，它與材料無接觸且不損壞材料。入射光源直接照射到材料上，被材料吸收並將多餘能量傳遞給材料，這個過程叫做光激發，將價帶(valence band)中的電子激發到導帶(conduction band)中，因產生電子/電洞對，而這些電子/電洞可經由非輻射復合路徑(non-radiative recombination)或輻射復合(radiative recombination)路徑經由發熱或發光的形式將能量消耗掉。光致發光可以應用於能隙檢測和缺陷的檢測，以及材料結構品質的鑒定，對於雷射二極體的劣化及失效的檢測可提供非破壞性且有效的幫助。

(3) 掃描式電子顯微術(scanning electron microscope, SEM)

電子顯微鏡主要是利用高加速電壓之入射電子束打擊在試片後，產生相關二次訊號來分析半導體材料的各種特性。掃描式電子顯微鏡的基本功能是用以觀測半導體物體的表面形態，由於試片置備容易，影像解析度高，並且具有景深長的特性，可以清晰的觀察半導體物體表面形貌起伏或者結構分佈的情形，對於雷射二極體較微小的劣化區域可以輕易的解析。掃描式電子顯微鏡的成像原理是由電子槍(Electron Gun)發射電子束，經由電磁透鏡組和掃描線圈將電子束聚焦後，讓電子束作用在試片表面上，經由入射電子與試片之間進行非彈性碰撞或彈性碰撞產生散射電子，而形成二次電子散射影像或者背向散射電子影像；而二次電子是指電子束將試片表面原子堆中的最外層電子打出所產生，一般利用二次電子可以看出試片表面的高低形貌；另一方面，背向散射電子則是入射電子撞擊到材料的原子核之後反彈回去，其材料的原子量越大反彈的信號愈多，經過處理之後可以利用它來鑑別出材料成分的差異性。

　　掃描式電子顯微鏡的電子波長約在 1 埃(Å)以下，因此具有較光學顯微鏡更佳的空間解析度，且由 De Broglie 關係式可知墊子能量越大波長越短，電子受高壓加速時，其波長與加速電壓有關。

　　除了上面所描述的兩種成像機制外，特性 X 光譜(characteristic X-ray)、Auger 電子訊號、陰極發光(CL)以及電子束感應電流(EBIC)等特性量測，皆可由掃描式電子顯微鏡所提供；電子顯微鏡中的 X 光原理為當高能量的入射電子將材料表面的原子內層電子撞出，此時原子外層電子會躍遷跳入內層軌道，當一個電子由高能量的外層軌道跳入低能量的內層軌道，勢必產生能量差，而此能量差即以 X 光的形式放出，可藉此分析材料元素成分。而 Auger 電子則是剛剛產生的 X 光再將外層電子撞出原子所形成的電子，也可用來判斷材料的成分差異及特性。陰極發光原理與光致發光以及電致發光相似，只是產生電子電洞對的能量是由入射的高能電子所提供，若將其功能與電子顯微鏡搭配可以將試片的發光強度及波長與試片表面結構形貌相互整合在一起，利用此特點可以在非常高的空間解析度下分析材料的缺陷分佈。電子束感應電流的原理則是半導體 p-n 接面經由電子束照射後，會產生多餘的電子電洞對，當這些載子擴散時被 p-n 接面的電場所吸引，若再外加偏壓後將會產生電流，利用此特性量測可以觀察材料缺陷，因為載子在差排處會復合而形成明顯的影像對比。

(4) 穿透式電子顯微術(transmission electron microscope, TEM)

　　穿透式電子顯微鏡具有極高的穿透能力及空間解析度，已成為材料科學研究上極有效的工具之一。根據電子與物質作用所產生的訊號，穿透式電子顯微鏡分析主要偵測的方式可分為三種：(1)擷取穿透物質的直射電子(transmitted electron)或彈性散射電子(elastic scattering electron)成像；(2)觀察電子繞射圖樣(diffraction pattern)來作微細組織和晶體結構的研究；(3)搭配 X-光能譜分析儀(EDS)或電子能量散失分析儀(electron energy loss spectroscope)作化學成份分析。穿透式電子顯微鏡的主要功用在於在表面形貌觀察方面，對材料結構有敏銳的解析力；同時可以對微細結構的觀察(甚至可以觀察到晶格影像)；以及藉著電子繞射圖樣分析，在試片觀察時擁有方向感；此外，搭配試片基座的傾斜功能，可以進行結構性缺陷的特性分析；並且能配備冷卻/加熱/可變電性的試片基座，可在顯微鏡內同步觀察材料結構的變化。對雷射二極體內部劣化的因素可以作為最終極的高解析度分析技術。

本章習題

1. 試說明雷射二極體內部所封裝的一顆光偵二極體的用途。

2. 試依序說明雷射二極體隨著操作時間所表現出來的三個故障週期。

3. 請解釋雷射二極體為何要使用加速老化壽命測試。

4. 試比較定電流老化測試與定光輸出功率老化測試的差異與使用時機。

5. 若雷射二極體在溫度 380K 下操作的壽命是 1000 小時，在溫度 350K 下操作的壽命是 10000 小時，試求此雷射二極體壽命的 E_a 值。

6. 假設一組雷射二極體共九顆在 70°C 以固定 5mW 的光功率輸出的條件下進行加速老化壽命測試 1000 小時，其操作電流如下表所示：

電流(mA)	0 hr	250 hr	500 hr	1000 hr
1	48.20	49.30	50.80	52.00
2	48.00	50.40	51.80	53.50
3	48.82	51.00	53.00	54.10
4	48.00	50.00	51.70	53.20
5	51.00	53.70	55.20	57.20
6	47.90	50.20	51.70	53.10
7	47.79	49.70	50.40	52.20
8	51.40	54.10	55.30	56.60
9	51.71	53.70	54.80	56.70

(a) 若元件的故障判斷標準為輸入電流上升 50%，試估計此九顆雷

射二極體的壽命。

(b) 求出此雷射二極體的中數壽命。

(c) 將壽命測試的資料點畫在附錄的對數常態分佈紙上並求出故障機率密度之標準差。

(d) 求出此雷射二極體的 MTTF。

(e) 若此雷射二極體壽命的 E_a 值為 0.5eV，試估計雷射在 25°C 以固定 5mW 的光功率輸出的條件下之 MTTF。

7. 試列舉並說明雷射二極體的故障物理模型。

8. 雷射二極體的可能劣化結構有哪些？

9. 何謂 COD？其成因為何？

10. 試問刃差排、螺旋差排和伯格斯向量之間的關係。

11. 試問在掃瞄式電子顯微鏡系統內能搭配哪些材料分析的檢測技術？

參考資料

[1]. M. Fukuda, *Reliability and Degradation of Semiconductor Lasers and LEDs*, Boston: Artech House, 1991

[2]. O. Ueda, *Reliability and Degradation of III-V Optical Devices*, Boston: Artech House, 1996

[3]. C. Kittle, *Introduction to Solid State Physics*, 7th ed., New York, Wiley, 1996

[4]. 汪建民，*材料分析*，中國材料科學學會，1998

[5]. 陳力俊，*材料電子顯微鏡學*，國科會儀器科技研究中心，1994

[6]. T. C. Lu, W. C. Hsu, Y. S. Chang, H. C. Kuo and S. C. Wang, "Spectrally resolved spontaneous emission patterns of oxide-confined vertical-cavity surface-emitting lasers", J. Appl. Phys. V96, No. 12, pp5992-5995, 2004

附錄 A

Kramers-Kronig 關係式

　　Kramers-Kronig 關係式可以說明在半導體材料中的複數折射率或是相對介電係數的色散特性中，實數項的色散特性和虛數項的色散特性是彼此相關的，換句話說，如果知道某一半導體材料的實數折射率的色散曲線就可以計算出虛數折射率(增益或是吸收)的色散曲線。此關係其實是基於幾項簡單的原則，因為在時域(time domain)上的偶函數(如 Cosine 函數)傅利葉轉換之後在頻域(frequency domain)上具有實數項的響應；在時域上的奇函數(如 Sine 函數)傅利葉轉換之後在頻域上具有虛數項的響應；基本上所有在時域上的函數都可以拆成偶函數和奇函數的組合，彼此可以獨立存在；然而對 **Casual 系統**(表示後發生的事件不能影響之前已發生的事件)的函數而言，拆開來的偶函數和奇函數之間會有一定的關係，只要知道其中一種函數，就可以求出另一種函數，因此這樣的關係在傅利葉轉換之後的頻域一樣成立，使得實數項的響應和虛數項的響應彼此相關。

　　因此我們回到半導體材料中的特性，光波在材料中傳遞時，其電場作用在 **電偶極** (electric dipole) 上會產生 **電極化強度** (electric polarization)P：

$$P(t) = \varepsilon_0 \int_{-\infty}^{t} \chi(t-\tau)E(\tau)d\tau \tag{A-1}$$

其中χ為 **電極化率**(electric susceptibility)，表示電場引起電極化強度 P

的程度，上式可以改寫成：

$$P(t) = \varepsilon_0 \int_0^\infty \chi(\tau) E(t-\tau) d\tau \qquad (A-2)$$

由上式可知對 t < 0，$\chi(\tau) = 0$，因此電極化強度的響應是 Casual 系統。在時域中，**電位移場**(electric displacement field) D 可以表示成：

$$D(t) = \varepsilon_0 E(t) + P(t) \qquad (A-3)$$

轉換到頻域，可以表示成：

$$D(\omega) = \varepsilon(\omega) E(\omega) \qquad (A-4)$$

$\varepsilon(\omega)$ 可以由(A-3)式的傅利葉轉換求得：

$$\varepsilon(\omega) = \varepsilon_0 [1 + \int_0^\infty \chi(\tau) e^{j\omega\tau} d\tau] \qquad (A-5)$$

因為 $\chi(\tau)$ 是實數函數，因此：

$$\varepsilon(-\omega) = \varepsilon^*(\omega) \qquad (A-6)$$

我們可以將介電係數寫成實部和虛部的組合：

$$\varepsilon(\omega) = \varepsilon'(\omega) + j\varepsilon''(\omega) \qquad (A-7)$$

將(A-6)式代入上式可知，$\varepsilon'(-\omega) = \varepsilon'(\omega)$ 為偶函數，而 $\varepsilon''(-\omega) = -\varepsilon''(\omega)$ 為奇函數。

　　儘管電場作用在電偶極會產生電極化強度 P，若電場的振盪變化速度太快，電偶極會跟不上這樣的變化使得電極化強度 P 下降，因此：

$$\varepsilon(\infty) \to \varepsilon_0 \qquad (A-8)$$

我們可以在 ω' 的複數平面上定義一個關於 $\varepsilon(\omega') - \varepsilon_0$ 的積分 I：

$$I = \frac{1}{2\pi j} \oint_c \frac{\varepsilon(\omega') - \varepsilon_0}{\omega' - \omega} d\omega' \qquad (A-9)$$

　　假設積分的路徑如圖 **A-1** 所示的上半部，繞過實數軸上的 ω 點，因為 $\varepsilon(\omega') - \varepsilon_0$ 是存在的解析函數，根據 **Cauchy** 積分定理，若積分路徑的範圍裡不包含極點(如圖 **A-1** 中的 ω 點)，則此積分 I 等於零。

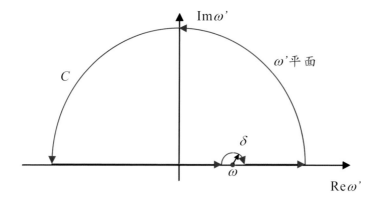

圖 A-1　ω'平面上半部的積分包絡曲線

　　接下來可以將(A-9)式中的積分分為兩段：首先是上半部半圓的積分路徑，若此半圓的半徑趨近於無限大，使得 $\varepsilon(\infty)-\varepsilon_0 \to 0$，因此這一半圓的積分值為零；接下來是沿著 ω' 實數軸的積分，由上面的推論可知，其值為零：

$$I = \frac{1}{2\pi j}P\int_{-\infty}^{\infty}\frac{\varepsilon(\omega')-\varepsilon_0}{\omega'-\omega}d\omega' + \frac{1}{2\pi j}\int_{\delta}\frac{\varepsilon(\omega')-\varepsilon_0}{\omega'-\omega}d\omega' = 0 \qquad (A\text{-}10)$$

　　由於此積分路徑必須繞過 ω 點，因此我們將上式分成兩部分，第一部分為沿著 ω' 實數軸的積分逼近 ω 點但是卻跳過它，這種積分式被稱作**主值積分**(principle integral)，因此在積分符號前加上 P 的符號以示區別，第二部分為繞著 ω 點往上半圈 δ 小圓的積分，假設 $\omega'-\omega = \delta e^{j\theta}$，因為 δ 很小，可以設 $\varepsilon(\omega') \to \varepsilon(\omega)$，因此：

$$\frac{1}{2\pi j}\int_{\delta}\frac{\varepsilon(\omega')-\varepsilon_0}{\omega'-\omega}d\omega' = \frac{1}{2\pi j}[\varepsilon(\omega)-\varepsilon_0]\int_{\pi}^{0}\frac{1}{\delta e^{j\theta}}j\delta e^{j\theta}d\theta = -\frac{1}{2}[\varepsilon(\omega)-\varepsilon_0] \quad (A\text{-}11)$$

所以(A-10)式中的第一部分則可以表示成：

$$\varepsilon(\omega) - \varepsilon_0 = \frac{1}{\pi j} P \int_{-\infty}^{\infty} \frac{\varepsilon(\omega') - \varepsilon_0}{\omega' - \omega} d\omega' \tag{A-12}$$

由於介電係數可以寫成實部和虛部的組合，上式可以拆成：

$$\varepsilon'(\omega) - \varepsilon_0 + j\varepsilon''(\omega) = \frac{1}{\pi} P \int_{-\infty}^{\infty} \frac{\varepsilon''(\omega')}{\omega' - \omega} d\omega' - \frac{j}{\pi} P \int_{-\infty}^{\infty} \frac{\varepsilon'(\omega') - \varepsilon_0}{\omega' - \omega} d\omega' \tag{A-13}$$

因此分別對上式取出實部和虛部：

$$\varepsilon'(\omega) - \varepsilon_0 = \frac{1}{\pi} P \int_{-\infty}^{\infty} \frac{\varepsilon''(\omega')}{\omega' - \omega} d\omega' \tag{A-14}$$

$$\varepsilon''(\omega) = -\frac{1}{\pi} P \int_{-\infty}^{\infty} \frac{\varepsilon'(\omega') - \varepsilon_0}{\omega' - \omega} d\omega' \tag{A-15}$$

又根據 $\varepsilon''(-\omega) = -\varepsilon''(\omega)$ 為奇函數的條件，(A-14)式可整理成：

$$
\begin{aligned}
\int_{-\infty}^{\infty} \frac{\varepsilon''(\omega')}{\omega' - \omega} d\omega' &= \int_{-\infty}^{0} \frac{\varepsilon''(\omega')}{\omega' - \omega} d\omega' + \int_{0}^{\infty} \frac{\varepsilon''(\omega')}{\omega' - \omega} d\omega' \\
&= \int_{0}^{\infty} \frac{\varepsilon''(\omega')}{\omega' + \omega} d\omega' + \int_{0}^{\infty} \frac{\varepsilon''(\omega')}{\omega' - \omega} d\omega' \\
&= \int_{0}^{\infty} \frac{2\omega'\varepsilon''(\omega')}{\omega'^2 - \omega^2} d\omega'
\end{aligned}
\tag{A-16}
$$

同理根據 $\varepsilon'(-\omega) = \varepsilon'(\omega)$ 為偶函數的條件，(A-15)式可整理成：

$$
\begin{aligned}
\int_{-\infty}^{\infty} \frac{\varepsilon'(\omega') - \varepsilon_0}{\omega' - \omega} d\omega' &= \int_{-\infty}^{0} \frac{\varepsilon'(\omega') - \varepsilon_0}{\omega' - \omega} d\omega' + \int_{0}^{\infty} \frac{\varepsilon'(\omega') - \varepsilon_0}{\omega' - \omega} d\omega' \\
&= \int_{0}^{\infty} \frac{\varepsilon'(\omega') - \varepsilon_0}{-\omega' - \omega} d\omega' + \int_{0}^{\infty} \frac{\varepsilon'(\omega') - \varepsilon_0}{\omega' - \omega} d\omega' \\
&= 2\omega \int_{0}^{\infty} \frac{\varepsilon'(\omega') - \varepsilon_0}{\omega'^2 - \omega^2} d\omega'
\end{aligned}
\tag{A-17}
$$

因此(A-14)式與(A-15)式可以重寫成：

$$\varepsilon'(\omega) - \varepsilon_0 = \frac{2}{\pi} P \int_{0}^{\infty} \frac{\omega'\varepsilon''(\omega')}{\omega'^2 - \omega^2} d\omega' \tag{A-18}$$

$$\varepsilon''(\omega) = -\frac{2}{\pi} P \int_0^\infty \frac{\varepsilon'(\omega') - \varepsilon_0}{\omega'^2 - \omega^2} d\omega' \tag{A-19}$$

上兩式即為 Kramers-Kronig 關係式，我們可以看到介電常數實部的 $\varepsilon'(\omega)$ 和虛部的 $\varepsilon''(\omega)$ 之間互相有關連。因為折射率是相對介電常數的根號，因此：

$$\sqrt{\varepsilon_r(\omega)} = \sqrt{\varepsilon_r'(\omega) + j\varepsilon_r''(\omega)} = \sqrt{\varepsilon(\omega)/\varepsilon_0} = \tilde{n}_r = n_r + jn_i \tag{A-20}$$

而折射率實部與虛部的關係和相對介電常數的實部與虛部的關係如下：

$$n_r^2 - n_i^2 = \varepsilon_r'(\omega) = \varepsilon'(\omega)/\varepsilon_0 \tag{A-21}$$

$$2n_r n_i = \varepsilon_r''(\omega) = \varepsilon''(\omega)/\varepsilon_0 \tag{A-22}$$

因此折射率實部與虛部可以表示成如下的兩相關連的等式：

$$n_r = \sqrt{\frac{1}{2}[\varepsilon_r'(\omega) + \sqrt{\varepsilon_r'^2(\omega) + \varepsilon_r''^2(\omega)}]} \tag{A-23}$$

$$n_i = \sqrt{\frac{1}{2}[-\varepsilon_r'(\omega) + \sqrt{\varepsilon_r'^2(\omega) + \varepsilon_r''^2(\omega)}]} \tag{A-24}$$

參考資料

[1] S. L. Chuang, *Physics of Optoelectronics Devices*, Wiley, 1995

[2] J. T. Verdeyen, *Laser Electronics*, 3rd Ed., Prentice-Hall, 1995

附錄 B

對數常態分佈紙

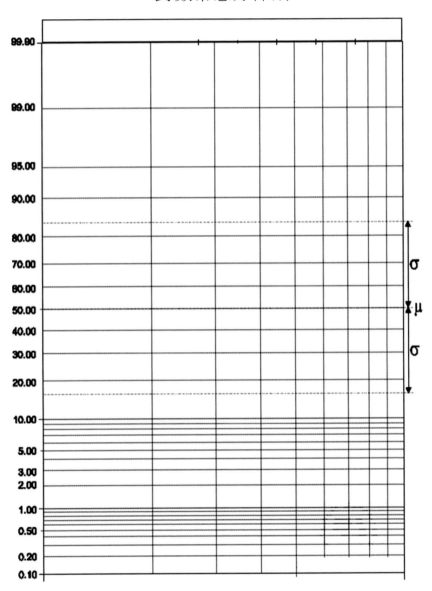

對數常態分佈紙

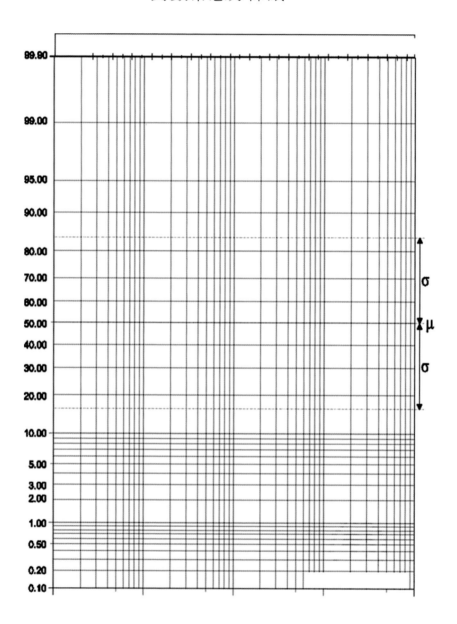

索引

S

國家圖書館出版品預行編目資料

半導體雷射技術=Semiconductor laser technology/
盧廷昌,王興宗著.--二版.--臺北市:五南圖
書出版股份有限公司, 2022.05
　　面;　公分.
ISBN 978-626-317-721-5（平裝）
1.CST:雷射光學 2.CST:半導體
448.68　　　　　　　　　　111003658

5DD2

半導體雷射技術
Semiconductor Laser Technology

作　　者 ─ 盧廷昌(395.7)　王興宗(6.3)

發 行 人 ─ 楊榮川

總 經 理 ─ 楊士清

總 編 輯 ─ 楊秀麗

主　　編 ─ 高至廷

責任編輯 ─ 張維文

封面設計 ─ 王麗娟

出 版 者 ─ 五南圖書出版股份有限公司

地　　址：106台北市大安區和平東路二段339號4樓

電　　話：(02)2705-5066　傳　真：(02)2706-6100

網　　址：https://www.wunan.com.tw

電子郵件：wunan@wunan.com.tw

劃撥帳號：01068953

戶　　名：五南圖書出版股份有限公司

法律顧問　林勝安律師事務所　林勝安律師

出版日期　2010年 9 月初版一刷
　　　　　2022年 5 月二版一刷

定　　價　新臺幣760元

經典永恆・名著常在

五十週年的獻禮 —— 經典名著文庫

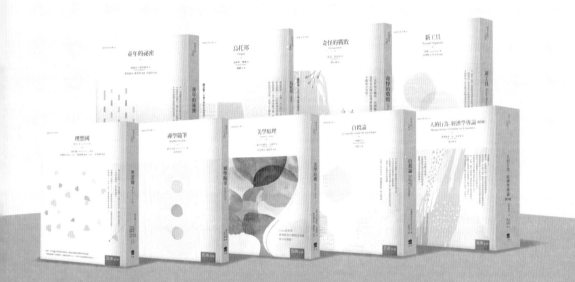

五南,五十年了,半個世紀,人生旅程的一大半,走過來了。
思索著,邁向百年的未來歷程,能為知識界、文化學術界作些什麼?
在速食文化的生態下,有什麼值得讓人雋永品味的?

歷代經典・當今名著,經過時間的洗禮,千錘百鍊,流傳至今,光芒耀人;
不僅使我們能領悟前人的智慧,同時也增深加廣我們思考的深度與視野。
我們決心投入巨資,有計畫的系統梳選,成立「經典名著文庫」,
希望收入古今中外思想性的、充滿睿智與獨見的經典、名著。
這是一項理想性的、永續性的巨大出版工程。
不在意讀者的眾寡,只考慮它的學術價值,力求完整展現先哲思想的軌跡;
為知識界開啟一片智慧之窗,營造一座百花綻放的世界文明公園,
任君遨遊、取菁吸蜜、嘉惠學子!